普通高等学校土木工程专业新编系列教材

钢结构设计原理

苏彦江　赵建昌　主编

中国铁道出版社有限公司

２０１９年·北京

内 容 简 介

本书是为土木工程专业本科"钢结构设计原理"课程教学需要而编写的教材。以目前最新的《钢结构设计规范》(GB 50017—2003)为依据,主要阐述钢结构设计的基本概念与原理。全书共分六章,介绍了钢结构的特点、应用和设计方法、钢材性能、钢结构的连接方法及其计算原则以及钢结构基本构件(轴心拉杆和压杆、受弯构件、拉弯和压弯构件)的设计方法。这些内容都是设计各类土木工程钢结构的基础,符合土木工程专业技术基础课的要求。

本书可作为建筑工程、岩土工程、桥梁工程、道路工程、水工结构等专业的钢结构本科教材用书,也可作为相关专业技术人员的参考用书。

图书在版编目(CIP)数据

钢结构设计原理/苏彦江主编. —北京:中国铁道出版社,2007.1(2019.7 重印)
(普通高等学校土木工程专业新编系列教材)
ISBN 978－7－113－07723－5

Ⅰ. 钢… Ⅱ. 苏… Ⅲ. 钢结构－结构设计－高等学校－教材
Ⅳ. TU391.04

中国版本图书馆 CIP 数据核字(2006)第 160159 号

书 名:**钢结构设计原理**
作 者:苏彦江 赵建昌
出版发行:中国铁道出版社有限公司(100054,北京市西城区右安门西街8号)
策划编辑:李丽娟
责任编辑:李丽娟 刘红梅
封面设计:薛小卉
印 刷:中国铁道出版社印刷厂
开 本:787×1 092 1/16 印张:13.75 字数:343 千
版 本:2007 年 1 月第 1 版 2019 年 7 月第 3 次印刷
书 号:ISBN 978-7-113-07723-5
定 价:36.00 元

前　言

　　本书是为土木工程专业"钢结构设计原理"课程教学需要而编写的教材。目前的土木工程专业覆盖面很广,有建筑工程、岩土工程、桥梁工程、道路工程、水工结构等专门化方向。"钢结构设计原理"为本专业各方向的技术基础课,根据大土木专业的教学计划,分配给本门课程的教学时数往往偏少(约 40 学时),在这样的情况下,要想在"钢结构设计原理"的教学中全面涉及本专业各方向的各种问题将是十分困难的,也会使初学者感到头绪繁多,不易掌握和记忆。为此,我们在本书的编写中,主要以阐述钢结构设计的基本概念与原理为主,这是每个专门化方向都普遍适用的。作为设计原理的应用,本书以目前最为先进的《钢结构设计规范》(GB 50017—2003)为依据,介绍钢结构基本构件和连接的设计方法,而不涉及其他方向的行业规范(如《铁路桥梁钢结构设计规范》和《公路桥梁钢结构设计规范》等)。相信读者在熟练掌握钢结构设计的基本概念与原理后,很快适应从事各专门化方向的工程设计。

　　本书共分 6 章,分别介绍了钢结构的特点、应用和设计方法、钢材性能、钢结构的连接方法及其计算原则以及钢结构基本构件(轴心拉杆和压杆、受弯构件、拉弯和压弯构件等)的设计方法。这些内容都是设计各类土木工程钢结构的基础,符合土木工程专业技术基础课的要求。

　　本书由苏彦江、赵建昌编写。其中第 1～3 章由赵建昌编写,第 4～6 章及附录由苏彦江编写。

　　在编写本书的过程中,参考了许多专家学者的著作及论文,在此表示感谢。

　　虽然编者想尽力将此书编写得系统和实用,但由于水平有限,必有取舍不当或叙述不到之处,恳切希望读者批评指正。

编　者
2006 年 10 月

目　录

1 钢结构概述

1.1 钢结构在我国的发展概况

钢结构在我国的应用历史非常悠久,在古代,我们的中华民族在金属冶炼技术上处于领先地位,建造了许多金属结构,如公元前 200 多年(秦始皇时代)就已经有了用铁建造的桥墩;公元前 206 年(秦末)在陕西褒城马道驿的寒溪上建造了一座铁链桥;公元 66 年(东汉明帝时代)在云南景东地区的澜沧江上修建了锻铁悬索桥;其后建造的铁链桥有十多座。其中最著名的有距今 400 多年前(明代)的云南沉江桥;300 多年前(清代)的贵州盘江桥;公元 1676 年(清康熙年间)修建的四川泸定大渡河铁索桥等。我国古代还建造过许多铁塔,以及"天枢"等大型纪念性结构,如洛阳的"天枢"(唐代),高 35 m,顶部是直径 11.3 m 的腾云承露盘;江苏镇江的甘露寺铁塔;湖北荆州的玉泉寺铁塔(1061 年,宋代);济宁铁塔寺铁塔等,都是古代钢结构建造方面的杰作。古代建造的金属结构大多为铸铁或锻铁结构,真正的钢结构是由生铁结构逐步发展起来的。

某一时代的钢结构建筑水平取决于这一时代的冶金和建筑技术水平,钢材的冶金质量直接决定着钢结构的发展。18 世纪以后,由于欧洲工业革命的兴起,使钢铁冶炼技术得到了发展,促进了钢结构在欧美等国的应用和发展。这一时期,国内由于受封建统治,生产力受到束缚,科学技术不发达,生产力水平低下,钢结构的发展非常缓慢,特别是 1840 年鸦片战争以后,我国沦为半殖民地半封建社会,我国的"建筑权"掌握在外国人的手里,虽然一些帝国主义国家在我国建造了一些钢结构,但数量上微不足道。即使如此,我国工程师仍有不少优秀设计和创造,如 1927 年建造的沈阳皇姑屯机车厂钢结构厂房;1928~1931 年建造的广州中山纪念堂钢圆屋顶;1934~1937 年建造的杭州钱塘江大桥(全长 1 072 m),为我国历史上自己设计和建造的第一座双层公、铁两用桥。

新中国成立以来,我国的冶金工业和钢结构设计、制造和安装水平有了很大的提高,建造了许多钢结构,特别是 1978 年改革开放以来,我国的钢结构在规模和技术上已达到世界先进水平。在钢结构厂房方面有:解放初期恢复和扩建的鞍山钢铁公司、武汉钢铁公司和大连造船厂等,新建的有太原重型机器制造厂、富拉尔基重型机器制造厂、长春汽车制造厂、哈尔滨以及四川的三大动力厂、洛阳拖拉机厂、武汉钢铁公司一米七轧钢厂、上海宝山钢铁总厂等。在高层建筑钢结构方面有:20 世纪 80 年代和 90 年代兴建的北京中国国贸中心(高 155.2 m)、京城大厦(高 182 m)、京广中心大厦(高 208 m)、上海国贸中心大厦(高 139 m)、深圳发展中心大厦(高 165 m)、深圳地王商业大厦(高 325 m,如图 1—1)、上海金茂大厦(高 420.5 m)等。在空间大跨度钢结构方面有:1959 年建成人民大会堂(钢屋架跨度达 60m)、1961 年建成北京工人体育馆(94m 直径的悬索结构)、1967 年建成首都体育馆(平板网架屋盖结构,跨度达 99m)、上海万人体育馆(圆形平板网架屋盖结构,直径达 110m),1988 年建成的上海国际体操中心主体育馆(如图 1—2 直径 68 m,最宽处直径 77.3 m,为穹顶网壳结构)。1990 年前建成亚运村,许多场馆采用网架与斜拉索混合结构,1999年建成长春体育馆(大截面方钢管网壳屋盖结构,最大跨度达192m)等。

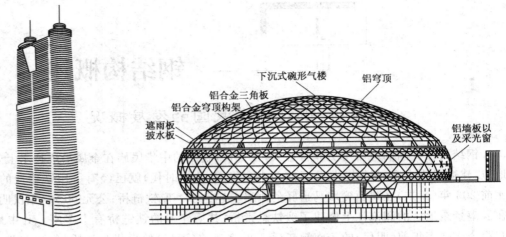

图1-1 深圳地王大厦　　　　图1-2 上海国际体操中心主体育馆

在塔桅结构方面有:广州电视塔(高200 m,如图1-3)、上海电视塔(高210.55 m)、北京环境气象桅杆(高325 m)等。在板壳结构方面有:1958年上海建成的湿式储气柜(54 000 m³)及其他石油库等。在桥梁钢结构方面有:1957年建成的武汉长江大桥(公、铁两用,主桥钢梁全长1 156 m,A3 钢。)、1968年建成的南京长江大桥(公、铁两用,主桥钢梁全长1 576 m,16Mnq 钢)、1993年建成的九江长江大桥(公、铁两用,主桥钢梁全长1 806 m,15MnvNq 钢)、2000年建成的芜湖长江大桥(公、铁两用,主桥钢梁全长2 193 m,14MnNbq 钢,图1-4)以及各种大跨度公路钢桥。

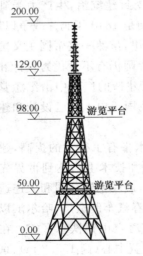

图1-3 广州电视塔

图1-4 芜湖长江大桥

建国50多年,我国的钢结构在各个方面都取得了巨大成就,已建成的许多钢结构工程都标志着我国在这些方面具有高超的科学研究、设计和施工水平。展望将来钢结构的发展,首先取决于钢产量的增长,我国年钢产量在1996年已突破1亿 t,以后逐年增长,在2003年已达到2.0亿 t。在提高钢产量的同时,还应在以下几方面进一步发展:

(1)进一步发展建筑钢材。目前,钢结构所用的钢材按强度级别有 Q235、Q345、Q390 和

Q420 四种,今后除继续发展更高强度级别的钢材外,还要发展高韧性、可焊性、耐腐蚀性等新型钢材,并积极发展 H 形钢、T 形钢、薄壁型钢、闭合型钢和管材,重点发展冷弯薄壁型钢和压型钢板。

(2)发展新型的建筑结构体系,如悬索结构、网架结构等大跨度空间结构,超高层建筑结构,钢与混凝土混合结构体系以及各种轻型钢结构技术。

(3)进一步改进钢结构设计方法,积极探索基于结构体系的可靠度设计方法,研究适用于结构疲劳可靠性的设计方法。

(4)结构设计逐步考虑优化理论,积极发展利用计算机进行辅助设计、施工放样、自动切割及钻孔技术。进一步发展厚板及薄板的焊接技术及高强度螺栓连接及检测技术,提高钢结构的安装技术水平。

1.2 钢结构的特点和合理应用范围

1.2.1 钢结构的特点

钢材是一种优良的建筑材料,因而,钢结构具有以下优点:

(1)强度高、重量轻。虽然钢材的容重较大,但由于强度高,强度与容重之比较大,因而钢结构在同等承载能力下反而比其他材料的同等结构重量轻,这给运输、安装带来很大方便,适用于建造承受大荷载的结构和大空间(跨度)的结构。

(2)稳妥可靠。由于钢材具有良好的塑性和韧性,塑性好,则结构不因偶然超载而发生破坏,韧性好,则可适应动载要求,适用于建造受动载的结构(如吊车梁、铁路桥梁等)以及地震地区的建筑。另外,由于钢材组织比较均匀,接近各向同性,符合力学的基本假定,计算结果精度高,因而钢结构较为稳妥可靠。

(3)钢材具有可焊性。随着焊接技术的发展,钢结构大都是焊接结构。焊接技术的应用使钢结构的连接大为简化,可满足制造各种复杂结构的需要。

(4)钢结构制作工业化程度高。钢结构构件最适用于工厂制造,不受季节影响,自动化程度高,制造质量较易控制。由于重量轻,因而施工方便,装配性好,工期短。

(5)密闭性好。适宜做贮气罐,贮油罐等。

(6)钢结构有利于环保、节约资源。由于钢材可回炉再生循环利用,采用钢结构可大大减少对不可再生资源的破坏。钢结构容易加固维修、拆卸或改建。

由于钢材易锈蚀,因而钢结构有维护费用高的缺点;另外,钢结构还有防火性能差、低温下易脆断、动载作用下噪声大及价格昂贵等缺点。

1.2.2 钢结构的合理应用范围

钢材是一种优良的建筑材料,随着我国钢产量的提高和钢材品种的增加,钢结构的应用范围越来越广。过去,由于钢材短缺而以"节约钢材"作为我国的经济技术政策,目前已经转变为"积极、合理、快速地发展钢结构"的政策。钢结构在我国的应用范围有如下几个方面:

(1)重型工业厂房。如冶金工业的炼钢、轧钢车间,重型机器制造厂的铸钢、锻压、水压机、总装配车间等,吊车起重量大且操作频繁,动载影响大,这类厂房的主要承重骨架及吊车梁大多采用钢结构。

（2）大跨结构。如大型公共建筑物（体育馆、展览馆、影剧院、大会堂等）、大型工业厂房、飞机库等，为了减轻自重，提高经济效益，常采用钢结构。

（3）高层建筑。高层建筑采用钢结构，是由于钢材强度高，构件面积小，可以获得较大的建筑空间，同时抗震性能好。

（4）轻型钢结构。轻型钢结构由于其自重轻、造价低，生产制作工业化程度高，现场安装工作量小、速度快，且外形美观，内部空旷空间利用率高，因而极具竞争力。近年来已广泛应用于工业厂房、体育设施、仓库等，并向住宅发展。

（5）桥梁结构。由于钢自重轻、强度高，跨越能力大，因而经常用于大跨度、特大跨度的桥梁中。

（6）高耸结构。高耸结构如电视塔、微波塔、输电线塔、钻井塔、环境大气监测塔、广播发射桅杆等，由于其高度大，采用钢结构，自重轻、易安装，同时还因材料强度高，所需构件面积小，可以有效减小风荷载，能取得较好的经济效益。

（7）可拆卸或移动的结构。建筑工业中的生产生活附属用房、临时展览馆等可拆卸结构，以及塔式起重机、龙门起重机、军用便梁、开启桥、水工闸门等可移动的结构常采用钢结构，便于拆卸和移动。

（8）其他特种结构。如油库、油罐、煤气库高炉、热风炉、漏斗、烟囱、水塔、各种管道以及海上采油平台、井架、栈桥等。

（9）钢与混凝土结合结构及其他构筑物。如房屋和桥梁建筑中广泛应用的钢与混凝土结合梁、钢管混凝土拱、钢管混凝土柱等。将钢与混凝土结合，充分利用各自材料的优势，可以取得较好的经济效益。

1.3 钢结构的类型及组成

钢结构按使用功能可分为如下几种：

（1）房屋钢结构。包括各种重型、轻型钢结构厂房，高层商用、住宅钢结构建筑，大跨度钢结构建筑等。

（2）桥梁钢结构。包括各种大跨度、特大跨度的铁路、公路以及公铁两用钢桥。

（3）水工钢结构。

（4）平台钢结构。

（5）塔架钢结构。包括输电线塔、电视塔、钻井塔、卫星发射塔等高耸结构。

（6）其他特种钢结构。包括各种管道、油罐、高炉等。

钢结构的组成通常可划分为基本结构和附属结构（如图1—5），其中基本结构一般是平面承重结构，如屋盖桁架（屋架）、柱、主桁架等，附属结构包括纵向构件及各种支撑（上弦横向支撑、垂直支撑、柱间支撑）、联结系等。随着大跨度空间结构体系的发展，钢结构的基本结构逐渐发展为空间承重结构（如图1—6），附属结构越来越少，结构受力更趋合理，同时也节约钢材。

另外，钢结构也可看成是由基本构件（如拉杆、压杆、梁、柱、桁架、拉索等）通过焊接或螺栓连接而成的。

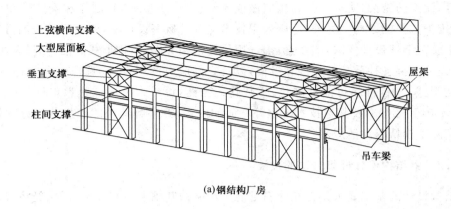

(a)钢结构厂房

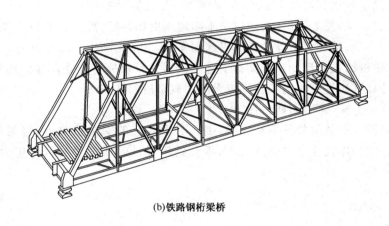

(b)铁路钢桁梁桥

图1-5 钢结构的组成

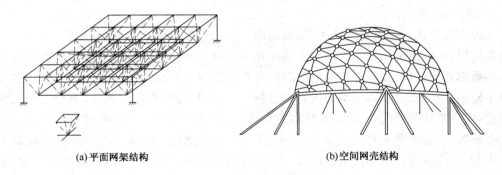

(a)平面网架结构　　　　　　　　　　(b)空间网壳结构

图1-6 空间承重钢结构

1.4 钢结构设计的基本要求和设计方法

1.4.1 钢结构设计的基本要求

钢结构设计的基本要求是安全可靠、经济合理、技术先进。钢结构及其构件首先应能安全地承受预期的各种有关荷载,因而必须具有足够的强度和稳定性,其中稳定性问题在薄壁或较长构件中尤为突出;还要满足使用要求,使用要求包括对变形和振幅的限制;同时还具有一定的耐久性,注意防锈蚀、防火。钢结构应做成成本最低,重量最轻,制作和安装劳动力最省,工期最短,维护方便的结构。另外,还应采用技术先进的概率设计法,即进行结构的可靠性设计。

为了实现上述设计要求,应注意:①选用最优结构方案,结构形式简洁,尽量采用空间结构体系;②充分掌握各种荷载的特性和量值,以及它们应有的组合;③选择合理的钢材及连接材料和连接形式;④构件尽可能标准化、模数化。当然,设计人员还应熟悉现行《钢结构设计规范》(GB 50017—2003)及其他技术规程等方面的内容,并了解其来源和规范制订背景,以便针对各种实际工程情况灵活应用。

1.4.2　钢结构设计计算方法的发展

钢结构设计的基本要求是在充分满足使用功能的基础上做到安全可靠、经济合理、技术先进、确保质量。要达到此基本要求,则必须按一定的设计准则(或设计方法)进行设计。由于人们对事物认识上的发展,设计准则也是不断地向更加科学、更加先进和合理的方向发展。特别是由于材料力学、结构力学等学科的兴起和发展,对结构和构件的受力情况和材料性能有了深刻地了解,使得结构的设计和计算有了科学依据并日臻完善。我国在建国后 50 余年中,钢结构的设计计算方法先后使用了容许应力法和概率极限状态法。

1.容许应力法(建国初期~1974 年)

考虑到设计变量的各种不利影响,引入一个笼统的安全系数 K,将钢材可以使用的最大强度(如屈服点)除以这个安全系数 K,得到结构设计时所需要的容许应力 $[\sigma]=\sigma_s/K$,这样,设计表达式为

$$\sigma=\frac{N}{A}\leqslant[\sigma] \tag{1—1}$$

式中　N——构件内力;

　　　A——构件几何特性。

这种方法的优点是表达式简单,概念明确,应用方便,因而应用时间较长。但随着可靠性理论的发展,人们逐渐认识到容许应力法存在一些缺点和不足,主要表现为:①容许应力法把各种参数都视为定值,没有分析参数的随机分布对结构可靠度的影响,因而使结构的安全程度具有不确定性;②安全系数的确定没有经过理论分析,只是根据经验确定,难免有较大的主观随意性,安全系数不能代表结构的可靠程度,所以,结构的可靠度不明确;③由于引入一个笼统的安全系数 K,将使各构件的可靠度各不相同,而整个结构的可靠度取决于可靠度最小的构件。因而,容许应力法既不能保证所设计的结构绝对安全,又不能给出结构的可靠度,难以做到先进合理、安全可靠。

2.半概率极限状态设计法(水准一)(1974 年~1988 年)

1974 年我国正式编制《钢结构设计规范》(TJ 17—74),规范在形式上采用的是容许应力法的表达式,但在确定安全系数(即安全度)方面与早期的容许应力法不同,它规定了结构的承载能力极限状态和正常使用极限状态,并以这两种极限状态为依据,结合我国 30 多年来的工程实际经验,对影响结构安全度的诸因素以数理统计的方法进行多系数分析,求出单一的设计安全系数,以简单的容许应力法形式表达。实质上是半概率半经验的极限状态设计法。

承载能力极限状态的设计表达式为

$$\sigma = \frac{\sum N_i}{A} \leqslant \frac{f_y}{K} = [\sigma] \tag{1-2}$$

式中 $K = K_1 K_2 K_3$。其中 K_1 为荷载系数,考虑实际荷载可能的变动而给结构物留有一定的安全储备;K_2 为材料系数(或均质系数),考虑钢材性质的变异性;K_3 为调整系数(或工作条件系数),考虑荷载的特殊变异,结构及构件的受力特点、施工条件、工作条件以及某些假定的计算图式与实际不完全一致等因素,其数值通常由实际经验确定;f_y 为材料的屈服强度。

对钢结构这种由单一材料组成的结构,采用以容许应力法形式表达的设计式,不但可以减少工作量,同时也因为疲劳强度的验算目前又只能用容许应力法进行,还可以使整个结构设计在设计方法上得到协调统一。容许应力法是结构设计的传统方法,保留其简单而明了的形式并赋予新的内容,多年来已被国内外的设计实践证明是一个简单易行的方法。目前,国内桥梁钢结构的设计、起重机等的设计仍采用容许应力法。

正常使用极限状态的设计表达式为

$$w \leqslant [w] \tag{1-3}$$

或

$$\lambda \leqslant [\lambda] \tag{1-4}$$

式中 　w——结构或构件在标准荷载作用下产生的最大挠度;

　　　$[w]$——规范规定的容许挠度;

　　　λ——构件的长细比;

　　　$[\lambda]$——规范规定的容许长细比。

该方法虽然简单,却存在不足:因为各种荷载的变异性不同,各种构件承受荷载的情况也不一定相同,不同构件的几何尺寸的变异性也不一定完全一致,采用统一的安全系数,显然不可能获得相同的安全度。

3.近似概率极限状态设计法(水准二)(1988 年至今)

该方法是把各种参数作为随机变量,运用概率分析的方法考虑其变异性来确定设计值。这种把概率分析引入结构设计中的方法显然比容许应力法先进合理,故近年来世界各国逐渐采用此法。1988 年我国颁布的《钢结构设计规范》(GBJ 17—88)采用以概率论为基础的一次二阶矩极限状态设计法,虽然是一种概率设计法,但由于在分析中忽略或简化了基本变量随时间变化的关系,在确定基本变量的概率分布时有相当程度的近似性,且为了简化计算而将一些复杂关系进行了线性化,所以还只能是一种近似的概率设计法。我国现行的《钢结构设计规范》(GB 50017—2003)又在 GBJ 17—88 的基础上作了很大的改进,但仍采用以近似概率法为基础的极限状态设计法(疲劳强度除外),按照目标可靠指标要求,用"校准法"给出了各随机变量的分项系数,提供了用分项系数表达的极限状态设计公式。完全的、真正的概率设计法(即水准三)还有待于继续发展。

1.4.3 钢结构的近似概率极限状态设计法

1.结构的极限状态和极限状态方程

在结构设计中采用概率设计法时,从结构的整体性出发,运用概率论的观点对结构的可靠度提出了明确的科学定义,即:结构可靠度是结构在规定时间内,在规定的条件下完成预定功能的概率。

钢结构应以适当的可靠度满足 4 项基本功能的要求:

(1)能承受在正常施工和正常使用时可能出现的各种作用,包括荷载、温度变化、基础不均匀沉降及地震等作用;

(2)在正常使用时具有良好的工作性能;

(3)在正常维护下具有足够的耐久性;

(4)在偶然事件发生时及发生后,仍能保持必需的整体稳定性。

其中(1)、(4)两项是对结构安全性的要求,第(2)项是对结构适用性的要求,第(3)项是对结构耐久性的要求。结构可靠性就是上述4项基本功能所满足结构安全、适用、耐久的总称。可靠度则是可靠性的一种度量。

若结构或结构的某一部分超过某一特定的状态就不能完成某项预定的功能,则此特定的状态就称为该功能的极限状态。

设结构或构件的抗力(承载力)为R,它取决于材料的强度、构件的临界力、构件的面积或惯性矩。可见它是这些基本随机变量的函数,故R也是随机变量。可表示为

$$R = R(X_1, X_2, \cdots, X_n) \tag{1-5}$$

R的分布依赖于基本随机变量$X_1, X_2, \cdots, X_n$的分布,但在实际设计时,根据这些基本随机变量的统计数值运用概率法确定它们的设计取值,从而确定R的设计值。

设施加于结构或构件上各种作用所引起的作用效应(即结构内力)为S,由于各种作用为随机变量,故S当然也是随机变量。根据各种作用的统计数值运用概率法确定设计取值,从而确定S的设计值。

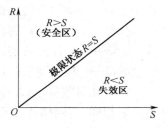

图1-7　结构所处状态划分

有了抗力R和作用效应S后,则判断结构或构件的失效准则为:

$$\left.\begin{array}{l} R > S \text{ 时,结构安全} \\ R < S \text{ 时,结构失效} \end{array}\right\} \tag{1-6}$$

图1-7表示了这种准则。

根据极限状态的定义,当结构或构件的抗力R等于各作用引起的作用效应S时,对应的临界状态即为结构或构件的极限状态。极限状态方程可写为

$$Z = g(R, S) = R - S = 0 \tag{1-7}$$

2.结构的可靠度和失效概率

因为R和S都是随机变量,所以$R > S$只是随机事件,由式(1-6)可知,只有当随机事件$\{R > S\}$发生时,结构才处于安全可靠状态。

根据可靠度的定义,结构的可靠度就是在规定时间内,在规定的条件下完成预定功能$R > S$的概率,即可靠度P_r为

$$P_r = P\{R > S\} \tag{1-8}$$

或 $$P_r = P\{R - S > 0\} \tag{1-8a}$$

或 $$P_r = P\{Z > 0\} \tag{1-8b}$$

可见,可靠度就是随机事件$\{R > S\}$发生的概率。反之,当随机事件$\{R < S\}$发生时,结构则处于失效状态,因此,随机事件$\{R < S\}$发生的概率即为结构的失效概率,以P_f表示,则有

$$P_f = P\{R < S\} \tag{1-9}$$

或 $$P_f = P\{R - S < 0\} \tag{1-9a}$$

或 $$P_f = P\{Z < 0\} \tag{1-9b}$$

由于事件$\{R>S\}$和$\{R<S\}$是对立的,故有

$$P_f = 1 - P_r \tag{1-10}$$

3.结构的可靠指标

如果已知随机变量R和S的概率密度函数$f_R(R)$、$f_S(S)$,如图1—8所示,则结构的可靠度为:

$$P_r = P\{R > S\} = \int_0^\infty f_S(S)\left[\int_S^\infty f_R(R)\,dR\right]dS \tag{1-11}$$

或

$$P_r = P\{R > S\} = \int_0^\infty f_S(S)\left[1 - \int_0^S f_R(R)\,dR\right]dS$$

$$= \int_0^\infty f_S(S)[1 - F_R(S)]\,dS = 1 - \int_0^\infty f_S(S)F_R(S)\,dS \tag{1-12}$$

上述计算模型就是应力—强度干涉模型。

由于影响结构抗力R和作用效应S的因素极为复杂,因此,目前对结构抗力R和作用效应S的认识还很不够,实际上难以得到R和S的概率密度函数$f_R(R)$、$f_S(S)$,所以无法运用上述公式精确求解实际结构的可靠度。这一点正是由现在的近似概率设计法过渡到全概率设计法的主要研究课题之一。

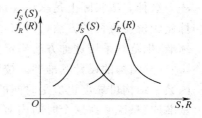

图1—8 应力与强度的概率密度函数曲线

结构设计规范将结构抗力R和作用效应S视为正态分布的随机变量,设其均值和标准差分别为μ_R、μ_S、σ_R、σ_S,这时Z也为正态分布的随机变量,其均值和标准差分别为μ_Z、σ_Z,且有

$$\mu_Z = \mu_R - \mu_S \tag{1-13}$$

$$\sigma_Z = \sqrt{\sigma_R^2 + \sigma_S^2} \tag{1-14}$$

当R和S的分布复杂时,上式只是一个近似式。因此,结构可靠度为

$$P_r = P\{Z > 0\} = \int_0^\infty f_Z(Z)\,dZ = \int_0^\infty \frac{1}{\sqrt{2\pi}\sigma_Z}e^{-\frac{1}{2}\left(\frac{Z-\mu_Z}{\sigma_Z}\right)^2}dZ = \int_{-\frac{\mu_Z}{\sigma_Z}}^\infty \frac{1}{\sqrt{2\pi}}e^{-\frac{1}{2}u^2}du$$

$$= 1 - \Phi\left(-\frac{\mu_Z}{\sigma_Z}\right) = 1 - \Phi(-\beta) \tag{1-15}$$

这里,$\Phi(\cdot)$是标准正态函数。可见结构的可靠度取决于β,由图1—9可见,β越大,可靠度P_r越大,且与可靠度之间存在一一对应的关系,说明β可以作为衡量结构可靠度的一个数量指标。

在现行的结构设计中,常常用β作为结构可靠度的统一尺度,称为可靠指标。β的计算式为

$$\beta = \frac{\mu_Z}{\sigma_Z} = \frac{\mu_R - \mu_S}{\sqrt{\sigma_R^2 + \sigma_S^2}} \tag{1-16}$$

将可靠度作为结构可靠性的定量尺度,可以真正从数量上对结构可靠性进行对比,这与以往的以经验为主确定安全系数的"定值法"相比是结构设计方法上的突破和飞跃。

采用可靠性方法进行结构设计时,应注意以下

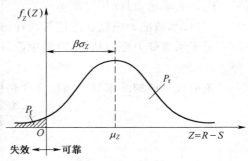

图1—9 正态分布时β与P_r的关系

几点:

(1)当 R 和 S 不服从正态分布时,应首先将它们化为等效的当量正态分布再进行计算。

(2)由于 R 和 S 的实际分布相当复杂,计算中采用了典型的正态分布,因而所得的 β 值是近似的,故称为近似概率极限状态设计法,在推导 β 的计算公式时,只采用了 R 和 S 的二阶中心矩(即它们的方差),同时还做了线性化的近似处理,故又称为"一次二阶矩法"。

(3)用概率的观点看结构设计是否可靠,只能说结构可靠度是否足够大或其失效概率是否小到可以接受的预定程度,绝对可靠的结构(即 $P_r = 1$ 或 $P_f = 0$)是不存在的。

(4)解决了定量尺度以后,必须选择一个结构最优的可靠度(或失效概率或目标可靠指标)以达到结构可靠与经济上的最佳平衡。目标可靠指标的确定目前是一项待研究的课题,现在的规范是采用"校准法"(Calibration method)来确定结构的目标可靠指标。即通过对现存结构或以往设计规范隐含可靠度水平的反演分析,以确定结构设计时采用的目标可靠指标的方法。这种方法实际上是承认现行规范条件下结构可靠度在总体上是合理的,可以接受的,是一种比较稳妥可行的方法。目前,加拿大、美国和一些欧洲国家以及国内各工程结构可靠度设计标准、规范均采用这种方法确定目标可靠指标。

(5)结构的设计基准期。按照概率设计的观点,荷载和材料性能都是随时间而变动的随机函数。结构可靠度也应是时间的函数。因此需要明确结构的"设计基准期",所谓结构的"设计基准期"只说明在这个时间内有关可靠性的分析结果有效,它与结构的寿命虽然有关但不相等,超过这一期限后,并不意味着结构完全不能使用,而是结构的失效概率将逐渐增大。

4.钢结构的概率极限状态设计表达式及其规范说明

我国最新的《钢结构设计规范》(GB 50017—2003)采用以近似概率法为基础的极限状态设计法,给出了用分项系数表达的极限状态设计公式。规范规定,各种承重结构均应按两种极限状态(即承载能力极限状态和正常使用极限状态)进行设计。

建筑结构设计时,应根据可能产生的后果(危及人的生命、造成经济损失、产生不利的社会影响等)采用不同的安全等级。在设计表达式中引入结构重要性系数 γ_0,见表1—1。

表1—1　结构重要性系数 γ_0

安全等级	产生的后果	建筑物类型	结构重要性系数 γ_0
一级	很严重	重要的工业与民用建筑	1.1
二级	严重	一般的工业与民用建筑	1.0
三级	不严重	次要的建筑物	0.9

特殊的建筑物,其安全等级可根据具体情况另行确定。

按抗震要求设计时,建筑结构的安全等级应符合《抗震设计规范》(GBJ 11—89)的规定。

(1)按承载能力极限状态进行设计的表达式

对于承载能力极限状态,应考虑荷载效应的基本组合,必要时还应考虑荷载效应的偶然组合。

按荷载效应的基本组合进行强度和稳定性设计时,采用下列极限状态表达式:

$$\gamma_0 \left(\gamma_G C_G G_K + \gamma_{Q1} C_{Q1} Q_{1K} + \sum_{i=2}^{n} \Psi_{Ci} \gamma_{Qi} C_{Qi} Q_{iK} \right) \leqslant fA \tag{1—17}$$

$$f = f_y / \gamma_R$$

式中　　f_y——钢材的强度(屈服点)标准值;

γ_R——钢材抗力分项系数；

γ_G——永久荷载的分项系数，取 1.2；

C_G——永久荷载的荷载效应系数，即单位荷载作用下构件的内力；

G_K——永久荷载的标准值；

γ_{Q1}——第 1 个可变荷载的分项系数，取 1.4；

C_{Q1}——第 1 个可变荷载的荷载效应系数，即单位荷载作用下构件的内力；

Q_{1K}——第 1 个可变荷载的标准值；

Ψ_{ci}——第 i 个可变荷载的荷载效应组合系数；

γ_{Qi}、C_{Qi}、Q_{Ki}——第 i 个可变荷载的分项系数、荷载效应系数、标准值；

A——截面几何因素。

上述各系数应按荷载规范的规定采用。按荷载效应的偶然组合进行设计时，应按现行有关专门规范进行。

（2）按正常使用极限状态进行设计的表达式

$$v = v_{GK} + \sum_{i=1}^{n} v_{QiK} \leqslant [v] \tag{1-18}$$

式中　v_{GK}——永久荷载标准值引起结构或构件的变形值；

v_{QiK}——第 i 个可变荷载标准值引起结构或构件的变形值；

$[v]$——结构的容许变形值。

只有一个可变荷载 Q_1 时，表达式可简化为

$$v = v_{GK} + v_{Q1K} \leqslant [v] \tag{1-19}$$

有时只需保证结构在可变荷载作用下的变形值能满足正常使用要求，这时公式中的 v_{GK} 不计入。

对于轴心或偏心受力构件，正常使用极限状态常用长细比 λ 来保证，以免构件过于纤细，易于弯曲和颤动，对构件工作不利。验算公式为

$$\lambda \leqslant [\lambda] \tag{1-20}$$

式中　λ——长细比；

$[\lambda]$——容许长细比。

需要说明的是：计算结构的强度、稳定性及连接的强度时，应采用荷载的设计值（标准值乘以分项系数），计算疲劳和变形时，应采用荷载的标准值；对直接承受动力荷载的结构，尚应按下列情况考虑动力系数：

①计算结构的强度及稳定性时，动力荷载应乘以动力系数，计算变形时不乘动力系数；

②计算吊车梁或吊车桁架及其制动结构的疲劳时，按作用在跨间内起重量最大的一台吊车荷载的标准值进行计算，不乘动力系数。

本 章 小 结

1. 钢结构的优点是：强度高，自重轻，工作可靠，工业化生产程度高，环保性能好，可重复利用。钢结构的缺点是：易锈蚀、耐火性能差、低温下易脆断。

2. 钢结构最适合于跨度大、高耸、重型、受动力荷载作用的结构，也适合建造轻型结构。随着钢产量的提高和钢结构技术的发展，钢结构的应用范围将不断扩大。

3. 任何一种钢结构都是由一些基本构件(如梁、柱、板、桁架等)按一定方式通过焊接或螺栓连接组成的空间几何不变体系的结构,其目的是:①满足某种功能要求;②以最有效的途径将外荷载及自重传到地基。根据组成方式不同,钢结构设计时有的可按平面结构计算,有的可按空间结构计算。

4. 我国钢结构设计方法采用以概率理论为基础、用分项系数表达的极限状态设计法。它要求结构的可靠度要大到某一规定值,或其失效概率要小于某一规定值,才能认为结构是安全的,并将极限状态分为承载能力极限状态和正常使用极限状态。

思 考 题

1.1 目前我国钢结构主要应用在哪些方面? 钢结构的应用范围与钢结构的特点有何关系?

1.2 说明下列各词语的含义:结构极限状态、结构可靠性、可靠度(可靠概率)、失效概率、可靠指标、荷载标准值、荷载设计值、强度标准值、强度设计值。

1.3 分项系数设计表达式与可靠指标有何关系?

2 钢结构的材料

2.1 建筑钢材的主要工作性能

2.1.1 建筑钢材的基本要求

为了使钢结构安全承载和正常使用,就必须要求所用的钢材满足一定的工作性能,钢材的工作性能包括力学性能和工艺性能。钢材的力学性能是指钢材在抵抗外力作用时所表现出来的各种机械性能,通常有强度和变形方面的表现。外载不同,其相应的力学性能指标也各不相同。钢材的工艺性能是钢材在加工时所表现出来的各种能力,包括冷弯性能和可焊性。一般地,建筑钢材的主要工作性能有静强度、疲劳强度、塑性、冲击韧性、可焊性及冷弯性能等。

用于建筑的钢材,在性能方面的基本要求是具有较高的强度、良好的塑性和韧性;对于焊接结构,要求钢材具有良好的可焊性;对低温下工作的结构,要求钢材具有良好的低温冲击韧性;对于承受反复荷载作用的结构,要求钢材具有较高的疲劳强度;对于在易受大气侵蚀的露天环境中工作的钢结构,要求钢材具有耐腐蚀性(或抗锈蚀性)。

2.1.2 静载常温下钢材的工作性能

静载常温下钢材力学性能包括钢材的静强度和塑性。钢材的静强度和塑性是由静载常温下的单向拉伸试验得到的,试件形式采用标准拉伸试样(GB 282—63)(如图2—1),试验条件为室温+20℃。由拉伸试验的应力—应变关系曲线(如图2—2)可以得出,从加载到断裂经历了5个阶段:弹性阶段、弹塑性阶段、塑性阶段、强化阶段、颈缩阶段。

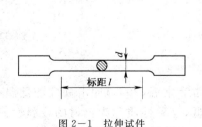

图 2—1 拉伸试件 　　　　　　　　　　图 2—2 软钢的应力—应变曲线

反映钢材静强度的指标有弹性极限、屈服极限和强度极限。由于弹性极限和屈服极限数值很近,因而通常只考虑屈服极限。在进行设计时,将钢材视为理想的弹塑性体,取屈服极限 f_y 作为钢材可以达到的最大应力,认为当应力达到 f_y 以前钢材完全弹性,当应力达到 f_y 后钢材完全塑性,即应力保持 f_y 不变,而变形无限增长(如图2—3所示),将 f_y 作为强度设计的依据。对于强度极限 f_u,不作为强度设计的依据,但它作为强度指标是必要的,保证该种钢材的强度储备。对于没有明显屈服点的钢材（如合金钢、调质钢等），其屈服点通常定义为永久变形的 0.2% 时的应力作为屈服点，以 $\sigma_{0.2}$ 表示，称为条件屈服极限，如图 2—4 所示。

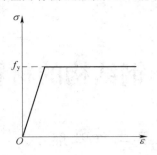 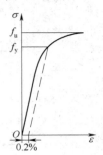

图 2—3　理想弹塑性体的应力—应变曲线　　　　图 2—4　调质钢的应力—应变曲线

反映钢材塑性的指标有伸长率 δ 和断面收缩率 ψ，其定义为

$$\delta = \frac{l_1 - l_0}{l_0} \times 100\%, \quad \psi = \frac{A_0 - A_1}{A_0} \times 100\% \tag{2—1}$$

钢材受压时取与受拉情况相同的性能指标，钢材受剪时的屈服极限通过强度理论进行分析得到（见 2.2 节）。

2.1.3　钢材的冲击韧性

钢材的冲击韧性是钢材在冲击荷载作用下的力学性能，反映钢材抵抗冲击荷载的能力，钢材的冲击韧性值是指钢材在受到冲击荷载发生一定塑性变形后断裂过程中吸收能量的多少。钢材的冲击韧性由冲击试验得到，进行冲击试验（或称落锤试验）时，通常选择却贝试件形式（开 V 形槽口），试件尺寸外形为 $10\,\text{mm} \times 10\,\text{mm} \times 55\,\text{mm}$，如图 2—5 所示，韧性指标 α_k 等于冲断试件所耗的功（J/cm^2）。

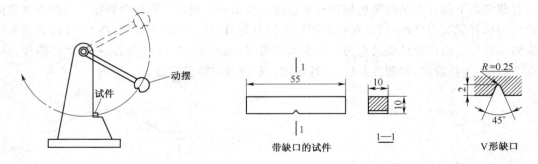

图 2—5　钢材的冲击试验示意图（单位：mm）

温度对冲击韧性有很大的影响，因此冲击韧性通常有常温（20℃）冲击韧性和低温冲击韧性（$-20 \sim -40$℃）。在低温下，钢材的冲击韧性值很低，这种性质称为钢材的冷脆性。因此，在低温下钢材极易发生脆断，在设计时务必要保证钢材的低温冲击韧性。

2.1.4　冷弯性能

冷弯性能表明钢材是否能够弯曲成型，是否有足够的塑性，另外还可检验钢材的质量，属于钢材的一种工艺性能。冷弯试验可以揭示钢材塑性的好坏，检验钢材的冷加工性能和钢材的冶金、轧制质量。试验示意图如图 2—6 所示。

冷弯试验结果的分析主要是观察试件外表面及两个侧面有无裂缝出现、有无分层现象,以无裂缝出现、无分层现象为合格。

冷弯性能是判别钢材塑性性能和质量好坏的一个综合性指标。常作为静力拉伸试验和冲击试验的补充试验,是一个较难达到的指标。通常只对某些重要结构和需要进行冷加工的构件才要求冷弯性能合格。

需要说明的是,冷弯性能对桥梁钢结构来说,不是一项工艺性能指标,而是一项质量指标,因为在桥梁中,冷弯角度不会太大。

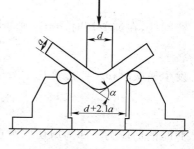

图2—6 钢材的冷弯试验示意图

2.1.5 钢材的可焊性

焊接是钢结构的主要连接形式,因而对于要焊接的钢材,要求它必须具有良好的可焊性。钢材的可焊性是指在一定的材料、焊接工艺和结构条件下,经过焊接可获得良好的焊接接头。可焊性好坏通过可焊性试验来检验,即通过可焊性试验来判断结构所用钢材、焊条、焊接工艺和结构形式是否恰当,借以有效地控制裂纹产生和防止脆断。

可焊性试验内容包括抗裂性试验和使用性能的试验,抗裂性试验是检查施焊后焊缝金属及热影响区金属的硬化和产生裂纹的敏感性,即材料的结合性能,以不产生裂纹或裂纹率符合规定要求为合格。使用性能的试验是判断焊件在使用过程中的脆断倾向,能否安全承载。检查焊缝金属及热影响区金属的塑性、韧性,要求在使用过程中焊接接头的性能不低于母材的性能。

另外,耐久性(耐腐蚀性、抗疲劳性、耐时效性)也是钢材的一种性能。

2.2 复杂应力状态下钢材的屈服条件

钢材在复杂应力(多向应力)状态下的工作性能与简单应力(单向应力)状态下的工作性能是不同的。由于存在着多个应力分量,钢材在复杂应力下的屈服条件不能简单的由某一个应力分量是否达到屈服点来判定。多向应力下钢材的屈服与各个应力分量的大小和方向有关,产生屈服时各应力分量所满足的条件称为屈服条件。由材料力学中的形状改变比能理论可知,三向应力状态下钢材产生屈服时,存在以下关系:

$$\sigma_{zs}=\sqrt{\sigma_x^2+\sigma_y^2+\sigma_z^2-(\sigma_x\sigma_y+\sigma_y\sigma_z+\sigma_z\sigma_x)+3(\tau_{xy}^2+\tau_{yz}^2+\tau_{zx}^2)}=f_y \qquad (2-2)$$

或以主应力表示为

$$\sigma_{zs}=\sqrt{\frac{1}{2}\left[(\sigma_1-\sigma_2)^2+(\sigma_2-\sigma_3)^3+(\sigma_3-\sigma_1)^2\right]}=f_y \qquad (2-3)$$

并称σ_{zs}为折算应力。因此,复杂应力状态下钢材的屈服条件可写成

$$\left.\begin{array}{ll}\sigma_{zs}<f_y & 弹性状态\\ \sigma_{zs}=f_y & 塑性状态\end{array}\right\} \qquad (2-4)$$

对于平面应力状态,折算应力可简化为

$$\sigma_{zs}=\sqrt{\sigma_x^2+\sigma_y^2-\sigma_x\sigma_y+3\tau_{xy}^2} \qquad (2-5)$$

当只有σ_x和τ_{xy}时(如梁的变截面处及腹板的计算高度处换算应力的强度检算),折算应

力得到进一步简化

$$\sigma_{zs} = \sqrt{\sigma^2 + 3\tau^2} \qquad (2-6)$$

特别地,在纯剪切时,$\sigma = 0$,则折算应力为

$$\sigma_{zs} = \sqrt{3\tau^2} = \sqrt{3}\tau$$

发生屈服时,$\sigma_{zs} = f_y$ 亦即 $\sqrt{3}\tau = f_y$ 可得:

$$\tau = \frac{1}{\sqrt{3}} f_y = 0.58 f_y \qquad (2-7)$$

此时的剪应力 τ 即为剪切屈服点 f_{vy},且 $f_{vy} = 0.58 f_y$。

2.3 钢结构的脆性断裂

2.3.1 钢结构脆性断裂的实例及特点

钢材有两种破坏形式,即塑性破坏和脆性破坏。破坏前有显著塑性变形的破坏称为塑性破坏(或延性破坏);破坏前没有显著塑性变形的破坏称为脆性破坏或称脆性断裂。比较而言,脆性破坏由于没有先兆而具有灾难性。钢结构的脆性破坏涉及面相当广,有贮罐、压力容器、管线、船舶、油轮(图2—7)、桥梁、钢轨(图2—8)、海上采油设备、水力发电设备、起重运输设备等等。特别是焊接结构的脆性破坏事故时常发生,如1938年比利时跨长为74.5 m的哈塞尔特全焊空腹桁架桥在交付使用一年后突然裂成三段坠入阿尔培运河。破坏由下弦断裂开始,6 min后桥梁全部垮塌。当时气温较低,而桥梁只承受较轻的荷载。该桥用软钢制造,上、下弦均为两根工字钢组合焊成的箱形截面,最大厚度56 mm,节点板为铸件,裂口有的经过焊缝,有的只经过钢板。又如1943年1月美国的一艘焊接油轮在船坞中突然断成两截,当时气温为—5℃,船上只有试航的载重,内力约为最大设计内力的一半。在以后的10年中,又有二百多艘建造的焊接船舶在第二次世界大战期间发生破坏。1952年欧洲有3座直径44 m,高13.7 m的油罐发生破坏,当时这些油罐还未使用,气温为—4℃,最大板厚22 mm,材料也是软钢,施工时油罐的焊缝曾从罐内加工凿平,矫正焊接变形时曾对油罐进行过猛烈地锤击。从以上事例可以发现,钢结构发生脆性断裂时具有如下几个特点:

图2—7 焊接油轮的脆性断裂

图2—8 钢轨的脆性断裂

(1)断前没有显著的塑性变形,断裂具有突发性,即破坏一旦发生,瞬时扩展到整个结构,因而难以事先发现和预防;

(2)脆性断裂的断口形貌平直呈晶粒状;

(3)结构发生脆断时,材料中平均应力低于设计容许应力,是一种低应力破坏;

(4)脆性断裂常发生在低温下或内部有"先天缺陷"的构件中。

2.3.2 钢结构脆性断裂的原因

钢结构脆性断裂的频繁发生促使世界许多国家对此问题进行大规模的研究,研究结果表明,钢结构发生脆性断裂的原因有:焊接引起的缺陷(如裂纹、欠焊、夹渣和气孔等)、加工(如铲除焊缝及锤击)过程中造成的裂纹等产生的应力集中,焊接后结构内部存在的残余应力、温度降低引起的温差应力以及选材不当(如缺口韧性不足)等等。

由缺陷引起的应力集中可在缺陷处或尖锐缺口处形成三向受拉的应力状态,在三向受拉的应力状态下,构件中的剪应力很小,不足以引起金属晶粒的滑移,限制了材料的塑性变形,从而引起脆性破坏。另外,焊接残余应力,板厚过大也可形成三向受拉的应力状态。

我们知道,钢材存在冷脆转变温度,在高于该温度下,钢材处于韧性状态,低于该温度下,钢材处于脆性状态。钢材在焊接过程中,由于热循环的作用,可能使冷脆转变温度升高,使钢材在常温下呈脆性。在低温下,钢的脆断强度(拉断晶粒所需的应力)比钢的屈服强度要低,见图2-9,因而更容易发生脆性断裂。

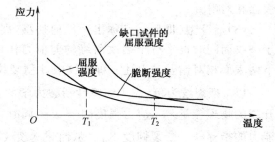

图2-9 钢材强度随温度的变化规律

因此,在钢结构的设计和建造中,要特别注意结构细节的设计和加工工艺,避免过大的应力集中。对焊缝应进行严格检查,保证没有超标的缺陷。采取措施降低或消除焊接残余应力。尽量采用薄板制造。在选材上除了要求具有足够的强度外,还要求有适当的缺口韧性,焊接过程应确保不提高钢材的冷脆转变温度。

2.3.3 基于断裂力学的脆性断裂分析

钢结构在制造加工过程中不可避免地会引入一些缺陷,如焊接引起的裂纹、气孔和夹渣等,缺陷(或类裂纹)是引起脆性断裂的主要原因。对这些缺陷的处理,当缺陷超标时,或修补或报废,对于细小的缺陷或在现有条件下难以发现的缺陷,做报废或返工处理势必会造成极大的浪费,如果容许缺陷在结构中出现,那么,这些缺陷是否会导致脆性破坏?或在多大的应力水平下发生破坏?或在一定的应力水平下,结构中容许缺陷存在的尺寸是多大?对这些问题,断裂力学可以给出合理的回答。

断裂力学(严格地说是宏观断裂力学)是从宏观的连续介质力学角度出发,研究含缺陷或裂纹的物体在外界条件(荷载、温度、介质腐蚀、中子辐射等)作用下宏观裂纹的扩展、失稳开裂、传播和止裂的规律。所谓宏观裂纹,是指在材料制造或加工和使用过程中形成的宏观尺度(10^{-2}cm以上)的类裂纹缺陷。在实际结构中,这种裂纹的存在是难免的。

传统的强度理论是在假设材料无缺陷、无裂纹的基础上建立起来的,在生产实践中经受了长期的考验。但随着现代生产的发展,新工艺、新材料、高强度材料的广泛采用,结构在高速、高压、高温与低温环境下的使用,以及大型结构的日益增多,用传统强度理论设计的结构发生了很多断裂事故,断裂处的最大工作应力往往并不高,甚至远远低于材料的屈服极限.这就是低应力脆断现象。这说明传统的强度和韧度指标及计算结果虽能满足设计要求,但不能确保结构的安全,不能适应新的生产水平的需要。对低应力脆断的大量分析研究表明:脆性破坏总是由宏观裂纹的失稳扩展(快速扩展)引起的。断裂力学就是从研究低应力脆断问题开始,从客观存在的裂纹出发,把构件看成连续和间断的统一体,从而形成了这门新兴的强度学科。断裂力学通常可分为线弹性断裂力学和弹塑性断裂力学。脆性断裂问题常采用线弹性断裂力学方法进行分析,而分析塑性断裂问题采用的是弹塑性断裂力学方法。目前线弹性断裂力学已经发展成熟,在工程中已经得到应用。

断裂力学主要研究三种裂纹,如图2-10所示,它们分别是:

(1)张开型(Ⅰ型):裂纹受垂直于裂纹面的拉应力作用,裂纹上下两表面相对张开;

(2)滑开型(Ⅱ型):又称平面内剪切型,裂纹受平行于裂纹面而垂直于裂纹前缘的剪应力作用,裂纹上下两表面相对滑开;

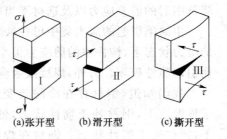

(a)张开型　(b)滑开型　(c)撕开型

图2-10　三种裂纹类型

(3)撕开型(Ⅲ型):又称出平面剪切型,裂纹受平行于裂纹面同时也平行于裂纹前缘的剪应力作用,裂纹上下两表面相对错开。上述三种裂纹中,Ⅰ型裂纹最危险。

以Ⅰ型裂纹为例,应用线弹性断裂力学的方法,通过分析裂纹体的应力场,得到控制材料开裂的物理参量——应力强度因子K_I,同时,通过断裂力学试验得到反映材料抵抗裂纹扩展能力的指标——断裂韧度K_{IC},从而建立裂纹扩展断裂准则:

$$K_I = K_{IC} \tag{2-8}$$

这就是应力强度因子断裂准则(或称断裂判据)。上式表明,当裂纹尖端的应力强度因子K_I达到断裂韧性K_{IC}裂纹就会发生扩展。

所谓应力强度因子是一个反映裂纹尖端邻近区域应力场强度大小的力学参量。它定义为:

$$K_I = Y\sigma\sqrt{\pi a} \tag{2-9}$$

式中σ为裂纹位置上按无裂纹计算的应力,称为名义应力;a为裂纹尺寸,Y为形状系数。应力强度因子的量纲为$[力]\times[长度]^{-3/2}$,国际单位为$N \cdot m^{-3/2}$。

K_{IC}是对材料裂纹扩展阻力的度量,称为"平面应变断裂韧度"。属于钢材的一种力学性能,由实验确定,与试验温度、板厚、变形速度等参量有关。

有了像式(2-8)那样的断裂判据,就可以判断结构中的缺陷是否会导致脆性断裂。如果已知缺陷大小(通常等效为裂纹长度a),由式(2-8)和式(2-9)可以得到从该缺陷处发生破坏时的应力大小为

$$\sigma_c = \frac{K_{IC}}{Y\sqrt{\pi a}} \tag{2-10}$$

同样,在给定的应力水平σ下,可得结构中容许缺陷存在的临界长度a_c为

$$a_c = \frac{1}{\pi}\left(\frac{K_{IC}}{Y\sigma}\right)^2 \tag{2-11}$$

2.4 钢结构的疲劳

2.4.1 交变应力及其循环特征

在随时间而变化的荷载(称为交变荷载)作用下,结构构件内所产生的应力称为交变应力,也称为反复应力或疲劳应力。钢结构中的吊车梁和桥梁杆件都是承受疲劳应力作用的构件。交变应力与静载应力之区别在于交变应力重复变化,应力每重复变化一次,称为一个应力循环,每一次应力循环中的最大应力与最小应力之差称为应力幅,即 $\Delta\sigma = \sigma_{max} - \sigma_{min}$,根据应力幅的变化,疲劳可分为等幅疲劳和变幅疲劳。应力循环过程中应力幅保持不变的称为等幅疲劳,而应力循环过程中应力幅产生变化的称为变幅疲劳。

对于等幅疲劳应力循环,可分为对称循环和非对称循环,常用应力比 $\rho = \sigma_{min}/\sigma_{max}$ 表示应力循环特征。对称循环下 $\rho = -1$;非对称循环又分为拉—拉循环($\rho > 0$)、拉—压循环以拉为主($-1 < \rho < 0$)、拉—压循环以压为主($\rho < -1$);当 $\rho = 0$ 时,称为脉动循环;当 $\rho = 1$ 时,对应静荷载,可看成是一种特殊的交变应力,如图 2—11。

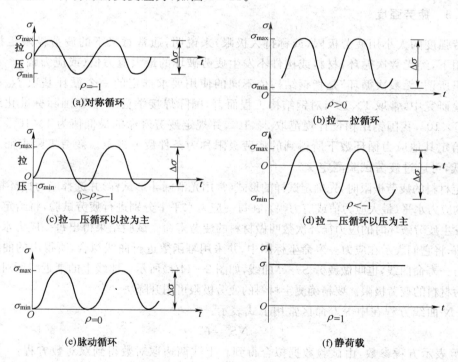

图 2—11 等幅疲劳应力循环特征

对于变幅疲劳,应力幅 $\Delta\sigma$、最大应力 σ_{max}、最小应力 σ_{min} 都是随时间变化(有规律或无规律)的(图 2—12),工程上常用一定的循环计数法将其进行统计计数处理,化为有规律的变幅应力谱(阶梯应力谱),然后利用一定的疲劳累积损伤法则化为等效的等幅疲劳应力进行计算。

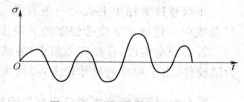

图 2—12 变幅疲劳应力循环

2.4.2 疲劳破坏的特点

与静载下的屈服破坏相比,疲劳破坏是在重复变化的荷载作用下,由于钢材内部的缺陷,逐渐产生裂纹,随着应力循环次数的增加,裂纹不断扩展直到最后发生突然断裂。疲劳破坏具有如下特点:

(1)疲劳破坏时应力值远低于静荷载作用下破坏时的应力值(f_u,f_y);

(2)疲劳破坏时构件没有明显的塑性变形,是一种脆性破坏(具有突发性);

(3)疲劳破坏在应力循环多次以后才发生;

(4)疲劳破坏过程是构件中裂纹的萌生、扩展直到断裂的过程;

(5)疲劳破坏时,断口上有裂纹源、疲劳扩展区(光滑)、脆断区(粗糙),如图 2—13 所示。

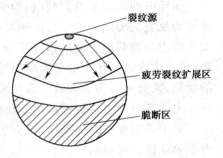

图 2—13　疲劳断口示意图

2.4.3 疲劳强度

疲劳强度的大小用疲劳极限(或称持久极限)来说明,通常意义下的疲劳极限是指在疲劳应力作用下,经无数次循环,材料或构件不发生疲劳破坏的最大应力值(或应力幅)。

这里所谓"无数次循环"是指钢结构依不同的使用要求选定的一个循环基数 N_0,N_0 的取法在试验研究中,常取 1×10^7,对钢结构工程而言,国际焊接学会 IIW 和国际标准化组织 ISO 建议取 5×10^6,我国钢结构设计规范取 2×10^6,并规定疲劳寿命的最低值为 1×10^5。

在给定其他应力循环数下所得到的疲劳极限称为条件疲劳极限。疲劳极限表征了疲劳强度的高低,可通过疲劳试验测定。

测定材料的疲劳极限时,先确定试样的形式(常用光滑漏斗形试样)并选择应力循环特征,然后取不同的应力水平(最大应力值或应力幅),在每一应力水平下分别进行疲劳试验,将给定应力水平下材料发生疲劳破坏时的应力循环次数叫做材料的疲劳寿命。试验结果得出每一应力水平下的疲劳寿命值,将它们表示在应力—寿命坐标图中,并采用幂函数进行曲线拟合,所得出的曲线称为材料的应力—寿命曲线,也叫做疲劳 S—N 曲线,如图 2—14(a)所示。曲线上的渐近线所对应的应力水平即为材料的疲劳极限。要精确测定材料的疲劳极限可用升降法。

S—N 曲线方程在中等寿命区常用下式表示:

$$NS^\beta = C \tag{2-12}$$

式中 C、β 表示方程参数,由试验数据拟合得到。上式两边取对数得到双对数方程:

$$\lg N + \beta \lg S = \lg C \tag{2-13}$$

在双对数坐标中上式为一条直线,由于材料疲劳性能具有一定的分散性,所以,常取 S—N 曲线中一定概率下疲劳强度的下限作为设计 S—N 曲线,如图 2—14(b)所示。

若要测定构件(存在应力集中)的疲劳极限,测定方法与材料的相同,只不过要采用构件作为试验件,由于构件的尺寸较大,要用大吨位的疲劳试验机,因而,试验费用将十分昂贵。

2.4.4 提高钢结构疲劳强度的措施

影响钢结构疲劳强度的因素很多,归纳起来,主要有构件的构造细节(包括形状、尺寸及表

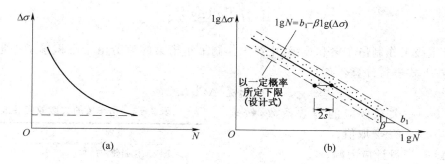

图 2—14 材料的疲劳 S—N 曲线

面状况、冶金缺陷等,它们和应力集中程度有关)、应力种类(循环特征)及其幅值、应力循环次数、残余应力、工作环境及材料种类等。应力集中程度愈高,疲劳强度就愈低。

为了提高钢结构的疲劳强度,首先要有适当的构造细节设计,同时还要有好的施工质量。此外,也可以进一步采取一些工艺措施缓和应力集中程度(如磨去对接焊缝的余高、消除焊缝的趾部的切口),或是采用合理的喷丸、锤击等工艺在表层形成压缩残余应力来提高疲劳性能。

试验表明,对于钢结构的非焊接部位,疲劳强度是由应力比与最大应力决定的,但对于焊接部位,疲劳强度主要与应力幅有关。

2.4.5 钢结构的疲劳计算

钢结构的疲劳计算方法在不同的行业规范中有所不同,现行《钢结构设计规范》(GB 50017—2003)(以下简称《规范》)中采用容许应力幅法计算疲劳。

1. 常幅疲劳检算公式

$$\Delta\sigma \leqslant [\Delta\sigma] \tag{2—14}$$

其中 $\Delta\sigma$ 为焊接部位的应力幅度,$\Delta\sigma = \sigma_{max} - \sigma_{min}$;对于非焊接部位,$\Delta\sigma = \sigma_{max} - 0.7\sigma_{min}$。

$[\Delta\sigma]$ 为常幅疲劳的容许应力幅,按下式计算:

$$[\Delta\sigma] = \left(\frac{C}{N_0}\right)^{1/\beta} \tag{2—15}$$

我国建筑钢结构设计规范将构件和连接按不同构造情况划分为 8 个类别(参见附录 4),分别规定了它们的系数 C、β 值,见表 2—1。

表 2—1 建筑钢结构设计规范中的系数 C、β 及 $[\Delta\sigma]_{2\times10^6}$ 值

构件和连接分类	1	2	3	4	5	6	7	8
$C(\times10^{12})$	1 940	861	3.26	2.18	1.47	0.964	0.646	0.406
β	4	4	3	3	3	3	3	3
$[\Delta\sigma]_{2\times10^6}$ (MPa)	176	144	118	103	90	78	69	59

2. 变幅疲劳检算公式

当循环应力随机变化时,若能获得结构在使用寿命期内各种应力幅水平及相应的循环次数即应力谱($\Delta\sigma_i, n_i; i = 1, 2, \cdots, n$),则根据累积损伤原理可将变幅疲劳应力折合为等效的等幅疲劳应力,仍采用式(2—14)进行疲劳计算。等效的等幅疲劳应力为

$$\Delta \sigma_e = \left(\frac{\sum n_i (\Delta \sigma_i)^\beta}{\sum n_i} \right)^{1/\beta} \tag{2-16}$$

对于重级工作制吊车梁和重级、中级工作制吊车桁梁的疲劳由于已积累了一定的实测数据,故可按下式进行计算:

$$\alpha_f \Delta \sigma \leqslant [\Delta \sigma]_{2 \times 10^6} \tag{2-17}$$

式中　　α_f——欠载效应的等效系数,按表 2-2 取值;

　　　　$\Delta \sigma$——设计应力幅;

　　$[\Delta \sigma]_{2 \times 10^6}$——容许应力幅,按式(2-15)进行计算。

表 2-2　吊车梁的欠载效应等效系数

吊车类别	α_f
重级工作制硬钩吊车	1.0
重级工作制软钩吊车	0.8
中级工作制吊车	0.5

《铁路桥梁钢结构设计规范》(TB 10002.2—2005)及《公路桥涵钢结构及木结构设计规范》(JTJ 025—86)中的疲劳检算公式参见各自的规范条文。

2.5　影响钢材性能的因素

影响钢材性能的因素主要有钢材的化学成分、冶金缺陷、应力状态、应力集中、残余应力、温度、时效和冷作硬化等。

2.5.1　化学成分

钢材的化学成分直接影响钢的组织构造和力学性能。钢的基本元素是铁(Fe),约占99%,其他元素如 C、Si、Mn、S、P、O、N 等虽然含量不大,但对钢材的力学性能却影响很大。

1.碳(C)

碳直接影响钢材的强度、塑性、韧性和可焊性。碳含量增加,钢材的屈服点和抗拉强度提高,塑性、韧性(特别是低温冲击韧性)下降,耐腐蚀性、疲劳强度、冷弯性能和可焊性也都明显下降。因此,建筑钢材的碳含量不宜太高,一般限制在 0.22% 以下,对焊接结构限制在 0.2% 以下。

2.硅(Si)

硅作为脱氧剂,用以制成质量较高的镇静钢,使铁液在冷却时形成无数结晶中心,使晶粒细小而均匀。含量适量时使钢材的强度提高,而对塑性、韧性、冷弯性能和可焊性均无显著的不良影响。含量过高,可降低塑性、韧性、可焊性和抗锈性。一般限制在 0.1%～0.3%(镇静钢),或≤0.07%(沸腾钢)或 0.2%～0.6%(低合金钢)。

3.锰(Mn)

锰是一种弱脱氧剂,与铁、碳的化合物溶解于纯铁体或渗碳体中,强化纯铁体和珠光体。含量适量,使钢材的强度提高;消除 S、O 对钢材的热脆影响;改善钢材的热加工性能;改善钢材的冷脆倾向;不显著降低钢材的塑性和冲击韧性。适量含量(在普通碳素钢中)为 0.3%～0.8%,也是低合金钢中的合金元素。含量过高(≥1.0%),使钢材变得脆而硬,降低钢材的可焊性、抗锈性。

4.硫(S)

硫在钢中是有害物质,硫与铁的化合物 FeS 散布在纯铁体晶粒的间层中,高温时,FeS 熔化而使钢材变脆并产生裂纹(称为钢材的热脆性)。含量过高,降低钢材的塑性、冲击韧性、疲劳强度、抗锈性。所以应严格控制硫的含量。一般要求≤0.055%,对焊接结构要求≤0.050%。若在钢中增加 Mn 的含量,形成 MnS,其熔点高(约 1600℃)、塑性较好,可减轻 S 的有害作用。

5. 磷(P)

磷通常也是有害物质,它与纯铁体结成不稳定的固溶体,增大纯铁体晶粒。含量过高会严重降低钢材的塑性、冲击韧性(特别是低温时,使钢材变得很脆,称为冷脆性)、冷弯性能、可焊性。应严格控制磷含量。一般要求≤0.050%,对焊接结构要求≤0.045%。但磷的强化作用和抗锈性十分显著,有时利用磷的强化作用提高钢材的强度,经过特殊冶炼,生产高磷钢,含磷量可达 0.08%～0.12%,但含碳量≤0.09%。如 12 锰磷稀土,09 锰铜磷钛等,强度高、抗锈性好。

6. 氧(O)

与 S 相似,具有热脆性,限制在 0.05% 以下。

7. 氮(N)

氮与 P 相似,能显著降低钢材的塑性、韧性、冷弯性能、可焊性。增加时效倾向和冷脆性。限制在 0.08% 以下。

8. 钒(V)

钒是有益的合金元素,可提高钢材的强度和抗锈能力;不显著降低钢材的塑性和韧性,如 15MnV。适合于制造高、中压容器,桥梁,船舶,起重机械和其他荷载较大的焊接结构。

9. 铜(Cu)

铜也是有益元素,在普通碳素钢中属于杂质成分,能提高钢材的抗锈能力和强度,降低可焊性。

2.5.2 冶金缺陷

冶金缺陷包括偏析、夹渣、裂纹或空洞、分层等。偏析是钢中化学杂质元素分布的不均匀性,偏析(特别是 S、P 有害元素的偏析)将严重影响钢材的性能,使钢材的塑性、冲击韧性、冷弯性能、可焊性等降低。沸腾钢的杂质元素较多,所以偏析现象比镇静钢更为严重。夹渣主要为非金属夹渣,如硫化物(产生热脆)、氧化物等有害物。裂纹(空洞、气孔)可降低冷弯性能、冲击韧性、疲劳强度和抗脆断性能;分层是钢材在厚度方向不密合,分成多层的现象,可降低钢材的冷弯性能、冲击韧性、疲劳强度和抗脆断性能。

消除冶金缺陷的措施是进行轧制(热轧、冷轧),改变钢材的组织和性能,细化晶粒,消除显微组织缺陷,提高强度、塑性、韧性。因此轧制钢材比铸钢具有更高的力学性能。轧后热处理,可进一步改善组织,消除残余应力,提高强度。

2.5.3 应力状态

由复杂应力状态下钢材的屈服条件可知,当主应力 σ_1、σ_2、σ_3 同号且数值相近时,即使某个主应力超过 f_y,σ_{zs} 也会小于 f_y,可见,同号复杂应力作用时,强度提高;若某一应力异号,则可能最大主应力还小于 f_y,σ_{zs} 也会达到或超过 f_y,可见,钢材受异号复杂应力作用时,强度降低。

钢材受三向受拉应力作用时,钢材的塑性降低,因为剪切应力变小,钢材不易发生塑性变形;钢材受异号复杂应力作用时,塑性增加。

2.5.4 应力集中和残余应力

应力集中的危害是产生不利的双向或三向应力场,使结构发生脆断或产生疲劳裂纹。图2—15中带槽口试件的应力应变曲线反映了应力集中程度对钢材力学性能的影响情况,减少应力集中的措施是改善结构形式,减小截面突变,使截面匀顺过渡。

钢材在轧制、焊接、焰切及各种加工过程中会在其内部产生残余应力,残余应力(特别是拉伸残余应力)对钢材的力学性能有很大的影响,降低钢材的疲劳强度与冲击韧性。工程上常采用热处理、锤击、喷丸、振动等措施降低钢材内部的残余应力。

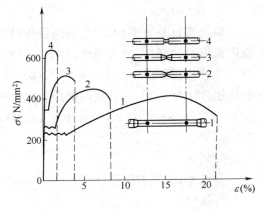

图2—15 带槽口试件的应力—应变曲线

2.5.5 温 度

钢材在高温、低温下的性能表现各不同,温度升高,强度下降,塑性韧性增大;温度降低,强度稍有提高,塑性、冲击韧性下降,脆性倾向增大,这种现象称为钢材的冷脆现象。钢材在约250℃左右时抗拉强度提高,塑性韧性下降,且表面呈蓝色,这种现象称为蓝脆现象。在260～320℃时,钢材出现徐变现象,600℃时,钢材强度几乎降为零。因此,钢结构需防火,图2—16表示出了温度对钢材性能影响,温度对冲击韧性的影响见图2—17。

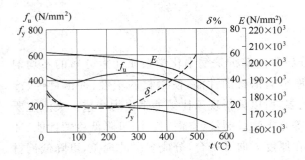

图2—16 温度对钢材性能的影响

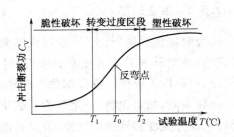

图2—17 温度对冲击韧性的影响

2.5.6 时效和冷作硬化

纯铁体中的碳、氮固溶物从中析出,形成自由的碳化物和氮化物散布于晶粒的滑移面上,起着阻碍滑移的强化作用,使金属的强度提高,塑性降低的现象称为时效。在材料产生塑性变形(约10%)后进行加热(250℃)可使时效强化快速发展,称为人工时效。

钢材受荷超过弹性范围后,若重复地卸载、加载,将使钢材的弹性极限提高,塑性降低,这种现象是钢材的冷作硬化,如图2—18所示。

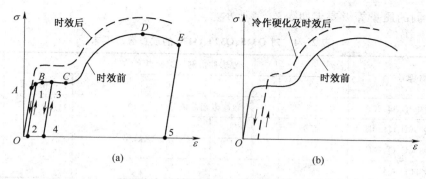

图 2—18　钢材的时效硬化与冷作硬化

2.6　钢材的种类和加工

2.6.1　钢材的种类

钢材品种繁多,性能各异,按化学成分可分为两类:碳素钢(普通、优质)、合金钢(低、中、高)。按用途可分为结构钢、工具钢和特殊用途钢。建筑钢结构用钢只是碳素结构钢和低合金结构钢中的几种。

1. 普通碳素钢

普通碳素钢牌号的表示方法为代表屈服点的字母 Q,屈服点的数值,质量等级符号(A、B、C、D)和脱氧方法符号(F、Z、b、TZ),其中 F 表示沸腾钢,Z 表示镇静钢,b 表示半镇静钢,TZ 表示特殊镇静钢,如 Q235—AF、Q235—B 等。GB 700—88 对碳素结构钢的牌号共分 5 种:Q195、Q215、Q235、Q255、Q275,但建筑钢结构中最常用的碳素钢为 Q235,对 Q235 的质量等级要求如表 2—3 所示。

表 2—3　对 Q235 的质量等级要求

钢材牌号	要求冲击韧性试验温度(℃)			合格标准	脱氧方法
	20	0	—20		
Q235A	不做冲击韧性试验			—	F、Z、b
Q235B	√			27J	F、Z、b
Q235C		√			Z
Q235D			√		TZ

2. 普通低合金结构钢

普通低合金结构钢是在普通碳素钢中添加少量的一种或几种合金元素制成的,以提高强度、耐腐蚀性、耐磨性和低温冲击韧性。普通低合金结构钢的含碳量一般都较低(低于0.2%),以便于钢材的加工和焊接。强度的提高主要依靠加入的合金元素,合金元素总含量一般低于5%,故称低合金钢。

普通低合金钢的特点是具有较高的屈服点和抗拉强度,有良好的塑性、韧性(特别是低温冲击韧性)、耐腐蚀性,平炉和顶吹氧气转炉都可以冶炼,成本低,应用广。

普通低合金钢的表示方法与碳素钢相同,但质量等级有 A、B、C、D、E 共 5 级,且脱氧方法只有 Z(镇静钢)和 TZ(特殊镇静钢)。GB/T 1591—94 将普通低合金钢的牌号共分 5 种:Q295、Q345、Q390、Q420、Q460,但建筑钢结构中最常用的普通低合金钢为 Q345、Q390、

Q420,对它们的质量等级要求如表2-4所示。

表2-4 对 Q345、Q390、Q420 的质量等级要求

钢材牌号	要求冲击韧性试验温度(℃)				合格标准	脱氧方法
	20	0	-20	-40		
Q345A、Q390A、Q420A	不做冲击韧性试验				—	Z
Q345B、Q390B、Q420B	√					Z
Q345C、Q390C、Q420C		√			34J	Z
Q345D、Q390D、Q420D			√			TZ
Q345E、Q390E、Q420E				√	27J	TZ

采用普通低合金钢可减轻结构自重,节约钢材,延长使用寿命。对于冲击韧性,尤其是低温冲击韧性要求很高的重要结构(如桥梁、重级工作制焊接吊车梁),宜采用硅脱氧后再用铝补充脱氧的特殊镇静钢。

另外,大型结构的支座通常采用钢铸件,如 ZG 200-400、ZG 230-450、ZG 270-500、ZG 310-579等。

2.6.2 钢材的加工

钢材的加工不仅改变其外观尺寸,而且能显著改变钢的内部组织和性能。钢材的加工分为热加工和冷加工。

将钢锭加热至塑性状态,依靠外力改变其形状,成为各种不同截面的型钢,称为热加工或热压力加工。钢材经热加工以后,钢锭内部的小气泡、裂纹、疏松等缺陷在压力作用下得到一定程度的压合,使钢材的组织更加密实。

将钢材在常温下进行的加工称为冷加工。冷加工的目的是提高强度和硬度,但也降低了塑性和韧性。钢材的冷加工包括冷拉、冷拔、剪、冲、压、折、钻、刨、铲、撑、敲等,冷加工后产生的冷作硬化需用热处理使其机械性能恢复正常。

2.7 钢材的规格和选用

2.7.1 钢材的规格

建筑钢结构所用的钢材主要是热轧成型的钢板、型钢,冷弯成型的薄壁型钢,有时也采用圆钢和无缝钢管。热轧钢板包括厚钢板、薄钢板、扁钢、花纹钢板,其规格见表2-5。

钢结构中常用的热轧型钢有角钢、工字钢、槽钢和钢管,如图2-19所示。

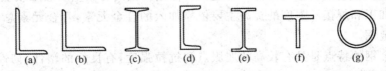

图2-19 热轧型钢截面

角钢分等肢角钢和不等肢角钢,如图2-19(a)(b)所示,表示方法为在符号"∟"后加"肢宽×厚度"(以 mm 为单位),如∟100×80×10 表示不等肢角钢,∟100×100×10 表示等肢角钢,

等肢角钢也可简单地表示为└100×10。角钢常用于受力构件和连接件。

表 2—5　热轧钢板的规格

热轧钢板分类	厚度(mm)	宽度(mm)	长度(m)	主要用途
厚钢板	4.5～60	600～3 000	4～12	梁、柱的腹板、翼缘、节点板
薄钢板	0.35～4	500～1 500	0.4～5	制造冷弯薄壁型钢
扁　钢	4～60	12～200	3～9	构件的连接板、组合梁的翼缘板、螺旋焊接钢管
花纹钢板	2.5～8	600～1 800	0.6～12	走道板、梯子踏板

工字钢有普通工字钢、轻型工字钢和宽翼缘工字钢(即 H 形钢),如图 2—19(c)、(e)所示。普通工字钢和轻型工字钢的钢号用符号"I"后加截面高度的厘米数表示。20 号以上的工字钢,同一号数有三种腹板厚度,分别为 a、b、c 三类。如 I30a、I30b、I30c,由于 a 类腹板较薄,用作受弯构件较为经济。轻型工字钢的腹板和翼缘均较普通工字钢薄,因而在相同重量下其截面模量和回转半径均较大。

H 形钢是世界各国使用很广泛的热轧型钢,与普通工字钢相比,其翼缘内外两侧平行,便于与其他构件相连。它可分为宽翼缘 H 形钢、中翼缘 H 形钢和窄翼缘 H 形钢。宽翼缘 H 形钢的代号为符号"HW"后加截面高度 H 与翼缘宽度 B,且 $B=H$;中翼缘 H 形钢的代号为符号"HM"后加截面高度 H 与翼缘宽度 B,$B=(1/2～2/3)H$,窄翼缘 H 形钢的代号为符号"HN"后加截面高度 H 与翼缘宽度 B,$B=(1/3～1/2)H$。各种 H 形钢均可剖分为 T 形钢供应,代号分别为 TW、TM 和 TN。H 形钢和剖分 T 形钢的规格标记均采用:高度 H×宽度 B×腹板厚度 t_1×翼缘厚度 t_2 表示。例如 HM340×250×9×14,其剖分 T 形钢为 TM170×250×9×14,单位均为 mm。

槽钢有普通槽钢和轻型槽钢两种,如图 2—19(d)槽钢型号以符号"匚"后加截面高度的厘米数表示,如匚30a。腹板厚度类型也有 a、b、c 三类。号码相同的轻型槽钢,其翼缘较普通槽钢宽而薄,腹板也较薄,回转半径较大,重量较轻。

钢管有无缝钢管和焊接钢管两种,用符号"φ"后面加"外径×厚度"表示,如 φ400×6,单位为 mm。

薄壁型钢(图 2—20)是用薄钢板(一般采用 Q235 或 Q345 钢),经模压或弯曲而制成的,其壁厚一般为 1.5～5mm,用作轻型屋面及墙面等构件。

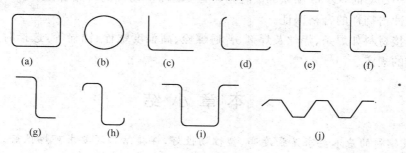

图 2—20　薄壁型钢截面

钢结构中常用热轧型钢的截面几何特性详见附录 7 中的型钢表。

2.7.2　钢材的选用

为了保证钢结构安全可靠,经济合理,钢结构设计前首先要正确选择合适的钢材种类,对于承重结构,选择钢材时,应考虑以下原则:

(1)结构的重要性。根据《建筑结构可靠度设计统一标准》(GB 50068—2001)的规定,结构安全等级有一级(重要的)、二级(一般的)和三级(次要的)。安全等级不同,所选钢材的质量也应不同。对重要的结构,如重型工业建筑结构、大跨度公用建筑结构、高层或超高层民用建筑结构等,应考虑选用质量好的钢材。同时,还应考虑构件破坏时对结构整体使用功能的影响,当构件破坏导致整个结构不能正常使用时,则后果严重;如果构件破坏只造成局部损害而不致危及整个结构的正常使用,则后果就不十分严重,两者对材质的要求应有所不同。

(2)荷载种类。对直接承受动荷载(冲击或疲劳)的结构和强烈地震区的结构,应选用综合性能好的钢材,对承受静荷载的一般结构可选用质量等级稍低的钢材,以降低造价。

(3)连接方法。钢结构的连接方法有焊接和螺栓连接两种。对于焊接结构,为保证焊缝质量,要求选用可焊性较好的钢材。

(4)结构的工作环境。在低温下工作的结构,尤其是焊接结构,应选用有良好冲击韧性和抗低温脆断性能的镇静钢。在露天工作或在有害介质环境工作中的结构,应考虑钢材要有较好的防腐性能,必要时应采用耐候钢。

另外,还需考虑结构形式、应力状态以及钢材厚度等因素,并注意避免钢材发生脆性破坏。对于具体的钢结构工程,选用哪一种钢材应根据上述原则结合工程实际情况及钢材供货情况进行综合考虑。

钢材供货时,我国现行钢结构设计规范规定:对承重结构采用的钢材应具有抗拉强度、伸长率、屈服强度和硫、磷含量的合格保证,对焊接结构尚应具有碳含量的合格保证。对焊接承重结构以及重要的非焊接承重结构采用的钢材还应具有冷弯试验的合格保证。

对于需要验算疲劳的焊接结构的钢材,应具有常温冲击韧性的合格保证。当结构工作温度不高于 0℃但高于-20℃时,Q235 和 Q345 钢应具有 0℃冲击韧性的合格保证;对 Q390 和 Q420 钢应具有-20℃冲击韧性的合格保证。当结构工作温度不高于-20℃时,Q235 和 Q345 钢应具有-20℃冲击韧性的合格保证;对 Q390 和 Q420 钢应具有-40℃冲击韧性的合格保证。

对于需要验算疲劳的非焊接结构的钢材亦应具有常温冲击韧性的合格保证。当结构工作温度不高于-20℃时,Q235 和 Q345 钢应具有 0℃冲击韧性的合格保证;Q390 和 Q420 钢应具有-20℃冲击韧性的合格保证。

对于连接材料如焊条、焊丝及焊剂、普通螺栓、高强度螺栓、锚栓等,选择时要符合现行国家相关标准的规定。

本 章 小 结

1. 建筑钢材的基本要求是强度高、塑性韧性好,焊接结构还要求可焊性好。

2. 衡量钢材强度的主要指标是屈服点,衡量钢材塑性的指标是伸长率和断面收缩率,冷弯性能综合反映钢材塑性和质量,冲击韧性值是衡量钢材韧性的指标。

3. 钢材有两种破坏形式:塑性破坏和脆性破坏。脆性破坏时变形小,破坏具有突发性,造成的后果严重。为此应注意：①选用钢材时要有冲击韧性值的合格保证；②设计时特别注意结构细节，避免截面突变，尽可能减少应力集中；③制造、安装过程中严格按有关规范、技术规程操作，焊缝中不得有缺陷；④注意钢材在温度、局部应力状态等因素影响下由塑性转向脆性的可能性，并在设计、制造、安装中采取措施严加防止。

4. 影响钢材疲劳的主要因素是构造细节（应力集中）、作用的应力幅、应力比和应力循环次数。焊接结构疲劳强度主要取决于应力幅，非焊接结构疲劳强度主要取决于应力最大值和应力比。《规范》采用容许应力幅的方法验算疲劳。

5. 碳素结构钢的主要化学成分是铁和碳，其他为杂质成分；低合金高强度钢的主要化学成分除铁和碳外，还有总量不超过 5% 的合金元素，如锰、钒、铜等，这些元素以合金的形式存在于钢中，可以改善钢材性能。此外低合金高强度钢中也有杂质成分，如硫、磷、氧、氮等是有害成分，应严格控制其含量。对于焊接结构，含碳量不宜过高，要求控制在 0.2% 以下。

6. 影响钢材机械性能的因素除化学成分外，还有冶金缺陷、轧制工艺、脱氧程度、加工工艺、残余应力、受力状态、应力集中、重复荷载和环境温度等因素。

7. 《规范》推荐建筑钢结构宜采用碳素结构钢中的 Q235 钢及低合金高强度钢中的 Q345、Q390、Q420 钢。

8. 选择钢材时，应考虑结构的重要性、荷载情况、连接方法及结构所处的温度和工作环境等因素。

9. 钢结构的疲劳计算方法在不同的行业规范中有所不同，计算时应根据具体情况参照本行业的设计规范。

思 考 题

2.1 钢结构对钢材性能有哪些要求？这些要求用哪些指标来衡量？

2.2 钢材受力有哪两种破坏形式？它们对结构安全有何影响？

2.3 影响钢材机械性能的主要因素有哪些？为何低温下及复杂应力作用下的钢结构要求采用质量较高的钢材？

2.4 钢结构中常用的钢材有哪几种？钢材牌号的表示方法是什么？

2.5 钢材选用应考虑哪些因素？怎样选择才能保证经济合理？

3

钢结构的连接

　　钢结构是由许多基本构件通过一定的方式连接起来的空间整体结构,连接是钢结构中最关键的部分,因为连接构造往往比较复杂且存在应力集中,容易出现脆性破坏和疲劳破坏。因此,连接设计是钢结构设计中最重要的一个环节。连接设计要符合安全可靠、构造简单、传力明确、便于制造与安装等原则。现代钢结构的连接方法主要有焊接连接、普通螺栓连接和高强度螺栓连接。

3.1　焊　接　连　接

3.1.1　焊接连接的特点及其工艺方法

　　焊接连接的特点是不削弱构件截面,节约钢材,构造简单,制造方便,连接刚度大,密封性能好,且易采用自动化作业,生产效率高。但焊接连接也有其缺点,焊缝附近钢材因焊接高温作用形成热影响区,其金相组织和机械性能发生变化,材质变脆。焊接过程中使结构产生焊接残余应力和残余变形,对结构的承载力、刚度和使用性能等均有不利的影响。此外,焊接结构由于刚度大,局部裂纹一经产生很容易扩展到整体,尤其是在低温下更容易发生脆性断裂。另外,焊缝连接的塑性和韧性较差,施焊时可能产生缺陷,使疲劳强度降低。尽管如此,焊接连接仍是目前钢结构采用的主要连接方法。

　　常见焊接生产上采用的工艺方法有电弧焊(包括手工电弧焊、自动埋弧焊、半自动焊等)、电阻焊和气体保护焊等。

　　1. 手工电弧焊

　　图 3-1 是手工电弧焊的原理示意图。它由焊条、焊钳、焊件、电焊机和导线等组成电路,通电后在焊条与焊件之间产生电弧,使焊条熔化,滴入被电弧吹成的焊件熔池中,同时焊药燃烧,在熔池周围形成保护气体,稍冷后在焊缝熔化金属的表面又形成熔渣,隔绝熔池中的液体金属和空气中的氧、氮等气体的接触,避免形成脆性化合物。焊缝金属冷却后就与焊件熔为一体。

　　手工电弧焊对不同的母材应采用不同型号的焊条,焊条型号可分为碳钢焊条和低合金钢焊条,碳钢焊条的型号有 E43 型,低合金钢焊条的型号有 E50 型、E55 型等。其中 E 表示焊条,43 表示焊缝金属的抗拉强度不低于 $430\,\text{N/mm}^2$,以此类推。焊条型号的选择应与母材强度相适应,如对 Q235 钢,应采用 E43 型焊条;对 Q345 钢,应采用 E50 型焊条;对 Q390 和 Q420 钢,应采用 E55 型焊条。当不同强度的两种钢材焊接时,宜采用与低强度钢材相适应的焊条。手工电弧焊的优点是设备简单、适应性强,应用广泛。但焊缝质量取决于焊工的操作技术水平。

　　2. 埋弧自动焊

埋弧自动焊的工作原理见图 3—2,裸露的焊丝卷在转盘上,焊接时转盘旋转,焊丝自动进条,装在漏斗中的散状焊剂不断流下覆盖住熔融的焊缝金属,因而看不见强烈的弧光,全部装备安装在能自动走行的小车上,小车的移动由专门机构控制完成,从而实现自动焊接。埋弧自动焊的电弧热量集中,熔深大,适用于厚板的焊接。同时,焊缝质量均匀,塑性好,冲击韧性高,抗腐蚀性能强。

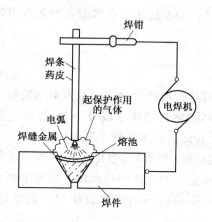

图 3—1　手工电弧焊原理示意图

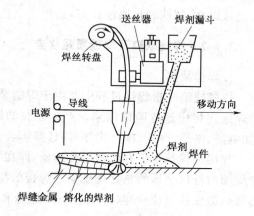

图 3—2　自动埋弧焊原理示意图

埋弧自动焊的焊条型号也应与母材强度相匹配,对于 Q235,宜采用 H08、H08A、H08Mn 焊丝配合高锰、高硅型熔剂,对于 Q345,宜采用 H10Mn2 焊丝配合高锰型熔剂或低锰型熔剂,或用惰性气体代替熔剂。

电弧焊时必须控制其工艺参数才能得到良好的焊接接头。电弧焊的工艺参数一般是焊接电流、电压、焊条型号及直径、焊速(进条速度)、输入线能量和翻身次数等。对于一定的钢材,应严格按照已制订的相应焊接规范及标准执行,以保证焊缝质量。

3. 电阻焊

电阻焊的工作原理是在焊件组合后,通过电极施加压力和馈电,利用电流流经焊件的接触面及临近区域产生的电阻热来熔化金属完成焊接,如图 3—3 所示。电阻焊适用于模压及冷弯薄壁型钢的焊接及厚度为 6~12 mm 板的叠合焊接。

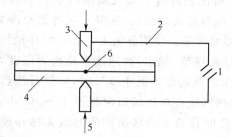

图 3—3　电阻焊原理
1—电源;2—导线;3—夹具;
4—焊件;5—压力;6—焊缝。

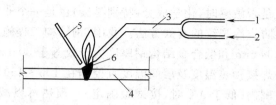

图 3—4　气焊原理
1—乙炔;2—氧气;3—焊枪;
4—焊件;5—焊条;6—火焰。

4. 气焊

气焊利用乙炔在氧气中燃烧而形成的火焰和高温来熔化焊条和焊件,逐渐形成焊缝,如图

3—4 所示。气焊常用在薄钢板和小型结构中。

5. 气体保护焊

气体保护焊是利用 CO_2 气体或其他惰性气体作为保护介质的一种电弧熔焊方法。气体保护焊的焊缝熔化区没有熔渣,焊工能够清楚地看到焊缝成型的过程;由于保护气体是喷射的,有助于熔滴的过渡;又由于热量集中,焊接速度快,焊件熔深大,故所形成的焊缝强度比手工电弧焊高,塑性和抗腐蚀性好,适用于全位置的焊接。但不适用于在风较大的地方施焊。

3.1.2 焊缝缺陷及焊缝质量检查

1. 焊缝缺陷

焊缝缺陷是指焊接过程中产生于焊缝金属或附近热影响区钢材表面或内部的缺陷。裂纹是焊缝连接中最危险的缺陷。产生裂纹的原因很多,如钢材的化学成分不当、焊接工艺条件(如电流、电压、焊速、施焊次序等)选择不合适及焊件表面油污未清除干净等。

焊接过程基本上有两种冶金现象,即在不同焊接层次(焊道)的熔化金属的固化现象和焊缝周围的母材金属的热处理现象。焊接的特点是少量金属的快速熔化和由于周围金属(母材)的散热造成的快速冷却,这就容易在焊缝和周围的热影响区内出现热裂纹和冷裂纹(图 3—5)。

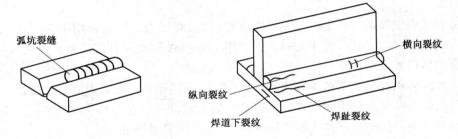

图 3—5 焊接裂纹

热裂纹是在焊接过程中,焊缝或其周围金属仍处于靠近熔点的温度时,由于杂质成分的偏析(杂质成分的熔点低于金属的熔点)而出现的裂纹。热裂纹是一种晶粒间的断裂。冷裂纹是在低于 200 ℃下产生的裂纹,冷裂纹通常是穿晶的,可能在焊缝金属或周围的热影响区内产生,在钢焊件中引起冷裂纹的主要原因是氢的存在(称为氢致裂纹)。在确定某种钢对冷裂纹是否敏感时,化学成分(特别是碳)也是一个非常重要的因素。使用低氢工艺和把焊件预热,是防止冷裂纹的有效方法。我国《钢结构工程施工及验收规范》规定,普通碳素结构钢厚度大于 34 mm 和低合金结构钢厚度大于或等于 30 mm,工作地点温度不低于 0 ℃时,应进行预热,其焊接预热温度及层间温度宜控制在 100～150 ℃,预热区应在焊接坡口两侧各 80～100 mm 范围内(低于 0 ℃时,按试验确定)。预热可以减慢焊接时在热影响区所产生的最大冷却速度。冷却速度的降低能导致在热影响区产生较软的组织。另外,预热能使热影响区的温度有足够长的时间保持在一定温度以上,以使氢在冷却时能从该区扩散出来,避免发生焊道下的开裂。

焊接缺陷除裂纹(或裂缝)外,还有焊瘤、烧穿、弧坑、气孔、夹渣、咬边、未熔透(未焊透)以及焊缝尺寸不符合要求、焊缝成形不良等(图 3—6)。焊接缺陷的存在将会引起显著的应力集中,降低焊缝的强度,特别是当结构在动荷载作用时,焊接缺陷常常是导致脆性断裂严重后果的祸根。

2. 焊缝质量检验

如上所述,焊缝缺陷的存在对连接的强度、冲击韧性及冷弯性能等均有不利的影响。因此,焊缝质量检验极为重要。焊缝质量检验一般采用外观检查及内部无损检验,前者检查外观缺陷和几何尺寸,后者检查内部缺陷。内部无损检验目前广泛采用超声波检验,使用灵活、经济,对内部缺陷反应灵敏,但不易识别缺陷性质;有时还用磁粉检验、荧光检验等较简单的方法作为辅助。此外,还可采用 X 射线或 γ 射线透照或拍片。

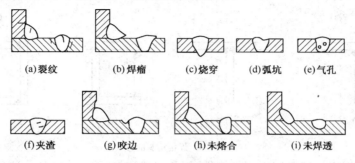

图 3—6　各种焊接缺陷示意图

《钢结构工程施工质量验收规范》规定焊缝按其检验方法和质量要求分为一级、二级和三级。其中三级焊缝只要求对全部焊缝作外观检查且符合三级质量标准;一级、二级焊缝则除外观检查外,还要求一定数量的超声波检查和 X 射线检查,见表 3—1 所示。

表 3—1　焊缝质量检查等级

焊缝质量等级	一级焊缝	二级焊缝	三　级　焊　缝
检查方法	外观检查;超声波检查;X 射线检查	外观检查;超声波检查	外观检查的基本要求:焊缝表面焊波均匀、不得有裂纹、夹渣、焊瘤、烧穿、弧坑、气孔等;焊接区不得有飞溅物,焊缝实际尺寸偏差不得超过规范容许值

3.1.3　施焊位置

由于实际结构中焊件的位置不同,施焊时焊接人员采用不同的施焊位置,施焊位置有平焊、立焊、横焊、仰焊及船位焊(图 3—7)。平焊(又称俯焊)施焊方便。立焊和横焊要求焊工操作水平比平焊高一些,仰焊的操作条件最差,焊缝质量不易保证,因此应尽量避免采用仰焊。对于焊接工字形截面,常常通过杆件翻身形成船位焊,以便焊接。

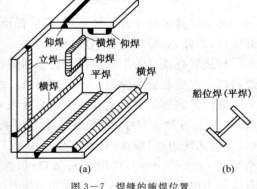

图 3—7　焊缝的施焊位置

3.1.4　焊接连接的形式

钢结构中常见的焊缝连接形式有对接连接、搭接连接、T 形连接和角接连接,如图 3—8 所示。这些连接所采用的焊缝种类主要是对接焊缝和角焊缝。

对接连接常用于连接位于同一平面内两块等厚或不等厚的构件,可直接采用对接焊缝连接[图 3—8(a)],这种连接的特点是传力平顺、受力性能好、用料省,但焊件坡口加工精度要求高;也可采用双层盖板(或称拼接板)以角焊缝的形式相连[图 3—8(b)],这种连接的特点是对板边的加工要求低,制造省工,但传力不直接,有应力集中,且用料较多。

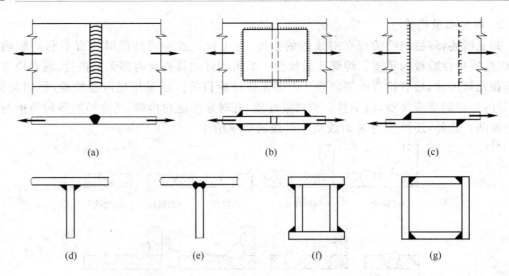

图 3—8　焊接接头的形式

搭接接头常用于连接厚度不等的构件,用角焊缝连接[图 3—8(c)],这种连接对板边的加工要求低,制造省工,但传力也不直接,力线弯折,有一定的应力集中。

T 形连接常用于制作组合截面,可采用角焊缝连接[图 3—8(d)],焊件间存在缝隙,应力集中现象严重,疲劳强度较低,可用于不直接承受动力荷载结构的连接中。对于直接承受动力荷载的结构,如重级工作制吊车梁,其上翼缘与腹板的连接,应采用如图 3—8(e)所示的 K 形坡口焊缝进行连接。

角接连接主要用于制作箱形截面,可采用角焊缝[图 3—8(f)]或坡口焊缝连接[图 3—8(g)]。

3.2　对接焊缝的构造与计算

3.2.1　对接焊缝的构造

对接焊缝多属于传力性连接,为了保证焊透,根据所焊板件厚度的不同,需加工不同形式的坡口,因此,对接焊缝也叫坡口焊缝。

对接焊缝坡口的形式与尺寸应根据焊件厚度和施焊条件来确定,以保证焊缝质量、便于施焊和减小焊缝截面为原则。一般由制造厂结合工艺条件并根据国家标准来确定。

坡口形式通常可分为 I 形(即不开坡口)、单边 V 形、V 形、J 形、U 形、K 形和 X 形等(图 3—9)。各种坡口中,沿板件厚度方向通常有高度为 p、间隙为 b 的一段不开坡口,称为钝边,焊接从钝边处(根部)开始。当采用手工焊时,若焊件较薄($t \leqslant 10$ mm)可用 I 形坡口;板件稍厚($t = 10 \sim 20$ mm),可用 V 形坡口;板件更厚($t > 20$ mm)时可用 U 形或 X 形坡口。T 形或角接接头中以及对接接头一边板件不便开坡口时,可采用单边 V 形、J 形或 K 形坡口。

对接焊缝的起点和终点,施焊时常因起弧和熄弧而出现弧坑(或称火口)等缺陷,从而产生应力集中。为避免这种缺陷,施焊时应在焊缝两端设置引弧板(图 3—10),这样起弧点和熄弧点均在引弧板上发生,焊完后用气割切除引弧板,并将板边修磨平整。当受条件限制而无法采用引弧板施焊时,则每条焊缝的计算长度取为实际长度减 $2t$(此处 t 为较薄焊件的厚度)。

当对接焊缝处的焊件宽度不同或厚度相差超过规定值时,应将较宽或较厚的板件加工成

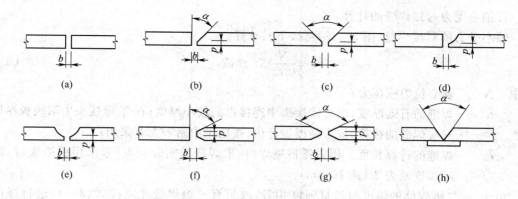

图3—9 对接连接的坡口形式

坡度不大于1：2.5的斜坡[图3—11、图3—12(a)]，形成平缓的过渡，使构件传力平顺，减少应力集中。当厚度相差不大于规定值 Δt 时，可以不做斜坡，直接使焊缝表面形成斜坡即可[图3—12(b)]。Δt 规定为：当较薄焊件厚度为 $t = 5 \sim 9 \text{ mm}$ 时，$\Delta t = 2 \text{ mm}$；当 $t = 10 \sim 12 \text{ mm}$ 时，$\Delta t = 3 \text{ mm}$；$t > 12 \text{ mm}$ 时，$\Delta t = 4 \text{ mm}$。

对于直接承受动力荷载且需计算疲劳的结构，上述变宽度、变厚度处的坡度斜角不应大于1：4。焊接时还应控制焊缝的增高量以减少应力集中。

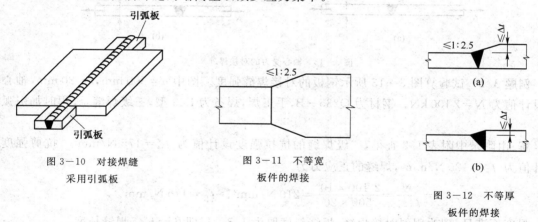

图3—10 对接焊缝采用引弧板

图3—11 不等宽板件的焊接

图3—12 不等厚板件的焊接

3.2.2 对接焊缝的强度计算

对接焊缝的强度与所用钢材的牌号、焊条型号及焊缝质量的检验标准等因素有关。如果焊缝中不存在任何缺陷，焊缝金属的强度是高于母材的。但由于焊接技术问题，焊缝中可能有气孔、夹渣、咬边、未焊透等缺陷。实验证明，焊接缺陷对受压、受剪的对接焊缝影响不大，故可认为受压、受剪的对接焊缝与母材强度相等，但受拉的对接焊缝对缺陷甚为敏感。当缺陷面积与焊件截面积之比超过5%时，对接焊缝的抗拉强度将明显下降。由于三级焊缝允许存在一定的缺陷，故其抗拉强度为母材强度的85%，而一、二级焊缝的抗拉强度可认为与母材强度相等。

由于对接焊缝是焊件截面的组成部分，而焊缝中存在着焊接缺陷，焊接接头处存在应力集中和焊接残余应力等各种现象，焊缝中实际的应力分布情况非常复杂，工程中为了简化计算，对焊缝的变形做了平截面假定，试验结果表明焊缝中的应力分布情况基本上与焊件原来的情况相同，故焊缝的计算方法与构件的强度计算一样。

1.轴心受力对接焊缝的计算

轴心受力的对接焊缝(图3－13)可按下式计算：

$$\sigma = \frac{N}{l_w t_w} \leqslant f_t^w \ 或 \ f_c^w \tag{3-1}$$

式中　N——轴心拉力或压力；

　　　t_w——焊缝的有效厚度,取对接接头中连接件的较小厚度；在T形接头中取腹板厚度；

f_t^w、f_c^w——对接焊缝的抗拉、抗压强度设计值,按附录中附表1.2采用；

　　　l_w——焊缝的计算长度。用引弧板施焊时,取焊缝的实际长度；未采用引弧板时,取实际长度减去$2t$(或10 mm)。

由于一、二级焊缝的强度与母材强度相等,故只有三级焊缝才需按式(3－1)进行强度验算。当正焊缝满足不了强度时,可采用斜焊缝,如图3－13(b)所示。计算证明,焊缝与作用力间的夹角θ满足$\tan\theta \leqslant 1.5$时,斜焊缝的强度不低于母材强度,可不再进行验算。

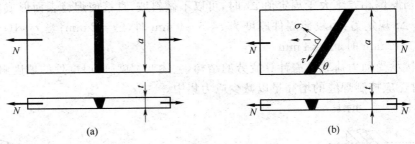

图3－13　轴心受力的对接焊缝

例题3.1　试验算图3－13所示钢板的对接焊缝强度。图中$a=500$ mm,$t=20$ mm,轴心力设计值为$N=2\,100$ kN。钢材为Q235－B,手工焊,焊条为E43型,三级焊缝,施焊时加引弧板。

解：由附录中附表1.2查得,三级焊缝的抗拉强度设计值为$f_t^w=175$ N/mm²。抗剪强度设计值为$f_v^w=120$ N/mm²,焊缝的正应力为

$$\sigma = \frac{N}{l_w t_w} = \frac{2\,100 \times 10^3}{500 \times 20} = 210 \text{ N/mm}^2 > f_t^w = 175 \text{ N/mm}^2$$

强度不满足,现改用斜对接焊缝,焊缝斜度取为1.5:1,即$\theta=56°$。焊缝长度：

$$l_w = \frac{a}{\sin\theta} = \frac{500}{\sin 56°} = 603 \text{ mm}$$

此时,焊缝的正应力为

$$\sigma = \frac{N\sin\theta}{l_w t_w} = \frac{2\,100 \times 10^3 \times \sin 56°}{603 \times 20} = 144.4 \text{ N/mm}^2 < f_t^w = 175 \text{ N/mm}^2$$

焊缝的剪应力为

$$\tau = \frac{N\cos\theta}{l_w t_w} = \frac{2\,100 \times 10^3 \times \cos 56°}{603 \times 20} = 97.4 \text{ N/mm}^2 < f_v^w = 120 \text{ N/mm}^2$$

说明当$\tan\theta \leqslant 1.5$时,焊缝强度能够保证,可不必计算。

2.弯矩和剪力共同作用下对接焊缝的计算

(1)焊缝截面为矩形

如图3－14(a),对接接头受到弯矩和剪力的共同作用,由于焊缝截面是矩形,正应力与剪应力的最大值应分别满足下列强度条件：

$$\sigma_{max}=\frac{M}{W}\leqslant f_t^w \tag{3-2}$$

$$\tau_{max}=\frac{VS}{It}\leqslant f_v^w \tag{3-3}$$

式中　W——焊缝截面模量;

　　　S——焊缝截面面积矩;

　　　I——焊缝截面惯性矩;

f_t^w、f_v^w——对接焊缝的抗拉、抗剪强度设计值,按附录中附表1.2采用。

（2）焊缝截面为工字形

如图3—14(b),工字形截面梁采用对接焊缝连接,受到弯矩和剪力的共同作用,除应按式(3—2)和式(3—3)分别验算最大正应力和剪应力外,对于同时受有较大正应力和较大剪应力处,例如腹板与翼缘的交接点,还应按下式验算折算应力:

$$\sigma_{zs}=\sqrt{\sigma_1^2+3\tau_1^2}\leqslant 1.1f_t^w \tag{3-4}$$

式中　σ_1、τ_1——验算点处的焊缝正应力和剪应力;

　　　1.1——考虑到最大折算应力只在局部出现,而将强度设计值适当提高的系数;

　　　f_t^w——对接焊缝的抗拉强度设计值。

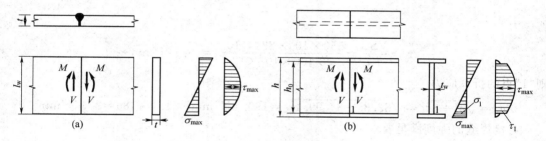

图3—14　对接焊缝承受弯矩和剪力

当对接焊缝承受弯矩、剪力和轴心力共同作用时,焊缝的最大正应力应为轴心力和弯矩引起的应力之和,剪应力按式(3—3)验算,折算应力仍按式(3—4)验算,这里不再赘述。

例题3.2　计算工字形截面牛腿与钢柱连接的对接焊缝强度(图3—15)。荷载设计值$F=550\,kN$,偏心距$e=300\,mm$。钢材为Q235—B,焊条为E43型,手工焊。三级焊缝,施焊时加引弧板。

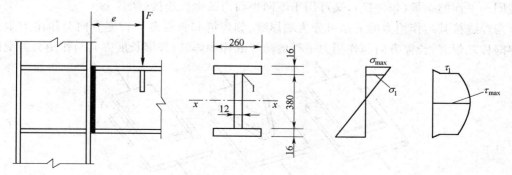

图3—15　例题3.2图(单位:mm)

解:对接焊缝的计算截面与牛腿的截面相同,因而计算截面对x轴的惯性矩:

$$I_x = \frac{1}{12} \times 1.2 \times 38^3 + 2 \times 26 \times 1.6 \times \left(\frac{38}{2} + \frac{1.6}{2}\right)^2 = 38\,100\ \text{cm}^4$$

中性轴以外部分截面对 x 轴的面积矩

$$S_x = 26 \times 1.6 \times 19.8 + 19 \times 1.2 \times 9.5 = 1\,040\ \text{cm}^3$$

一块翼缘板对 x 轴的面积矩

$$S_{x1} = 26 \times 1.6 \times 19.8 = 824\ \text{cm}^3$$

焊缝所受的剪力值

$$V = F = 550\ \text{kN}$$

焊缝所受的弯矩值

$$M = Fe = 550 \times 0.3 = 165\ \text{kN} \cdot \text{m}$$

焊缝的最大正应力

$$\sigma_{\max} = \frac{M}{I_x} \cdot \frac{h}{2} = \frac{165 \times 10^6}{38\,100 \times 10^4} \times \frac{412}{2} = 89.2\ \text{N/mm}^2 < f_t^w = 185\ \text{N/mm}^2$$

焊缝的最大剪应力

$$\tau_{\max} = \frac{VS_x}{I_x t} = \frac{550 \times 10^3 \times 1\,040 \times 10^3}{38\,100 \times 10^4 \times 12} = 125.1\ \text{N/mm}^2 \approx f_v^w = 125\ \text{N/mm}^2$$

上翼缘和腹板交接处"1"点的正应力

$$\sigma_1 = \sigma_{\max} \times \frac{190}{206} = 82.3\ \text{N/mm}^2$$

剪应力

$$\tau_1 = \frac{VS_{x1}}{I_x t} = \frac{550 \times 10^3 \times 824 \times 10^3}{38\,100 \times 10^4 \times 12} = 99.1\ \text{N/mm}^2$$

则"1"点的折算应力

$$\sigma_{zs} = \sqrt{\sigma_1^2 + 3\tau_1^2} = \sqrt{82.3^2 + 3 \times 99.1^2} = 190.4\ \text{N/mm}^2 < 1.1 \times 185 = 204\ \text{N/mm}^2$$

对接焊缝的强度满足要求。

3.3 角焊缝的构造与计算

3.3.1 角焊缝的形式

角焊缝是钢结构中最常用的焊缝,角焊缝用于搭接、拼接及 T 形等焊接接头中,既可用于连接同一平面的钢板(如拼接),又可用于不同平面内的钢板连接(如 T 形)。

角焊缝按其与作用力的关系可分为端焊缝、侧焊缝和斜焊缝。长度方向与作用力垂直的角焊缝称端焊缝;长度方向与作用力平行的角焊缝称侧焊缝;焊缝长度方向与作用力斜交的角

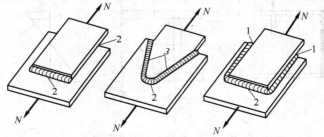

图 3—16 端焊缝、侧焊缝和斜焊缝
1—侧焊缝;2—端焊缝;3—斜焊缝。

焊缝称斜焊缝(图 3—16)。

按截面形式,角焊缝可分为直角角焊缝和斜角角焊缝。直角角焊缝按其截面形式可分为普通焊缝、平坡焊缝和深熔焊缝,如图 3—17 所示。通常,手工焊时形成普通焊缝,表面微凸;端焊缝宜做成平坡焊缝;埋弧自动焊时形成深熔焊缝,表面呈凹形。直角角焊缝的有效截面视为等腰直角三角形,其边长 h_f 称为正边尺寸或焊脚尺寸;直角角焊缝的有效厚度为 $h_e = 0.7h_f$。

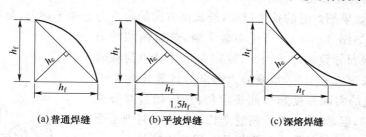

(a)普通焊缝　　　(b)平坡焊缝　　　(c)深熔焊缝

图 3—17　直角角焊缝的截面形式

两焊脚边的夹角 $\alpha > 90°$ 或 $\alpha < 90°$ 的焊缝称为斜角角焊缝,如图 3—18 所示。斜角角焊缝常用于钢管结构中。对于夹角 $\alpha > 135°$ 或 $\alpha < 60°$ 的斜角角焊缝,除钢管结构外,不宜用作受力焊缝。斜角角焊缝的有效截面视为等腰三角形,腰长 h_f 称为焊脚尺寸。

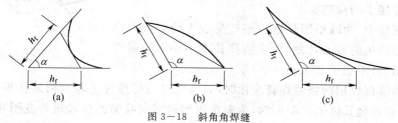

(a)　　　　　　　　(b)　　　　　　　　(c)

图 3—18　斜角角焊缝

3.3.2　角焊缝的构造要求

为了保证角焊缝的质量,焊缝除了满足强度要求外,还需要满足构造要求,以下讨论角焊缝的具体构造要求,强度要求将在下节讨论。

1. 焊脚尺寸

角焊缝的焊脚尺寸 h_f 的大小会影响焊缝的使用性能。h_f 太大,表示焊接线能量大,较薄的焊件容易被烧穿,焊接变形较大,热影响区较宽,焊缝呈脆性;h_f 太小,焊缝冷却过快,出现裂纹,焊缝不易焊透。h_f 的大小要考虑到板厚、熔深及焊接方法等因素,h_f 的上限和下限值,不同的规范有所区别。

《钢结构设计规范》规定在 T 形连接中[图 3—19(a)],h_f 的上限值为 $1.2t_{min}$,t_{min} 为较薄焊

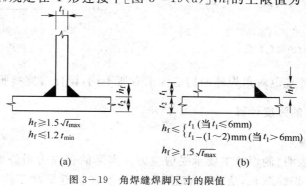

(a)　　　　　　　　(b)

图 3—19　角焊缝焊脚尺寸的限值

件的厚度。对于板件边缘(厚度为 t_1)的角焊缝[图 3—19(b)], h_f 的上限值还要符合下列要求:当 $t_1 > 6$ mm 时, h_f 的上限值为 $t_1 - (1\sim2)$ mm;当 $t_1 \leqslant 6$ mm 时, h_f 的上限值为 t_1。

h_f 的下限值为 $1.5\sqrt{t_{max}}$(mm), t 为较厚焊件的厚度。对埋弧自动焊, h_f 可减小 1 mm;对 T 形连接单面焊缝, h_f 应增加 1 mm;当 $t \leqslant 4$ mm 时,取 $h_f = t$。

2.角焊缝的计算长度

实验表明,如果侧焊缝的长度过长,沿长度方向的剪应力分布不均匀,两端大而中间小,即呈马鞍形分布(如图 3—20)。当受力较大时,焊缝两端的应力可能达到极限而导致破坏。因此,规定在承受动力荷载时侧焊缝的计算长度 $l_w \leqslant 40h_f$,承受静力荷载时计算长度 $l_w \leqslant 60h_f$。当侧焊缝的实际长度超过此规定数值时,超过部分在计算中不予考虑;但是,若内力沿侧缝全长均匀分布时则不受此限,例如,截面柱或梁的翼缘与腹板的角焊缝连接等。

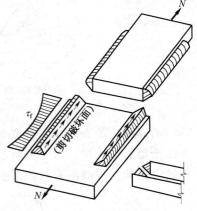

如果角焊缝的长度 l_w 过小,起弧点与熄弧点相距太近,应力集中严重,焊缝工作不可靠;因此,又规定角焊缝的计算长度 $l_w \geqslant 8h_f$ 且不小于 40 mm。

图 3—20 侧焊缝的剪应力分布和破坏情况

3.搭接连接中的构造要求

在搭接连接中,为减小因焊缝收缩产生过大的焊接残余应力及因偏心产生的偏心弯矩,要求搭接长度不小于较薄焊件厚度的 5 倍,且不小于 25 mm。

当板件的端部仅用两条侧焊缝连接时,为避免应力传递过于弯折而致使板件中的应力过于不均匀,应使焊缝长度 $l_w \geqslant b$;同时,为避免因焊缝横向收缩而引起板件变形拱曲过大,如图 3—21 所示,要求两侧面角焊缝之间的距离 b 应不大于 $16t$(当 $t > 12$ mm 时)或 200 mm(当 $t \leqslant 12$ mm 时), t 为较薄焊件的厚度。若不满足此规定则应加端焊缝。

角焊缝在构件的转角处不能熄弧,必须连续施焊绕过转角长度为 $2h_f$ 的长度再熄弧,以避免熄弧缺陷在此造成较严重的应力集中,如图 3—22 所示。

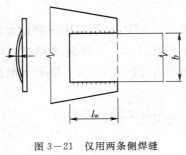

图 3—21 仅用两条侧焊缝
连接时的构造要求

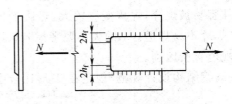

图 3—22 角焊缝在构件转角处
的构造要求

不同行业的设计规范对角焊缝的构造要求有所不同,设计时应参照本行业的设计规范。

3.3.3 角焊缝的强度计算

1.角焊缝的强度

大量试验结果表明,侧焊缝主要承受剪应力。实际的剪应力沿焊缝长度方向的分布不均匀,两端大中间小。焊缝越长,应力分布越不均匀,但在接近塑性工作阶段时,产生应力重分布,可使应力分布的不均匀现象渐趋缓和。因此,为简化计算,可以假定剪应力均匀分布。通常,破坏发生在最小截面(如图3—20),即沿45°截面。

端焊缝的受力情况较复杂,它既受拉、剪、又受弯(图3—23),试验表明,端焊缝的平均强度比侧焊缝高,但较脆,塑性差。在荷载作用下,端焊缝有三种破坏形式,即焊缝剪坏、焊缝拉坏,焊缝斜截面断裂(图3—24)。焊缝破坏时,首先在根部出现裂缝,然后扩及整个焊缝截面,分别按上述三种形式破坏。

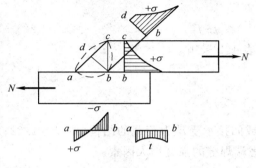

图3—23　端焊缝的应力分布情况

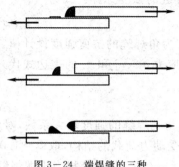

图3—24　端焊缝的三种
破坏形式

由于角焊缝的应力分布复杂,且端焊缝与侧焊缝工作差别很大,要精确计算很困难。实际计算采用简化的方法,即假定角焊缝的破坏截面均在最小截面上,其面积为角焊缝的计算厚度h_e与焊缝计算长度l_w的乘积,此截面称为角焊缝的计算截面,并假定截面上的应力沿焊缝计算长度均匀分布。同时不论是端焊缝还是侧焊缝,均按破坏时计算截面上的平均应力来确定其强度,并采用统一的抗剪强度设计值f_f^w。

2.角焊缝强度计算的基本公式

以图3—25所示 T 形连接受斜向力 N 作用的角焊缝为例进行说明。

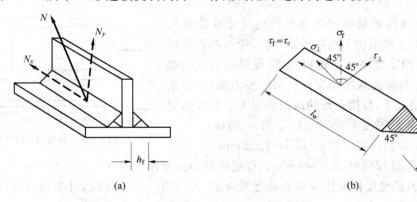

图3—25　T形连接角焊缝受斜向力 N 作用

斜向力 N 可以分解为垂直于焊缝长度方向的力 N_y 和平行于焊缝长度方向的力 N_x,N_y在焊缝计算截面上产生的应力为

$$\sigma_f = \frac{N_y}{h_e l_w} \tag{3-5}$$

式中　h_e——直角角焊缝的有效厚度,$h_e = 0.7h_f$;

l_w——焊缝的计算长度,考虑起弧、熄弧缺陷,按各条焊缝的实际长度每端减去h_f计算。

将σ_f分解为焊缝计算截面上的正应力$\sigma_\perp$和剪应力$\tau_\perp$,得到

$$\sigma_\perp = \tau_\perp = \frac{\sigma_f}{\sqrt{2}} \qquad (3-6)$$

N_x 在焊缝计算截面上产生的应力为

$$\tau_f = \tau_\parallel = \frac{N_x}{h_e l_w} \qquad (3-7)$$

在应力 $\sigma_\perp$、$\tau_\perp$ 和 $\tau_\parallel$ 的共同作用下，焊缝处于复杂的应力状态。利用复杂应力状态下的强度条件，角焊缝的强度计算公式为

$$\sqrt{\sigma_\perp^2 + 3(\tau_\perp^2 + \tau_\parallel^2)} \leqslant \sqrt{3}\, f_f^w \qquad (3-8)$$

其中 f_f^w 为角焊缝的抗剪强度设计值，按附录中附表 1.2 采用。

将应力 $\sigma_\perp$、$\tau_\perp$ 和 $\tau_\parallel$ 的表达式代入上式，可得

$$\sqrt{\left(\frac{\sigma_f}{\beta_f}\right)^2 + (\tau_f)^2} \leqslant f_f^w \qquad (3-9)$$

其中 β_f 为端焊缝的强度增大系数，对承受静荷载或间接承受动力荷载的结构，取 $\beta_f = 1.22$；对直接承受动力荷载的结构，取 $\beta_f = 1.0$，亦即不考虑端焊缝的强度增大因素。

当 $\tau_f = 0$ 时，角焊缝相当于端焊缝，式 (3-9) 成为

$$\sigma_f = \frac{N}{h_e l_w} \leqslant \beta_f\, f_f^w \qquad (3-10)$$

当 $\sigma_f = 0$ 时，角焊缝相当于侧焊缝，式 (3-9) 成为

$$\tau_f = \frac{N}{h_e l_w} \leqslant f_f^w \qquad (3-11)$$

式 (3-9) ～式 (3-11) 即为角焊缝强度计算的基本公式。

例题 3.3　如图 3-26 所示，两块钢板用双面盖板拼接，已知钢板宽度 $B = 270$ mm，厚度 $t_1 = 28$ mm，该连接承受的静态轴心力 $N = 1\,400$ kN（设计值），钢材为 Q235-B，手工焊，焊条为 E43 型。试设计此连接。

解：设计此连接就是确定拼接盖板的尺寸及焊脚尺寸。拼接盖板的宽度取决于构造要求，为了能够布置侧焊缝，取拼接盖板的宽度略小于钢板宽度，设拼接盖板的宽度 $b = 250$ mm。拼接盖板的厚度根据强度要求确定，在钢材种类相同的情况下，拼接盖板的截面积应大于钢板的截面积，设拼接盖板的厚度为 t_2，则 $2b t_2 \geqslant B t_1$，得到：

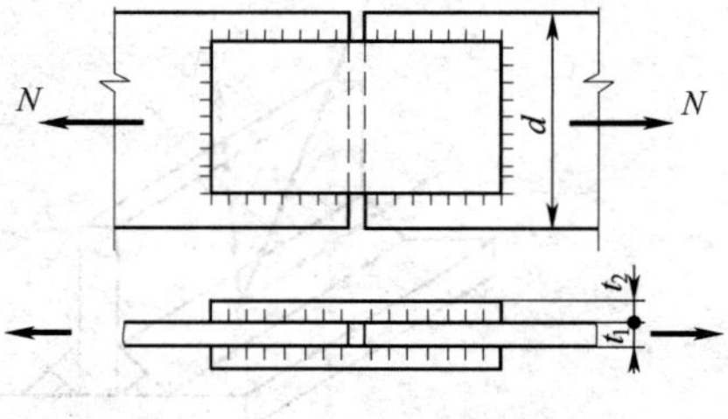

$$t_2 \geqslant B t_1 / 2b = 270 \times 28 / 500 = 15.12 \text{ mm}$$

图 3-26　两块钢板的拼接

取 $t_2 = 16$ mm，并取焊脚尺寸 $h_f = 8$ mm。焊缝的抗剪强度设计值 $f_f^w = 160$ N/mm^2。

拼接盖板的长度要根据侧焊缝的长度来确定，当采用三面围焊时，可先根据式 (3-10) 计算端焊缝所承担的内力

$$N' = 1.22 f_f^w h_e \sum l_w = 1.22 \times 160 \times 0.7 \times 8 \times 500 = 546.56 \text{ kN}$$

其中 $\sum l_w$ 为连接一侧端焊缝计算长度的总和。

连接一侧 4 条侧焊缝所受的力为 $N - N'$，1 条侧焊缝所受的力为

$$N_1 = \frac{1}{4}(N - N') = \frac{1}{4} \times (1\,400 - 546.56) = 213.4 \text{ kN}$$

根据式 (3-11)，所需 1 条侧焊缝的长度为

$$l_1 = \frac{N_1}{h_e f_f^w} = \frac{213.4 \times 1\,000}{0.7 \times 8 \times 160} = 238.2\ \text{mm}$$

在两块钢板间设 10 mm 的接缝,并考虑焊接起弧、熄弧所造成缺陷的影响,则所需拼接盖板的长度为 $2 \times 238.2 + 10 + 2 \times 8 = 502.4$ mm,实际可取 510 mm。

3. 角钢杆件与节点板连接的角焊缝计算

角钢杆件与节点板连接时,要求角钢的形心线通过焊缝有效截面的形心,防止焊缝受偏心力作用;采用三面围焊时,焊缝在转弯处不间断。

如图 3—27(a)所示的角钢杆件与节点板采用两条侧焊缝连接,在轴心力 N 作用下,肢背焊缝所受的力为 $N_1 = K_1 N$,肢尖焊缝所受的力为 $N_2 = K_2 N$,其中 K_1、K_2 分别为内力对肢背和肢尖的分配系数。按表 3—2 选用。

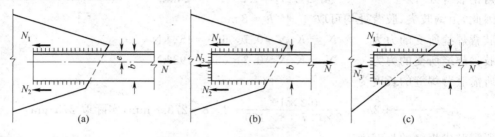

图 3—27 角钢杆件与节点板的连接

根据式(3—11),所需肢背和肢尖焊缝的长度分别为

$$l_1 = \frac{N_1}{0.7 h_f f_f^w}, \qquad l_2 = \frac{N_2}{0.7 h_f f_f^w} \qquad (3-12)$$

式中 h_f 为角焊缝的焊脚尺寸,考虑到每条焊缝两端的起灭弧缺陷,实际焊缝长度为计算长度加 $2h_f$。

如果采用三面围焊,如图 3—27(b),可先根据式(3—10)计算端焊缝所承担的内力

$$N_3 = 1.22 f_f^w h_e b \qquad (3-13)$$

两条侧焊缝所受的力可按下式计算

$$N_1 = K_1 N - \frac{N_3}{2}\ (\text{肢背焊缝}), \qquad N_2 = K_2 N - \frac{N_3}{2}\ (\text{肢尖焊缝}) \qquad (3-14)$$

表 3—2 内力对角钢肢背和肢尖的分配系数

角钢类型	K_1	K_2
等肢角钢	0.7	0.3
不等肢角钢短边焊连	0.75	0.25
不等肢角钢长边焊连	0.65	0.35

同理,可由式(3—12)计算所需肢背和肢尖焊缝的长度。对于三面围焊,由于在杆件端部转角处必须连续施焊,每条侧焊缝只有一端可能起灭弧,故焊缝实际长度为计算长度加 h_f。

当杆件受力很小时可采用 L 形围焊,如图 3—27(c),由于无肢尖焊缝,可令式(3—14)中 $N_2 = 0$,可得 $N_3 = 2K_2 N$,从而,肢背焊缝所受的力为

$$N_1 = N - N_3 = (1 - 2K_2)N \qquad (3-15)$$

例题 3.4 如图 3—28 所示,角钢和节点板采用两边侧焊缝连接,承受拉力 $N = 660$ kN(设计值),角钢为 $2 \llcorner 100 \times 10$,节点板厚度 $t = 12$ mm,钢材为 Q235B—F,焊条为 E43 型,手工焊。试确定所需角焊缝的长度和焊脚尺寸。

解:角焊缝的强度设计值 $\qquad f_f^w = 160\ \text{N/mm}^2$

根据构造要求 $\qquad h_f \geqslant 1.5 \sqrt{t_2} = 1.5 \sqrt{12} = 5.2\ \text{mm}$

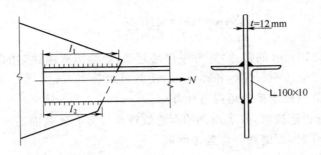

图 3-28　例题 3.4 图

角钢肢尖处　　　　　　　　$t_1=10>6$，$h_f \leqslant t_1-(1\sim2)\,\mathrm{mm}=9\sim8\,\mathrm{mm}$

角钢肢背处　　　　　　　　　　$h_f \leqslant 1.2t_2=1.2\times10=12\,\mathrm{mm}$

因此，角钢肢尖、肢背处均可取　　$h_f=8\,\mathrm{mm}$

肢背焊缝所受的力为　　　　$N_1=K_1N=0.7\times660=462\,\mathrm{kN}$

肢尖焊缝所受的力为　　　　$N_2=K_2N=0.3\times660=198\,\mathrm{kN}$

所需肢背焊缝的长度为

$$l_1=\frac{N_1}{2h_e f_f^w}+2h_f=\frac{462\times10^3}{2\times0.7\times8\times160}+2\times8\approx273.8\,\mathrm{mm}，实际取\ 275\,\mathrm{mm}$$

所需肢尖焊缝的长度为

$$l_2=\frac{N_2}{2h_e f_f^w}+2h_f=\frac{198\times10^3}{2\times0.7\times8\times160}+2\times8\approx126\,\mathrm{mm}，实际取\ 130\,\mathrm{mm}$$

4. 轴力、弯矩和剪力共同作用下连接角焊缝计算

如图 3-29 所示的 T 形连接，角焊缝承受轴力 N、弯矩 M 及剪力 V，分别产生应力 σ_f^N、σ_f^M、τ_f^V。图中 A 点应力最大，为控制设计点。

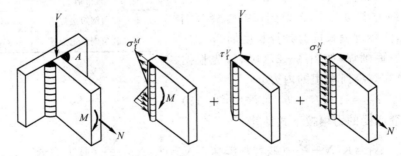

图 3-29　用角焊缝连接的 T 形接头

轴力 N 所引起的应力为

$$\sigma_f^N=\frac{N}{0.7h_f\sum l_w} \tag{3-16}$$

式中　$\sum l_w$——角焊缝计算长度的总和；

　　　h_f——角焊缝的焊脚尺寸。

剪力 V 所引起的应力为

$$\tau_f^V=\frac{V}{0.7h_f\sum l_w} \tag{3-17}$$

弯矩 M 所引起的应力（最大值）为

$$\sigma_f^M=\frac{M}{I_x}\cdot\frac{l_w}{2} \tag{3-18}$$

式中 I_x——角焊缝计算截面对 x 轴的惯性矩；

l_w——角焊缝计算截面的高度。

由式(3-9)，角焊缝的强度计算式为

$$\sqrt{\left(\frac{\sigma_f^M+\sigma_f^N}{1.22}\right)^2+(\tau_f^V)^2}\leqslant f_f^w \tag{3-19}$$

式中 f_f^w——角焊缝抗剪强度设计值，按附录中附表1.2采用。

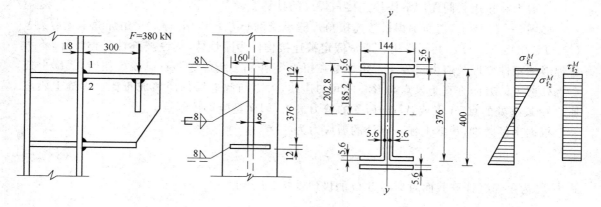

图 3-30   例题 3.5 图

例题 3.5   试验算图 3-30 所示的牛腿与柱的连接角焊缝强度。钢材为 Q235，焊条为 E43 型，手工焊，竖向力 F 的设计值为 380 kN。

解：首先将作用力 F 移至焊缝计算截面形心轴线上，则焊缝同时承受弯矩 $M=Fe$ 及剪力 $V=F$ 的共同作用，假定剪力全部由腹板上的两条竖向焊缝承担，弯矩由全部焊缝承担。

(1)焊缝计算截面的几何参数

取 $h_f=8$ mm，两条竖向焊缝的计算截面面积为

$$A_m=2\times0.7\times8\times376=4\ 211.2\ mm^2$$

全部焊缝计算截面对 x 轴的惯性矩为

$$I_w=2\times\frac{1}{12}\times0.7\times8\times376^3+2\times0.7\times8\times(160-2\times8)\times$$

$$202.8^2+4\times0.7\times8\times(76-5.6-8)\times185.2^2$$

$$=1.64\times10^8\ mm^4$$

全部焊缝计算截面对 x 轴的截面抵抗矩为

$$W_x=\frac{1.64\times10^8}{205.6}=8.0\times10^5\ mm^3$$

(2)验算角焊缝的强度

角焊缝的强度设计值 $f_f^w=160$ N/ mm²，翼缘焊缝的最大应力

$$\sigma_{f1}^M=\frac{M}{W_m}=\frac{380\times10^3\times300}{8.0\times10^5}=142.5\ N/mm^2<1.22\times160=195.2\ N/mm^2$$

腹板焊缝上由剪力 V 产生的平均剪应力

$$\tau_f^V=\frac{V}{A_w}=\frac{380\times1\ 000}{4\ 211.2}=90.2\ N/mm^2$$

腹板焊缝上由弯矩 M 产生的最大应力

$$\sigma_{f2}^M = \sigma_{f1}^M \times \frac{188}{205.6} = 130.3 \, \text{N/mm}^2$$

腹板焊缝的强度验算

$$\sqrt{\left(\frac{\sigma_f^M}{1.22}\right)^2 + (\tau_f^V)^2} = \sqrt{\left(\frac{130.3}{1.22}\right)^2 + 90.2^2} = 140 \, \text{N/mm}^2 < 160 \, \text{N/mm}^2$$

焊缝强度均满足要求。

5. 剪力和扭矩共同作用下搭接连接角焊缝的计算

如图 3－31 所示,三面围焊搭接连接角焊缝承受偏心力 F 作用,等效于角焊缝承受剪力 V （$=F$）和扭矩 $T(=Fe)$ 共同作用。通常假定被连接构件为刚性体,焊缝按弹性工作计算,不考虑焊缝的塑性变形及应力重分布。角焊缝在扭矩 T 作用下绕焊缝形心 O 发生扭转,焊缝上任一点处剪力的方向垂直于该点与形心之间的连线,大小与此连线的距离成正比。焊缝上距离形心 O 最远处的点（A 点或 A' 点）所受的剪力最大,因而是验算控制点。

根据平衡条件,焊缝上任一点处的剪应力为

$$\tau_f^T = \frac{T}{I_p} \cdot r \tag{3-20}$$

式中 I_p 为角焊缝计算截面对形心点 O 的极惯性矩, $I_p = I_x + I_y$。

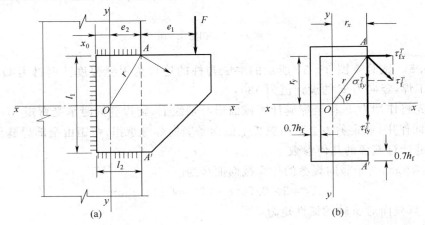

图 3－31 角焊缝承受偏心力作用

将 τ_f^T 沿 x 轴和 y 轴进行分解,可得

$$\tau_{f_x}^T = \frac{T}{I_p} \cdot r_y \qquad \sigma_{f_y}^T = \frac{T}{I_p} \cdot r_x \tag{3-21}$$

剪力 V（$=F$）引起的平均剪应力为

$$\sigma_{f_y}^V = \frac{V}{0.7 h_f \sum l_w} \tag{3-22}$$

则剪力和扭矩共同作用下搭接连接角焊缝的强度计算公式为

$$\sqrt{\left(\frac{\sigma_{f_y}^T + \sigma_{f_y}^V}{\beta_f}\right)^2 + (\tau_{f_x}^T)^2} \leqslant f_f^w \tag{3-23}$$

例题 3.6 如图 3－31 所示,一支托板与柱搭接连接, $l_1 = 400 \, \text{mm}$, $l_2 = 300 \, \text{mm}$, $e = 500 \, \text{mm}$,作用力的设计值 $F = 200 \, \text{kN}$,钢材为 Q235,焊条为 E43 型,手工焊。支托板厚度 $t = 12 \, \text{mm}$,试设计角焊缝。

解: 将力 F 平移至焊缝形心处,该焊缝承受竖向剪力 F 和扭矩 $T = Fe$ 的共同作用,设三面围焊焊缝的焊脚尺寸相同,取 $h_f=8\,mm$。因为水平焊缝和竖向焊缝在转角处连续施焊,所以在计算焊缝长度时,仅在水平焊缝端部减去 $8\,mm$。

角焊缝计算截面的形心位置

$$x_0=\frac{2\times0.7\times8\times(300-8)^2/2}{0.7\times8\times(400+292\times2)}=86.6\,mm$$

角焊缝计算截面的惯性矩

$$I_x=\frac{1}{12}\times0.7\times8\times400^3+2\times0.7\times8\times(300-8)\times(200+0.7\times8/2)^2=1.644\times10^8\,mm^4$$

$$I_y=0.7\times8\times400\times86.6^2+2\times\frac{1}{12}\times0.7\times8\times292^3+2\times0.7\times8\times292\times(292/2-86.6)^2$$

$$=0.515\,8\times10^8\,mm^4$$

$$I_p=I_x+I_y=2.159\,8\times10^8\,mm^4$$

剪力 $V=F$ 产生的平均剪应力为

$$\sigma_{f_y}^T=\frac{F}{0.7h_f\sum l_w}=\frac{200\times100}{0.7\times8\times(400+2\times292)}=36.3\,N/mm^2$$

扭矩 $T=Fe=200\times0.5=100\,kN\cdot m$,产生的最大剪应力沿 x 轴和 y 轴分解,可得

$$\tau_{f_x}^T=\frac{T}{I_p}r_y=\frac{100\times10^6\times200}{2.159\,8\times10^8}=92.6\,N/mm^2$$

$$\sigma_{f_y}^T=\frac{T}{I_p}r_x=\frac{100\times10^6\times(292-86.6)}{2.159\,8\times10^8}=95.1\,N/mm^2$$

强度验算

$$\sqrt{\left(\frac{\sigma_{f_y}^T+\sigma_{f_y}^V}{\beta_f}\right)^2+(\tau_{f_x}^T)^2}=\sqrt{\left(\frac{95.1+36.3}{1.22}\right)^2+92.6^2}=142.2\,N/mm^2<f_f^w=160\,N/mm^2$$

满足要求。

3.4 焊接残余应力和焊接残余变形

3.4.1 焊接残余应力

焊接过程结束后,在构件内留存下来的应力称为焊接残余应力。实际上,金属在加工、制造、安装等过程中都会产生残余应力,如:磨削残余应力、铸造残余应力、喷丸残余应力、锤击、滚压残余应力、淬火残余应力等。

焊接过程中,焊件上某点温度随时间由低到高达到最大值后又由高到低的变化过程称为焊接热循环,因此焊接过程是一个不均匀加热和冷却的过程(如图 3—32),在这个过程中焊件发生了不均匀的塑性变形,焊缝在冷却过程中,要受到周围材料的约束,从而产生了焊接残余应力。通常,沿焊缝方向的纵向残余应力大于横向残余应力,当焊件较厚时,厚度方向也会出现残余应力,从而形成三向残余应力,严重降低焊件的塑性。

焊接残余应力是一种内应力,在构件内自相平衡,在同一截面上既有残余拉应力又有残余压应力,且残余拉应力总是出现在焊缝及其附近。图 3—33 所示的是几种典型焊接构件内纵向残余应力的分布。

影响焊接残余应力的大小及因素包括焊接工艺、施焊状况(如拘束度大小,焊接时有无预热等)、板厚、温度等。对于交叉焊缝,如十字形焊缝可形成较大的双向应力,立体交叉焊缝可

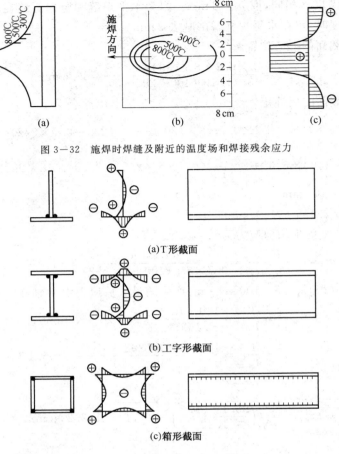

图 3—32 施焊时焊缝及附近的温度场和焊接残余应力

(a)T形截面

(b)工字形截面

(c)箱形截面

图 3—33 几种典型焊接构件内纵向残余应力的分布

形成较大的三向应力,会引起结构脆断,因此,在设计时要采取措施避免形成交叉焊缝。

焊接残余应力对钢结构的使用产生非常不利的影响。首先,焊接残余应力会在构件内部形成三向受拉的应力场,从而导致脆性断裂;焊接残余应力也使构件截面上的局部区域较早地进入塑性工作阶段,降低构件的刚度和压杆的整体稳定性;对承受疲劳荷载的结构,焊接残余应力减少了疲劳寿命,降低疲劳强度;对常温下工作并具有一定塑性的钢材,焊接残余应力对构件的静力强度不会产生过大的影响。

对不利的残余应力可采用一些措施来消除或降低应力峰值,如热处理可以消除残余应力,喷丸或锤击可以在构件表面引入残余压应力,抵消拉应力,提高疲劳强度,对结构事先进行预加载,利用塑性变形使应力松弛或重分布。

3.4.2 焊接残余变形

由于焊接过程的热胀冷缩,会产生各种残余变形,如纵向缩短、横向缩短、弯曲变形、角变形、扭曲、波浪形等。(如图 3—34)

焊接变形的种类很多,也相当复杂,严重地影响结构的正常使用,所以必须进行矫正。矫正措施有热矫(火焰矫正)和冷矫(机械矫正)。

大多数的焊接应力和变形由于设计构造不当或焊接工艺欠妥引起的,为了减少焊接应力和焊接变形,首先要从设计上采取措施,如合理安排焊缝位置、焊缝尺寸不宜过大、避免焊缝集

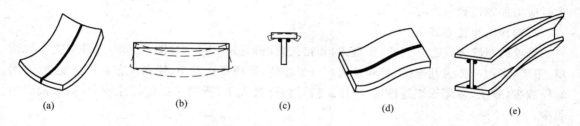

图3—34 焊接残余变形

(a)纵向缩短、横向缩短 ;(b)弯曲变形;(c)角变形;(d)波浪形;(e)扭曲。

中(特别是焊缝三向相交)等,还要从焊接工艺方面进行考虑,如正确选择施焊次序,焊前预弯、预热等。

3.5 普通螺栓连接

3.5.1 普通螺栓连接的特点

根据加工精度,普通螺栓可分为 A、B 和 C 三级。A 级和 B 级螺栓又称为精制螺栓,C 级螺栓又称为粗制螺栓。

精制螺栓是由毛坯在车床上经过切削加工精制而成,表面光滑,尺寸精确,螺栓杆的直径仅比栓孔直径小 0.3~0.5 mm;对制孔质量要求较高,一般采用钻模钻孔,或冲后扩孔,孔壁平滑,质量较高(属于 I 类孔)。由于栓杆与栓孔之间的空隙很小,故受剪力后连接的滑移变形很小,工作性能较好,能承受剪力和拉力。但精制螺栓由于制作和安装精度要求较高,造价较昂贵,故目前在钢结构中已很少采用。

粗制螺栓由未经过加工的圆钢压制而成。粗制螺栓螺栓杆的直径比螺栓孔的直径小 1.0~1.5 mm;对制孔的质量要求不高,一般采用冲孔或不用钻模钻成的孔(属于 II 类孔)。采用这种螺栓连接时,由于栓杆与栓孔之间存在较大的空隙,受剪力时容易产生滑移,使连接产生较大的变形,影响连接的刚度和使用要求。同时,连接的螺栓群中各个螺栓受力不均匀,个别螺栓有可能先与孔壁接触,产生较大的超载应力而容易造成破坏。粗制螺栓的优点是安装方便,能有效地传递拉力,但抗剪能力差。在拉剪联合作用的安装连接中,可设计成螺栓仅承受拉力,另用承托承受剪力。粗制螺栓宜用于承受拉力的连接中或用于不重要的受剪连接或作为安装时临时固定之用。

3.5.2 普通螺栓连接的构造

1.普通螺栓的规格

钢结构采用的普通螺栓形式为六角头型,其代号用字母 M 和公称直径的毫米数表示,建筑工程中常用的螺栓规格有 M16、M20、M24 等。为安装方便,一般情况下,同一结构中应尽可能采用一种直径的螺栓,不得已时用两种甚至三种。选择螺栓直径时要考虑传力大小和所连接板束的总厚度,受力螺栓一般用 M16 以上规格的螺栓。

计算螺栓个数时常用内力法和等承载力法,内力法以杆件内力为出发点进行计算,等承载力法以杆件的承载力为出发点进行计算:对于一般结构,采用内力法计算螺栓数;对于承受动荷载的重要结构(如铁路钢桥、吊车梁等),则采用等承载力法计算螺栓数。当连接板束厚度过大时应增加螺栓数。

2.螺栓的布置方式

螺栓的布置方式有并列式(棋盘式)和错列式(梅花式)两种(如图3-35)。并列式布置简单、紧凑,多用于传力性连接,栓距接近容许最小值、所用拼接板小;错列式布置稍显复杂,所用螺栓数少,省工,多用于缀连性连接,栓距接近容许最大值,所用拼接板尺寸较大,但对截面削弱少。

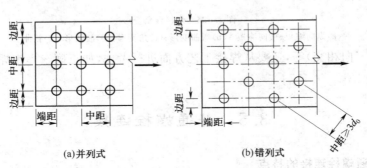

(a)并列式　　　　　　　(b)错列式

图3-35　螺栓的布置方式

螺栓的布置要满足受力、构造及施工要求,为此,《规范》规定了螺栓布置时的最大、最小容许距离,见表3-3。规定最小容许距离的原因是便于拧紧螺帽,不影响邻近螺栓;避免构件截面削弱厉害;保证不发生构件端部破坏。规定最大值容许距离的原因是保证板束中各板贴合紧密;防止钢板翘曲离缝,防止水气及灰尘进入而锈蚀。布置螺栓时还应注意以下几点:

表3-3　螺栓布置时的最大、最小容许距离

名称	位 置 和 方 向			最大容许距离 (取两者的较小值)	最小容许距离
螺栓 中心 间距		外排(垂直内力方向或顺内力方向)		$8d_0$ 或 $12t$	$3d_0$
	中间排	垂直内力方向		$16d_0$ 或 $24t$	
		顺内力方向	压力	$12d_0$ 或 $18t$	
			拉力	$16d_0$ 或 $24t$	
		沿对角线方向		—	
螺栓 中心至 构件边 缘距离	垂直 内力 方向	顺内力方向			$2d_0$
		剪切边或手工气割边		$4d_0$ 或 $8t$	$1.5d_0$
		轧制边、自动精密气割或锯割边	高强度螺栓		$1.2d_0$
			其他螺栓或铆钉		

注:1. d_0 为螺栓孔或铆钉孔直径,t 为外层较薄板件的厚度;

　2. 钢板边缘与刚性构件(如角钢、槽钢等)相连的螺栓或铆钉的最大间距,可按中间排的数值采用。

(1)使螺栓群形心的位置大致在构件的形心轴线上,以便减少由偏心引起的附加力矩。

(2)使截面削弱尽可能少。

(3)为便于制作加工,在同类型的各构件中尽可能采用同样的钉距、端距和线距。

(4)型钢中的螺栓布置要考虑型钢截面具有圆角的特点,如角钢两肢螺栓位置可错开布置以减少对截面的削弱,具体规定表3-4。

3.螺栓连接接头的构造形式

钢结构中常见的螺栓连接接头的构造形式有以下几种:

(1)用两块拼接板的对接接头,如图3-36(a)所示。这种连接接头受力情况对称,不发生挠曲或转动,螺栓受双剪,承载力比单剪高。

(2)搭接接头,如图3-36(b)所示。这种连接接头的特点是施工简便,缺点是受力时产生

附加弯矩,螺栓受单剪,承载力较低。

表3—4 型钢上螺栓线距表(mm)

角钢上螺栓或铆钉线距表(mm)

单行排列	角钢肢宽 b	40	45	50	56	63	70	75	80	90	100	110	125	
	线距 e	25	25	30	30	35	40	40	45	50	55	60	70	
	钉孔最大直径	11.5	13.5	13.5	15.5	17.5	20	22	22	24	24	26	26	

双行错排	角钢肢宽 b	125	140	160	180	200	双行并排	角钢肢宽	160	180	200	
	e_1	55	60	70	70	80		e_1	60	70	80	
	e_2	90	100	120	140	160		e_2	130	140	160	
	钉孔最大直径	24	24	26	26	26		钉孔最大直径	24	24	26	

工字钢和槽钢腹板上的螺栓线距表(mm)

工字钢型号	12	14	16	18	20	22	25	28	32	36	40	45	50	56	63
线距 c_{min}	40	45	45	45	50	50	55	60	60	65	70	75	75	75	75
槽钢型号	12	14	16	18	20	22	25	28	32	36	40	—	—	—	—
线距 c_{min}	40	45	50	50	55	55	55	60	65	70	75	—	—	—	—

工字钢和槽钢翼缘上的螺栓线距表(mm)

工字钢型号	12	14	16	18	20	22	25	28	32	36	40	45	50	56	63
线距 a_{min}	40	40	50	55	60	65	65	70	75	80	80	85	90	95	95
槽钢型号	12	14	16	18	20	22	25	28	32	36	40	—	—	—	—
线距 a_{min}	35	35	35	40	40	45	45	45	50	56	60	—	—	—	—

(3)错接拼接接头,如图3—36(c)所示。用于双层板的搭接,双层翼缘板,不同时断开,节

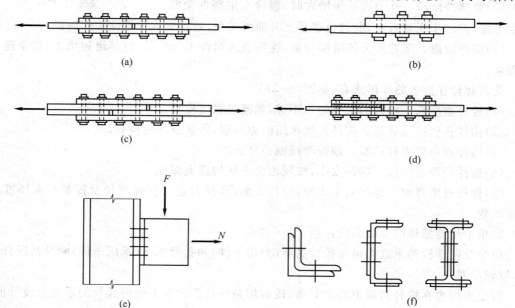

图 3—36 螺栓连接接头的构造形式

约拼接板。

(4)加填板的拼接,如图 3—36(d)所示。厚度小于 6 mm 的填板,不计其传力,不必伸出拼接板外。填板较厚时,参与传力,伸出拼接板外,并用额外的螺栓与构件连牢。螺栓少受弯曲,连接变形较小,工作情况较好。

(5)牛腿连接构造,如图 3—36(e)所示。螺栓可承受剪力或拉力。

(6)型钢截面的拼接接头,如图 3—36(f)所示。角钢用拼接角钢拼接,工作性能好,若用板条拼接角钢各肢,则工作性能差。槽钢或工字钢的拼接,可用拼接板分别拼接其翼缘或腹板。传力直接,各处变形小。

3.5.3 普通螺栓连接的计算

根据螺栓的传力方式,普通螺栓可分为:受剪螺栓、抗拉螺栓和剪—拉复合螺栓,以下分别讨论它们的工作性能和强度计算。

1.受剪螺栓连接的工作性能及破坏形式

受剪螺栓依靠螺杆本身的受剪和构件栓孔壁的承压来传递垂直于螺杆方向的外力。如图 3—37 所示,为一个螺栓受剪过程中所测得的荷载—位移图。从图中可以看到,受剪螺栓连接随着拉力的增大经过了如下几个阶段:

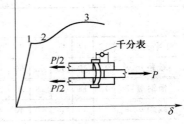

(1)弹性阶段。外力小于板束之间的摩擦力,连接靠摩擦传力,荷载位移关系呈直线关系。

(2)滑动阶段。外力大于摩擦力,板束之间产生相对滑动,荷载位移呈水平直线关系,直至栓杆与螺栓孔壁靠紧后,连接靠螺杆受剪和孔壁承压传力。

图 3—37　一个受剪螺栓
荷载—位移图

(3)弹塑性阶段。外力进一步增大时,螺栓发生塑性变形,产生弯曲,进一步压紧板束,荷载位移呈上升曲线关系,连接进入弹塑性工作阶段。

(4)塑性阶段。随着外力的继续增加,连接进入塑性工作阶段,位移迅速增大,直至连接发生破坏。

受剪螺栓连接的破坏形式有(如图 3—38):

(1)栓杆被剪断。栓杆的抗剪能力不够,须通过强度检算。

(2)构件孔壁挤压破坏。构件孔壁承压能力不够,须通过强度检算。

(3)构件或拼接板被拉断。须按净截面检算强度。

(4)构件端部被拉坏。端距太小,按规范要求从构造上保证。

(5)栓杆过度弯曲。连接板束太厚,栓杆太细,选择合适的栓杆直径及控制板束厚度或增加螺栓数。

2.单个受剪螺栓的承载力设计值

单个受剪螺栓的承载力可按栓杆受剪(剪切条件)和孔壁承压(承压条件)两种情况分别计算,取较小者。

假定剪应力在栓杆截面上均匀分布,按剪切条件计算的单个受剪螺栓的承载力设计值为

$$N_v^b = n_v \frac{\pi d^2}{4} f_v^b \tag{3—24}$$

式中　N_v^b——按剪切条件确定的单栓承载力;

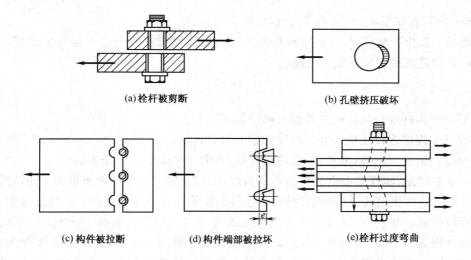

(a)栓杆被剪断　　　　　　　　　　(b)孔壁挤压破坏

(c)构件被拉断　　(d)构件端部被拉坏　　　(e)栓杆过度弯曲

图 3—38　常见受剪螺栓连接的破坏形式

n_V—— 单个螺栓的剪切面数;

d—— 栓杆直径;

f_V^b——螺栓的抗剪强度设计值,按附录中附表 1.3 采用。

假定承压应力在栓杆直径平面上均布,按承压条件计算单个受剪螺栓的承载力设计值为

$$N_c^b = d\sum t f_c^b \tag{3—25}$$

式中　N_c^b——按承压条件确定的单栓承载力;

d——栓杆直径;

$\sum t$——同一方向承压板束总厚度,取较小者;

f_c^b——螺栓的承压强度设计值,按附录中附表 1.3 采用。

单个受剪螺栓的承载力设计值 N^b 取式(3—24)、式(3—25)计算结果的最小值,即

$$N^b = \min(N_V^b, N_c^b) \tag{3—26}$$

3.受剪螺栓连接在轴力作用下的计算

试验证明,轴心力 N 作用下,受剪螺栓连接的螺栓群在长度方向各螺栓受力不均匀(图 3—39),两端受力大,而中间受力小。当连接长度 $l_1 \leqslant 15d_0$(d_0 为螺栓孔直径)时,由于连接工作进入弹塑性阶段后,内力发生重分布,螺栓群中各螺栓受力逐渐接近,故可认为轴心力 N 由每个螺栓平均分担,则保证螺栓不发生破坏的条件是

$$N_1 = \frac{N}{n} \leqslant N^b \tag{3—27}$$

式中 n 为螺栓总数。

也可按内力法计算所需的螺栓数:

$$n \geqslant \frac{N}{N^b} \tag{3—28}$$

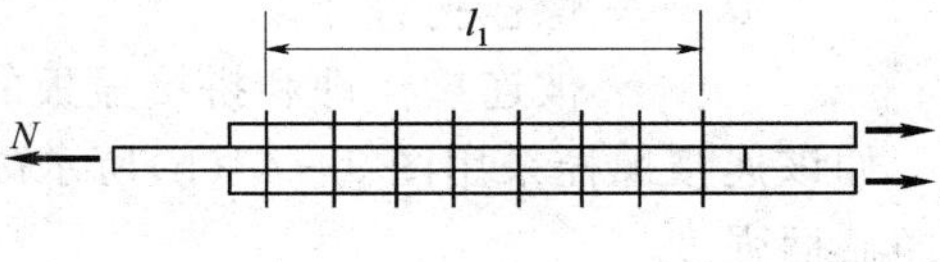

当螺栓群范围过大,使 $l_1 > 15d_0$ 时,连接工作进入弹塑性阶段后,各螺杆所受内力不易均匀,为了防

图 3—39　受剪螺栓在长度
方向的内力分布

止端部螺栓首先破坏而导致连接破坏的可能性,《钢结构设计规范》规定:当 $l_1 > 15d_0$ 时,应将单栓的承载力设计值 N^b 乘以折减系数 β:

$$\beta = 1.1 - l_1/150d_0 \tag{3—29}$$

当 $l_1 > 60d_0$ 时,折减系数 $\beta = 0.7$(d_0 为螺栓孔径)。

除螺栓不发生破坏以外,连接螺栓栓孔净截面处构件或拼接板也不能发生破坏,因此,须按下式检算构件或拼接板的抗拉强度。

$$\sigma = \frac{N}{A_n} \leqslant f \qquad (3-30)$$

式中 A_n——构件或拼接板验算截面上的净截面面积;

  N——构件或拼接板验算截面处的轴心力设计值;

  f——钢材的抗拉(或抗压)强度设计值,按附录中附表 1.1 采用。

值得注意的是,验算截面应选择最不利截面,即内力最大或净截面面积较小的截面。以图 3—40(a)所示的两块钢板拼接连接为例,该连接螺栓采用并列布置,拉力 N 通过每侧 12 个螺栓传递给拼接板。假定均匀传递,则每个螺栓承受 $N/12$,构件在截面 Ⅰ—Ⅰ、Ⅱ—Ⅱ、Ⅲ—Ⅲ 处的拉力分别为 N、$8N/12$、$4N/12$,因此最不利截面为截面 Ⅰ—Ⅰ,其内力最大为 N,之后各截面因前面螺栓已传递部分内力,故逐渐递减。但拼接板各截面的内力恰好与被连接构件相反,截面 Ⅲ—Ⅲ 受力最大亦为 N,因此,还须比较它和被连接构件截面 Ⅰ—Ⅰ 的净截面面积,以确定最不利截面,然后按式(3—30)进行验算。

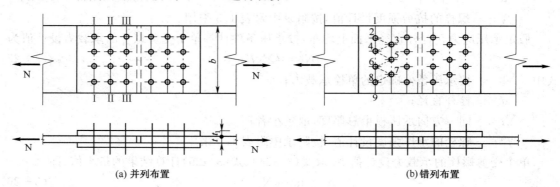

(a) 并列布置   (b) 错列布置

图 3—40 拼接连接承受轴心拉力

被连接构件截面 Ⅰ—Ⅰ 的净截面积 $A_n = (b - n_1 d_0)t$

拼接盖板截面 Ⅲ—Ⅲ 的净截面积 $A_n = 2(b - n_3 d_0)t_1$

式中 n_1, n_3——截面 Ⅰ—Ⅰ 和截面 Ⅲ—Ⅲ 上的螺栓数;

  t, t_1——被连接构件和拼接盖板的厚度;

  d_0——螺栓孔直径;

  b——被连接构件和拼接盖板的宽度。

如该连接螺栓采用图 3—40(b)所示的错列布置时,还要验算锯齿形截面 1—2—…—9 上的净截面强度。

例题 3.7 如图 3—41 所示,两块钢板 2—14×400 采用双盖板拼接连接,C 级螺栓 M20,钢材 Q235,轴心拉力设计值 $N = 950 \text{ kN}$,试设计此连接。

解:拼接盖板的材料仍采用 Q235 钢,取拼接盖板的宽度与钢板同宽,即 $b = 400 \text{ mm}$,为使连接的强度不小于钢板的强度,即要求拼接盖板的面积不小于钢板的面积,取拼接盖板的厚度 $t = 8 \text{ mm}$。

按剪切条件计算的单个螺栓承载力设计值为

$$N_v^b = n_v \frac{\pi d^2}{4} f_v^b = 2 \times \frac{3.14 \times 20^2}{4} \times 140 = 87\ 964 \text{ N}$$

按承压条件计算的单个螺栓承载力设计值为

$$N_c^b = d \sum t f_c^b = 20 \times 14 \times 305 = 85\,400\ \text{N}$$

因此，单个螺栓的承载力设计值为 $N^b = 85\,400$ N。

连接一侧所需的螺栓数为

$$n \geqslant \frac{N}{N^b} = \frac{950 \times 1\,000}{85\,400} = 11.1,\ \text{取}\ n = 12\ \text{个}$$

采用并列布置，拼接盖板的长度为 $L = 2 \times (50 + 70 + 70 + 50) + 10 = 490$ mm。则拼接盖板的尺寸为 $2 - 8 \times 400 \times 490$。

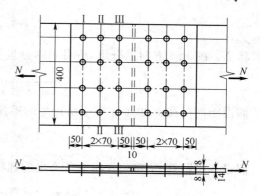

图 3-41　例题 3.7 图

钢板净截面强度验算：

Ⅰ—Ⅰ截面的净面积　$A_n = (400 - 4 \times 22) \times 14 = 4\,368\ \text{mm}^2$

$$\sigma = \frac{N}{A_n} = \frac{950 \times 1\,000}{4\,368} = 215.2\ \text{N/mm}^2,\ \text{略超过}\ 215\ \text{N/mm}^2\ (\text{可})$$

拼接盖板的净面积大于钢板的净截面，不必验算。

4. 受剪螺栓群在扭矩和轴心力共同作用下的计算

如图 3-42 所示的螺栓连接构造，承受竖向荷载 F 和水平荷载 N，将荷载 F 等效地移到螺栓群中心 O 处，则使螺栓群产生附加扭矩 $T = Fe$，这样，螺栓群共同承受竖向荷载 F、水平荷载 N 以及扭矩 T 的作用，这些荷载均使螺栓受剪。

首先分析扭矩 T 单独作用下螺栓的内力，假定被连接构件是刚性的，而螺栓群是弹性的，在扭矩 T 的作用下螺栓群绕形心 O 点转动，则各螺栓所受力的大小 N_i 与该螺栓到形心 O 的距离 r_i 成正比，即 $N_i = kr_i$，方向垂直于该螺栓与形心 O 的连线并与作用力矩方向一致。

根据静力平衡条件，各螺栓所受力对转动点 O 的力矩之和等于扭矩 T 的大小，即

$$\sum N_i r_i = T \tag{3-31}$$

将 $N_i = kr_i$ 代入上式，可求得

$$k = \frac{T}{\sum r_i^2} = \frac{T}{\sum (x_i^2 + y_i^2)} \tag{3-32}$$

则单个螺栓所受力的大小为：

$$N_i = kr_i = \frac{T}{\sum (x_i^2 + y_i^2)} r_i \tag{3-33}$$

距离形心 O 最远处的螺栓受力最大，最大力为

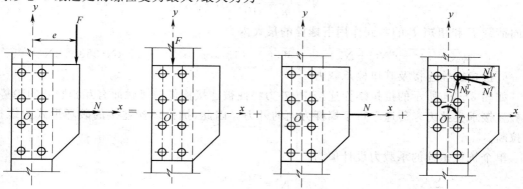

图 3-42　螺栓连接承受扭矩和轴心力共同作用

$$N_1^T = kr_1 = \frac{T}{\sum (x_i^2 + y_i^2)} r_1 \tag{3-34}$$

将 N_1^T 在 x、y 方向上分解,所得到的分量为

$$N_{1x}^T = \frac{T}{\sum (x_i^2 + y_i^2)} y_1 \qquad N_{1y}^T = \frac{T}{\sum (x_i^2 + y_i^2)} x_1 \tag{3-35}$$

假设竖向荷载 F 单独作用下所产生的螺栓内力均匀分布,则每个螺栓的内力为

$$N_y^F = \frac{F}{n} \tag{3-36}$$

假设水平荷载 N 单独作用下所产生的螺栓内力均匀分布,则每个螺栓的内力为

$$N_x^F = \frac{N}{n} \tag{3-37}$$

式中 n 为螺栓总数。

这样,在竖向荷载 F、水平荷载 N 以及扭矩 T 的共同作用下螺栓的最大内力应满足如下的强度条件:

$$\sqrt{(N_{1x}^T + N_x^N)^2 + (N_{1y}^T + N_y^F)^2} \leqslant N^b \tag{3-38}$$

例题 3.8 试设计图 3-43 所示的普通螺栓连接,柱翼缘厚度为 10 mm,连接板厚度为 8 mm,钢材 Q235-B,荷载设计值 $F = 150$ kN,偏心距 $e = 250$ mm,螺栓为 C 级 M22。

解: 先计算单个螺栓的承载力设计值,C 级螺栓的抗剪强度设计值 $f_V^b = 140$ N/mm²,承压强度设计值 $f_c^b = 305$ N/mm²。

$$N_V^b = n_v \frac{\pi d^2}{4} f_V^b = 1 \times \frac{3.14 \times 22^2}{4} \times 140 = 53.2 \text{ kN}$$

$$N_c^b = d \sum t f_c^b = 22 \times 8 \times 305 = 53.7 \text{ kN}$$

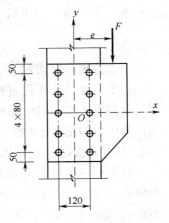

图 3-43 例题 3.8 图
（单位:mm）

因此,单个螺栓的承载力设计值为 $N^b = 53.2$ kN。

$$\sum (x_i^2 + y_i^2) = 10 \times 60^2 + 4 \times 80^2 + 4 \times 160^2 = 164\,000 \text{ mm}^2$$

$$T = Fe = 150 \times 0.25 = 37.5 \text{ kN} \cdot \text{m}$$

$$N_{1x}^T = \frac{T}{\sum (x_i^2 + y_i^2)} y_1 = \frac{37.5}{164\,000 \times 10^{-6}} \times 0.16 = 36.6 \text{ kN}$$

$$N_{1y}^T = \frac{T}{\sum (x_i^2 + y_i^2)} x_1 = \frac{37.5}{164\,000 \times 10^{-6}} \times 0.06 = 13.7 \text{ kN}$$

$$N_y^F = \frac{F}{n} = \frac{150}{10} = 15 \text{ kN}$$

竖向荷载 F 和扭矩 T 的共同作用下螺栓的最大内力

$$\sqrt{(N_{1x}^T)^2 + (N_{1y}^T + N_y^F)^2} = \sqrt{36.6^2 + (13.7 + 15)^2} = 46.5 \text{ kN} < 53.2 \text{ kN}$$

5. 抗拉螺栓连接及其单栓承载力

如图 3-44 所示的抗拉螺栓连接中,外力将使被连接构件的接触面有互相脱开的趋势,螺栓杆直接承受拉力来传递平行于螺杆方向的外力。因此,抗拉螺栓连接的破坏形式为螺栓杆被拉断。

单个抗拉螺栓的承载力设计值为

$$N_t^b = \frac{\pi d_e^2}{4} f_t^b \tag{3-39}$$

式中 f_t^b —— 螺栓抗拉的强度设计值,按附录中附表 1.3 采用。

d_e——螺栓螺纹处的有效直径。

抗拉螺栓连接常用于 T 形连接中,拉力通过与螺杆垂直的板件传递给螺栓,如果连接件的刚度较小,受力后与螺栓垂直的连接件总会有变形,形成杠杆作用,螺栓有被撬开的趋势,使螺杆中的拉力增加并产生弯曲现象(如图 3—45 所示)。考虑杠杆作用时,螺杆的轴心力为:

$$N_t = N + Q \qquad (3-40)$$

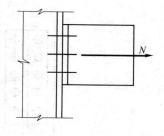

图 3—44　抗拉螺栓连接

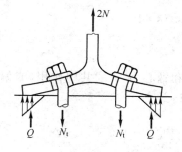

图 3—45　抗拉螺栓连接中
的撬拔现象

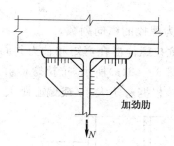

图 3—46　用加劲肋提高
连接刚度

力 Q 的确定较复杂,工程上采用了简便的处理方法,即忽略力 Q 而取螺栓的抗拉强度设计值为相同钢号钢材抗拉强度设计值 f 的 0.8 倍,并用加劲肋提高连接的刚度(图 3—46)。

6. 抗拉螺栓群在轴力作用下的计算

当外力 N 通过螺栓群中心使螺栓受拉时,可以假定各个螺栓所受拉力相等,这样,每个螺栓所受的力应满足如下强度条件:

$$N_t = \frac{N}{n} \leqslant N_t^b \qquad (3-41)$$

其中 n 为螺栓总数。或按下式计算所需螺栓数:

$$n \geqslant \frac{N}{N_t^b} \qquad (3-42)$$

7. 抗拉螺栓群在弯矩作用下的计算

图 3—47 所示为牛腿与一工字形截面柱翼缘用螺栓连接,螺栓群在弯矩作用下,连接上部牛腿与翼缘有分离的趋势。计算时,通常近似假定牛腿绕最底排螺栓旋转,从而使螺栓受拉。弯矩产生的压力则由弯矩指向一侧的部分牛腿端板通过挤压传递给柱身。设各排螺栓所受拉力为 N_1、N_2、$\cdots$、N_n,转动轴 O' 到各排螺栓的距离分别为 y_1、y_2、$\cdots$、y_n,并偏安全地忽略端板压力形成的力矩,认为外弯矩只与螺栓拉力产生的弯矩平衡。各排螺栓所受拉力的大小与该排螺栓到转动轴线的距离 y_i 成正比。即

$$\frac{N_1}{y_1} = \frac{N_2}{y_2} = \cdots = \frac{N_n}{y_n} \qquad (3-43)$$

顶排螺栓(1 号)所受拉力最大。这样,由平衡条件和基本假定得

$$M = m(N_1 y_1 + N_2 y_2 + \cdots + N_n y_n) \qquad (3-44)$$

由式(3—43)和式(3—44)可求得螺栓所受的最大拉力并要求满足如下强度条件:

$$N_1 = \frac{M y_1}{m \sum y_i^2} \leqslant N_t^b \qquad (3-45)$$

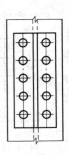
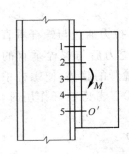
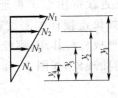

图 3—47　牛腿与柱翼缘连接螺栓受弯矩作用

式中 m 为螺栓的纵向列数。

8. 抗拉螺栓群在弯矩和轴力共同作用下的计算

如图 3—48(a)所示,抗拉螺栓群承受弯矩 $M = Ne$ 和轴心力 N 的共同作用(或偏心拉力 N 作用),根据弯矩大小(或偏心距大小)分两种情况计算:

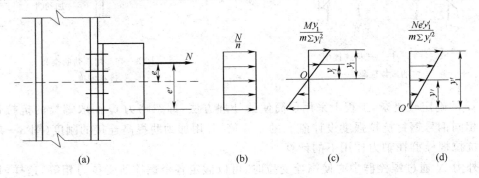

图 3—48　抗拉螺栓群在弯矩和轴力共同作用

(1)当弯矩较小时(小偏心受拉情况)

螺栓群以承受轴心拉力 N 为主,所有螺栓均受拉。计算中假定轴心力单独作用下,轴心力由各螺栓均匀承受,如图 3—48(b);在弯矩单独作用下,假定构件绕螺栓群的形心 O 转动,螺栓受力呈三角形分布,上半部分螺栓"受拉",下半部分螺栓"受压",如图 3—48(c)。叠加后可得螺栓群的最大和最小拉力为

$$N_{max} = \frac{N}{n} + \frac{My_1}{m \sum y_i^2} \qquad (3—46)$$

$$N_{min} = \frac{N}{n} - \frac{My_1}{m \sum y_i^2} \qquad (3—47)$$

式中 m 为螺栓的纵向列数,$\sum$ 取所有螺栓到转动形心 O 的距离进行相加。

要求 $N_{min} \geqslant 0$,才能保证所有螺栓均受拉。螺栓的最大拉力 N_{max} 应满足如下强度条件:

$$N_{max} \leqslant N_t^b \qquad (3—48)$$

(2)当弯矩较大时(大偏心受拉情况)

若式(3—47)中的 $N_{min} < 0$ 时,说明弯矩较大或大偏心受拉,连接下部受压,计算中可假定构件绕底排螺栓 O' 转动,如图 3—48(d),顶排螺栓受力最大,最大拉力应满足的强度条件为

$$N_{max} = \frac{Ne'y_1'}{m \sum y_i'^2} \leqslant N_t^b \qquad (3—49)$$

式中 m 为螺栓的纵向列数。

例题 3.9 图 3—49 为一刚接屋架下弦节点,竖向力由支托承受,螺栓为 C 级 M22,只承受水平偏心拉力。钢材 Q235,试验算该连接的螺栓是否安全。

解: 螺栓所受的竖向力为 $V=500\times\dfrac{3}{5}=300$ kN,由支托承受。螺栓所受的水平偏心拉力

为 $N=630-500\times\dfrac{4}{5}=230$ kN,偏心距 $e=160$ mm,由连接的螺栓群承受。

由于

$$N_{\min}=\frac{N}{n}-\frac{My_1}{m\sum y_i^2}=\frac{230}{12}-\frac{230\times160\times200}{2\times2\times(40^2+120^2+200^2)}=-13.7\,\text{kN}<0$$

可见,螺栓属于大偏心受拉,取最顶排螺栓为螺栓群的转动轴,最底排螺栓受力最大。

$$N_{\max}=\frac{Ne'y_1'}{m\sum y_i'^2}=\frac{230\times360\times400}{2\times(80^2+160^2+240^2+320^2+400^2)}=47.05\,\text{kN}$$

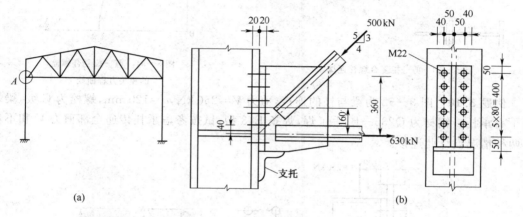

图 3—49 例题 3.9 图(单位:mm)

M22 螺栓的抗拉强度设计值 $f_t^b=170\text{N/mm}^2$,有效截面积 $A_e=303.4\text{ mm}^2$,单个螺栓的抗拉承载力设计值为

$$N_t^b=A_e f_t^b=303.4\times170=51.58\,\text{kN}>47.05\,\text{kN}$$

螺栓的抗拉强度满足要求。

9.剪—拉复合螺栓的强度计算

图 3—50 所示的连接,螺栓群承受剪力 V 和偏心拉力 N(即轴心拉力 N 和弯矩 $M=Ne$)的共同作用。对于 C 级螺栓,其抗剪能力差,剪力 V 通常由承托承受,对于 A 级或 B 级螺栓,具有一定的抗剪能力,可同时承受剪力、轴心拉力和弯矩的共同作用。

对于同时承受剪力、轴心拉力和弯矩的普通螺栓应考虑两种可能的破坏形式:一是螺杆受剪兼受拉破坏;二是孔壁承压破坏。

根据试验结果可知,兼受剪力和拉力的螺杆,将剪力和拉力分别除以各自单独作用的承载力,这样无量纲化后的相关关系近似为一圆曲线,如图 3—51 所示。故螺栓的强度计算式为:

$$\sqrt{\left(\frac{N_v}{N_v^b}\right)^2+\left(\frac{N_t}{N_t^b}\right)^2}\leqslant1 \tag{3-50}$$

为防止孔壁承压破坏,还要求

$$N_v\leqslant N_c^b \tag{3-51}$$

式中 N_v——单个螺栓承受的剪力设计值;

N_t——由偏心拉力引起的螺栓最大拉力；

N_V^b——单个螺栓的抗剪承载力设计值；

N_t^b——单个螺栓的抗拉承载力设计值；

N_c^b——单个螺栓的孔壁承压承载力设计值。

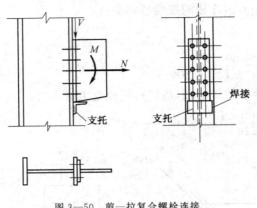

图 3—50 剪—拉复合螺栓连接

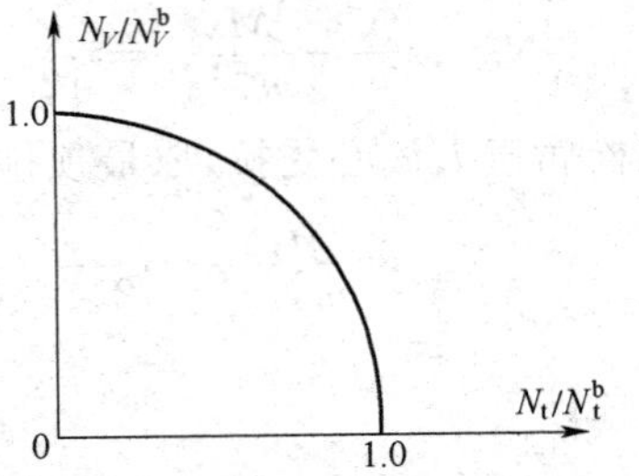

图 3—51 剪—拉复合螺栓
的相关方程曲线

例题 3.10 图 3—52 为梁与柱的连接，剪力 $V=250\,\text{kN}$，$e=120\,\text{mm}$，螺栓为 C 级，梁端竖板下有承托。钢材为 Q235—B，手工焊，焊条 E43 型，试按考虑承托传递全部剪力 V 和不承受 V 两种情况设计此连接。

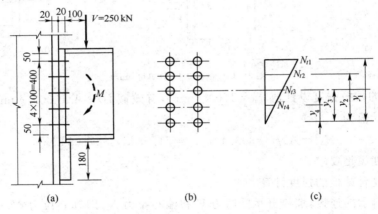

图 3—52 例题 3.10 图

解：(1)承托传递全部剪力 $V=250\,\text{kN}$，螺栓群只承受由偏心力引起的弯矩 $M=V \cdot e=250\times0.12=30\,\text{kN·m}$，按弹性设计法，可假定螺栓群旋转中心在弯矩指向的最下排螺栓的轴线上。设螺栓为 M20(有效截面积 $A_e=244.8\,\text{mm}^2$)，则受拉螺栓数 $n_t=8$，连接螺栓列数 $m=2$，一个螺栓的抗拉承载力设计值为：

$$N_t^b=A_e f_t^b=244.8\times170=41.62\,\text{kN}$$

螺栓的最大拉力：

$$N_t=\frac{My_1}{m\sum y_i^2}=\frac{30\times10^3\times400}{2\times(400^2+300^2+200^2+100^2)}=20\,\text{kN}<41.62\,\text{kN}$$

设承托与柱翼缘的连接为两条侧焊缝，并取焊脚尺寸 $h_f=8\,\text{mm}$，焊缝应力为：

$$\tau_f=\frac{V}{0.7h_f\sum l_w}=\frac{250\times10^3}{0.7\times8\times2\times(180-2\times8)}=136.1\,\text{N/mm}^2<f_f^w=160\,\text{N/mm}^2$$

（2）不考虑承托承受剪力 V，即取消承托。此时，螺栓群同时承受剪力 $V=250\,kN$ 和弯矩 $M=30\,kN\cdot m$ 作用。则一个螺栓承载力设计值为：

$$N_V^b=n_V\frac{\pi d^2}{4}f_V^b=1\times\frac{3.14\times20^2}{4}\times140=44.0\,kN$$

$$N_c^b=d\sum tf_c^b=20\times20\times305=122\,kN$$

$$N_t^b=A_ef_t^b=244.8\times170=41.62\,kN$$

一个螺栓的最大拉力　　　　　　　　　　$N_t=20\,kN$

一个螺栓的最大剪力　　　　　$N_V=\dfrac{V}{n}=\dfrac{250}{10}=25\,kN<122\,kN$

剪力和拉力联合作用下

$$\sqrt{\left(\frac{N_V}{N_V^b}\right)^2+\left(\frac{N_t}{N_t^b}\right)^2}=\sqrt{\left(\frac{25}{44}\right)^2+\left(\frac{20}{41.62}\right)^2}=0.744<1\text{（可）}$$

3.6　高强度螺栓连接

3.6.1　高强度螺栓连接的特点

高强度螺栓分为摩擦型高强度螺栓和承压型高强度螺栓。摩擦型高强度螺栓在安装时采用特制的扳手将螺帽拧紧，使螺杆中产生很大的拉力，将构件的接触面压紧，使连接受力后构件滑移面上产生很大的摩擦力来阻止被连接构件间的相互滑移，以达到传递外力的目的。摩擦型高强度螺栓在抗剪连接中，设计时以剪力达到板件接触面间可能发生的最大摩擦力为极限状态。而承压型高强度螺栓在受剪时则允许摩擦力被克服并发生相对滑移，之后外力还可继续增加，并以栓杆抗剪或孔壁承压的最终破坏为极限状态。在受拉时，两者没有区别。

高强度螺栓采用强度较高的钢材制成，目前高强度螺栓的螺杆一般采用 Q345、Q235 或合金钢 40B（40 硼）、20MnTiB（20 锰钛硼）、35VB（35 钒硼）等制成，螺帽和垫圈采用 Q345 或 Q235 制成，且都经过热处理提高其强度，因而高强度螺栓连接的强度高。目前我国采用的高强度螺栓性能等级，按热处理后的强度分为 8.8 级和 10.9 级两种。级别划分的整数部分表示螺栓成品的抗拉强度；小数部分代表屈强比，例如 8.8 级钢材的抗拉极限强度要求不低于 $800\,N/mm^2$，屈服点不低于 $0.8\times800=640\,N/mm^2$。

高强度螺栓连接具有施工简单，连接紧密，整体性好，受力性能好，耐疲劳，能承受动力荷载及可拆卸等优点。目前已广泛用于桥梁钢结构、大跨度房屋及工业厂房钢结构中。

高强度螺栓连接的构造和排列要求，除栓杆与孔径的差值较小外，与普通螺栓相同。

3.6.2　摩擦型高强度螺栓连接的单栓抗剪承载力

摩擦型高强度螺栓主要用于承受垂直于螺栓杆方向的外力的连接中（通常称为抗剪连接），单个螺栓连接的抗剪强度主要取决于施加在螺栓杆中的预拉力和连接表面的处理状况。

增大预拉力 P 时要考虑螺杆材料的韧性、塑性及有无延迟断裂，保证螺栓在拧紧过程中不会屈服或断裂。因此，控制预拉力是保证连接质量的一个关键性因素。预拉力值与螺栓的材料强度和有效截面等因素有关，《规范》规定按下式确定：

$$P=\frac{0.9\times0.9\times0.9f_uA_e}{1.2}=0.6075f_uA_e \qquad\qquad (3-52)$$

式中　A_e——螺栓的有效截面面积；

　　　f_u——螺栓材料经热处理后的最低抗拉强度。

系数1.2是考虑拧紧时螺栓杆内将产生扭矩剪应力的不利影响。另外式中3个0.9系数则分别考虑：①螺栓材质的不定性；②补偿螺栓紧固后有一定松弛引起预拉力损失；③式中未按f_y计算预拉力，而是按f_u计算，取值应适当降低。

按式(3—52)计算并经适当调整，即得《规范》规定的预拉力设计值P，见表3—5。

表3—5　高强度螺栓的预拉力设计值 P（kN）

螺栓的性能等级	螺栓公称直径（mm）					
	M16	M20	M22	M24	M27	M30
8.8级	80	125	150	175	230	280
10.9级	100	155	190	225	290	355

一套高强度螺栓由一个螺栓、一个螺母和两个垫圈组成。我国现有大六角头型和扭剪型两种高强度螺栓。大六角头型和普通六角头粗制螺栓相同，如图3—53(a)。扭剪型的螺栓头与铆钉头相仿，但在它的螺纹端头设置了一个梅花卡头和一个能够控制紧固扭矩环形槽沟，如图3—53(b)所示。

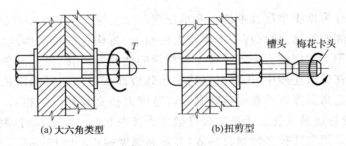

(a) 大六角类型　　　　　　　(b) 扭剪型

图3—53　高强度螺栓

为了达到设计所需要的预拉力值，必须采取合适的方法拧紧螺帽。目前拧紧螺帽的方法有3种：大六角头型采用转角法和扭矩法，扭剪型采用扭掉螺栓尾部的梅花卡头法。

连接构件表面处理的目的是提高摩擦面的抗滑移系数μ。表面处理一般采用下列方法：

(1)喷丸。用直径1.2~1.4 mm的铁丸在一定压力下喷射钢材表面，除去表面浮锈及氧化铁皮，提高表面的粗糙度，增大抗滑移系数μ。

(2)喷丸后涂无机富锌漆。表面喷丸后若不立即组装，可能会受污染或生锈，为此常在表面涂一层无机富锌漆，但这样处理将使摩擦面的抗滑移系数μ值降低。

(3)喷丸后生赤锈。实践及研究表明，喷丸后若在露天放置一段时间，让其表面生出一层浮锈，再用钢丝刷除去浮锈，可增加表面的粗糙度，抗滑移系数μ值会比原来提高。《规范》采用这种方法，但规定其μ值与喷丸处理相同。

《规范》对摩擦面抗滑移系数μ值的规定见表3—6。

摩擦型高强度螺栓连接的单栓抗剪承载力设计值为：

$$N_v^b = 0.9 n_f \mu P \qquad (3—53)$$

式中　n_f——传力摩擦面数；

　　　P——每个高强度螺栓的预拉力，按表3—5取值；

　　　μ——摩擦面的抗滑移系数，按表3—6取值；

0.9——螺栓抗力系数分项系数 1.111 的倒数值。

表 3—6　摩擦面抗滑移系数 μ 值

在连接处构件接触面的处理方法	构　件　的　钢　号		
	Q235 钢	Q345 钢、Q390 钢	Q420 钢
喷丸	0.45	0.50	0.50
喷丸后涂无机富锌漆	0.35	0.40	0.40
喷丸后生赤锈	0.45	0.50	0.50
钢丝刷清除浮锈或未经处理的干净轧制表面	0.30	0.35	0.40

3.6.3　摩擦型高强度螺栓连接的计算

与普通螺栓连接相似,高强度螺栓连接也可分为受剪螺栓连接、受拉螺栓连接以及同时受剪和受拉的螺栓连接。

1. 受剪螺栓连接的计算

摩擦型高强度螺栓连接沿垂直螺栓杆方向受轴心力或偏心力作用时的计算分析方法与受剪普通螺栓连接一样。只不过单个受剪摩擦型高强度螺栓的承载力设计值 N_v^b 按式(3—53)计算。高强度螺栓连接计算中对螺栓群布置长度的限制及对强度的折减系数也与普通螺栓一样。

摩擦型高强度螺栓连接中构件净截面强度的计算要考虑孔前传力,如图 3—54 所示,由于摩擦型高强度螺栓是依靠被连接件接触面间的摩擦力传递剪力,假定每个螺栓所传递的内力相等,且接触面间的摩擦力均匀地分布于螺栓孔的四周,则每个螺栓所传递的内力在螺栓孔中心线的前面和后面各传递一半。这种通过螺栓孔中心线以前板件接触面间的摩擦力传递现象称为"孔前传力"。构件净截面 Ⅰ—Ⅰ 上所受的力 N' 应取为

$$N' = N - 0.5 n_1 \frac{N}{n} \tag{3—54}$$

式中 n 和 n_1 分别为构件一端和截面 Ⅰ—Ⅰ 处的螺栓数目。

净截面 Ⅰ—Ⅰ 的强度计算公式

$$\sigma = \frac{N'}{A_n} \leqslant f \tag{3—55}$$

此外,由于 $N' < N$,所以除对有孔截面进行验算外,还应对毛截面的强度进行验算。

2. 受拉螺栓连接的计算

试验表明,摩擦型高强度螺栓承受沿螺栓杆方向的拉力 N_t 作用,当拉力 $N_t > 0.8P$ 时,栓杆中的预拉力 P 将随时间增长而松弛,因此,规范规定摩擦型高强度螺栓承受拉力时的单栓承载力设计值为:

$$N_t^b = 0.8P \tag{3—56}$$

摩擦型高强度螺栓连接沿螺栓杆方向受轴心拉力 N 作用时的计算方法与普通受拉螺栓连接一样,只不过单个受拉螺栓的承载力设计值 N_t^b 按式(3—56)计算。

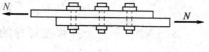

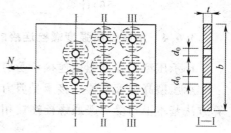

图 3—54　摩擦型高强度螺栓连接中构件的孔前传力

摩擦型高强度螺栓连接承受使螺栓杆受拉的弯矩 M 作用时,只要确保螺栓所受最大外拉力不超过 $0.8P$,被连接件接触面将始终保持密切贴合。因此,可以认为螺栓群在 M 作用下将绕螺栓群中心轴转动。最外排螺栓所受拉力 N_1 最大,可按下式计算:

$$N_1 = \frac{My_1}{m \sum y_i^2} \leqslant N_t^b = 0.8P \tag{3-57}$$

式中　y_1——最外排螺栓至螺栓群中心的距离;

　　　y_i——第 i 排螺栓至螺栓群中心的距离;

　　　m——螺栓纵向列数。

摩擦型高强度螺栓连接承受使螺栓杆受拉的偏心拉力作用时,如前所述,只要螺栓最大拉力不超过 $0.8P$,连接件接触面就能保证紧密结合。因此不论偏心力矩的大小,均可按受拉普通螺栓连接小偏心受拉情况计算,即按式(3-46)和式(3-48)计算,但式中取 $N_t^b = 0.8P$。

3. 摩擦型高强度螺栓同时承受剪力和拉力时的计算

图 3-55(a)所示为一柱与牛腿用高强度螺栓相连的 T 形连接,承受偏心竖向荷载 V 和偏心水平荷载 N,将竖向荷载 V 和水平荷载 N 分别平移至螺栓群中心处,则螺栓群同时承受剪力 V、拉力 N 和弯矩 $M = Ve_1 + Ne_2$,如图 3-55(b)所示。其中剪力 V 在连接摩擦面间产生剪力 N_v,拉力 N 和弯矩 M 在螺栓杆中产生拉力 N_t,《规范》规定,对于同时承受摩擦面的剪力和螺栓杆轴方向的外拉力时,螺栓的承载力按下式计算:

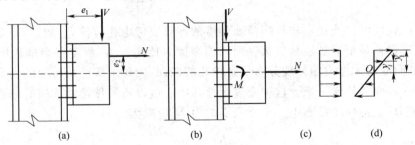

图 3-55　柱与牛腿的高强度螺栓连接

$$\frac{N_v}{N_v^b} + \frac{N_t}{N_t^b} \leqslant 1 \tag{3-58}$$

式中　N_v、N_t——高强度螺栓所承受的剪力和最大拉力,按下式计算:

$$N_v = \frac{V}{n}, \quad N_t = \frac{N}{n} + \frac{My_1}{m \sum y_i^2} \quad (n \text{ 为螺栓总数}, m \text{ 为螺栓纵向列数}) \tag{3-59}$$

　　　N_v^b、N_t^b——一个高强度螺栓的受剪和受拉承载力设计值,分别按式(3-53)和式(3-56)计算。

3.6.4　承压型高强度螺栓连接的计算

1. 承压型高强度螺栓连接承受剪力时的计算

承压型高强度螺栓连接承受剪力时以栓杆受剪破坏或孔壁承压破坏为极限状态,故其计算方法基本上与受剪普通螺栓连接相同。单个承压型高强度螺栓的抗剪承载力设计值为:

$$N_v^b = n_v \frac{\pi d_c^2}{4} f_v^b \tag{3-60}$$

式中　f_v^b——承压型高强度螺栓的抗剪强度设计值,按附录中附表 1.3 采用;

n_V——单个螺栓的剪切面数;

d_e——栓杆有效直径,这里假定剪切面位于螺纹处。

单个承压型高强度螺栓的承压承载力设计值为:

$$N_c^b = d \sum t f_c^b \tag{3—61}$$

式中 f_c^b——承压型高强度螺栓连接的孔壁承压强度设计值,按附录中附表 1.2 采用;

d——栓杆直径(取公称直径);

$\sum t$——同一方向承压板束总厚度,取较小者。

单个承压型高强度螺栓的承载力设计值为

$$N_V^b = \min(N_V^b, N_c^b) \tag{3—62}$$

承压型高强度螺栓连接承受剪力时的承载力验算:

$$N_V = \frac{N}{n} \leqslant N_V^b \tag{3—63}$$

或计算所需的螺栓数:

$$n \geqslant \frac{N}{N_V^b} \tag{3—64}$$

2. 承压型高强度螺栓承受拉力时的计算

承压型高强度螺栓承受拉力时的单栓承载力设计值

$$N_t^b = \frac{\pi d_e^2}{4} f_t^b \tag{3—65}$$

式中 d_e——承压型高强度螺栓的有效直径;

f_t^b——承压型高强度螺栓的抗拉强度设计值,按附录中附表 1.2 采用。

承压型高强度螺栓连接承受拉力时的承载力验算:

$$N_t = \frac{N}{n} \leqslant N_t^b \tag{3—66}$$

所需螺栓数的计算:

$$n \geqslant \frac{N}{N_t^b} \tag{3—67}$$

3. 承压型高强度螺栓同时承受剪力和拉力时的计算

承压型高强度螺栓同时承受剪力和拉力时的承载力按下面相关公式验算:

$$\sqrt{\left(\frac{N_V}{N_V^b}\right)^2 + \left(\frac{N_t}{N_t^b}\right)^2} \leqslant 1 \tag{3—68}$$

且

$$N_V = \frac{V}{n} \leqslant N_c^b/1.2 \tag{3—69}$$

对于同时受剪和受拉的承压型高强度螺栓,要求螺栓所受剪力 N_V 不得超过孔壁承压承载力设计值除以 1.2。这是考虑由于螺栓同时承受外拉力,使连接件之间压紧力减少,导致孔壁承压强度降低的缘故。

例题 3.11 如图 3—56 所示的连接,螺栓采用 8.8 级高强度螺栓 M20,构件接触面经喷丸后涂无机富锌漆,钢材 Q235。$V = 100\,\text{kN}$,$N = 120\,\text{kN}$,$e = 200\,\text{mm}$,试分别按摩擦型高强度螺栓和承压型高强度螺栓检算该连接是否安全。

解: 8.8 级高强度螺栓的预拉力 $P = 125\,\text{kN}$,抗滑移系数 $\mu = 0.35$。单个螺栓的抗拉承载力设计值

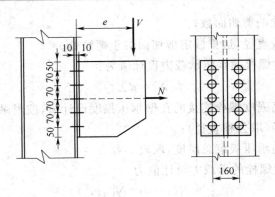

图 3-56　例 3.11 图

$$N_t^b = 0.8P = 0.8 \times 125 = 100 \text{ kN}$$

1. 按摩擦型高强度螺栓计算

螺栓在拉力和弯矩共同作用下产生的最大拉力

$$N_t = \frac{N}{n} + \frac{My_1}{m\sum y_i^2} = \frac{120}{10} + \frac{100 \times 200 \times 140}{2 \times 2 \times (70^2 + 140^2)} = 40.6 \text{ kN}$$

单个螺栓所受的平均剪力为

$$N_V = \frac{V}{n} = \frac{100}{10} = 10 \text{ kN}$$

单个摩擦型高强度螺栓的抗剪承载力设计值为：

$$N_V^b = 0.9 n_f \mu P = 0.9 \times 1 \times 0.35 \times 125 = 39.4 \text{ kN}$$

$$\frac{N_V}{N_V^b} + \frac{N_t}{N_t^b} = \frac{10}{39.4} + \frac{40.6}{100} = 0.659\,8 < 1 \text{（可）}$$

2. 按承压型高强度螺栓计算

$$N_V^b = n_V \frac{\pi d^2}{4} f_V^b = 1 \times \frac{3.14 \times 17.65^2}{4} \times 250 = 61.14 \text{ kN}$$

$$N_c^b = d\sum t f_c^b = 20 \times 10 \times 470 = 94.0 \text{ kN}$$

从而，单栓的抗剪承载力设计值　　　$N^b = 61.14 \text{ kN}$

单栓的抗拉承载力设计值　$N_t^b = \frac{\pi d_e^2}{4} f_t^b = \frac{3.14 \times 17.65^2}{4} \times 400 = 97.82 \text{ kN}$

$$\sqrt{\left(\frac{N_V}{N^b}\right)^2 + \left(\frac{N_t}{N_t^b}\right)^2} = \sqrt{\left(\frac{10}{61.14}\right)^2 + \left(\frac{40.6}{97.82}\right)^2} = 0.4461 < 1 \text{（可）}$$

且　　　　　　　$N_V = 10 \text{ kN} < N_c^b/1.2 = 78.3 \text{ kN} \text{（可）}$

本　章　小　结

1.现代钢结构的连接方法主要有焊接连接和螺栓连接。焊接连接广泛应用于钢结构的制造和安装中，其中角焊缝的受力性能虽然较差，但加工方便，故应用很广；对接焊缝受力性能好，但加工要求精度高，只用于制造中构件重要部位的连接。螺栓连接多用于安装，其中普通螺栓宜用作受拉螺栓或次要连接中用作受剪螺栓；摩擦型高强度螺栓连接应用较多，常用于结构主要部位的安装和直接承受动力荷载的安装连接。

2.焊接连接和螺栓连接的设计要求构造合理，满足强度要求，同时还要采用合理的施工顺序及严格的质量检验程序来保证其安全可靠。

　　3.除三级受拉对接焊缝和不采用引弧板的对接焊缝需进行计算外,其余各种对接焊缝与母材等强无需进行计算。角焊缝连接的设计要进行各种受力情形下的强度验算。

　　4.焊接残余应力与残余变形是焊接过程中焊件的局部加热和冷却,导致不均匀膨胀和收缩产生的。焊缝附近的残余应力常常很高,可达钢材的屈服点。残余应力是自相平衡的内应力,由于钢材塑性好,有较长的屈服台阶,因此残余应力对结构的静力强度无影响,但它使构件截面部分区域提前进入塑性,截面弹性区减小,使构件的刚度和稳定承载力降低,并使受动力荷载的焊接结构应力实际是在 f_y 和 $f_y-\Delta\sigma$ 之间循环,因此焊接结构疲劳计算必须采用应力幅计算准则。此外残余应力与荷载应力叠加可能产生二向或三向同号拉应力,引起钢材性能变脆。残余变形会影响结构设计尺寸的准确性。因此在设计、制造和安装中应注意采取有效措施防止或减少焊接残余应力与残余变形的产生。

　　5.对螺栓连接进行验算时,首先分析判断螺栓连接的受力特点,属于哪一类型,根据其受力特点进行强度验算,必要时还须对构件的净截面或毛截面进行强度验算。

　　6.钢结构的连接形式多种多样,学习中只要把握以下几点便能正确进行计算:①弄清连接构造形式及各构件的空间几何位置;②能正确地将外力按静力平衡条件分解到焊缝或栓杆处;③熟悉并理解焊缝基本计算公式和单个螺栓的承载力计算公式;④熟悉并理解《规范》中有关连接构造要求的各项规定。

思 考 题

　　3.1 角焊缝焊脚尺寸 h_f 的大小对焊缝工作有什么不利影响?角焊缝计算长度 l_w 的大小对连接有什么不利影响?

　　3.2 焊接残余应力和残余变形是怎样产生的?在设计和施工中如何防止或减少焊接残余应力和残余变形产生?

　　3.3 焊接残余应力的特点是什么?焊接残余应力对结构工作有何影响?

　　3.4 试就两块钢板对接焊连的情况,分析纵向焊接残余应力及横向残余应力的产生原因。

　　3.5 螺栓布置时应注意些什么问题?

　　3.6 栓接接头的破坏形式一般有哪几种?

　　3.7 如何提高摩擦型高强度螺栓的承载力?

　　3.8 摩擦型和承压型高强度螺栓连接工作时,各自承载力极限状态是什么?

　　3.9 分别对图3—13、图3—26、图3—40、图3—54所示钢板拼接构造图进行比较,说明在这些连接中,对接焊缝、角焊缝、普通螺栓、摩擦型高强度螺栓的受力特点,以及如何根据这些特点来确定其计算方法。

　　3.10 对图3—15、图3—30、图3—31、图3—43、图3—48、图3—52、图3—56进行分析比较,说明同是柱与牛腿(或梁)的连接,但各自连接件(对接焊缝、角焊缝、普通螺栓、高强度螺栓)受力有哪些不同,计算方法有哪些不同。

习 题

　　3.1 设计2—400×14钢板的对接焊缝连接。钢板承受轴心拉力,其中恒载和活载标准值引起的轴心拉力值分别为 650 kN 和 400 kN,相应的荷载分项系数为 1.2 和 1.4。已知钢材为 Q235,采用 E43 型焊条,手工电弧焊,焊缝为三级质量标准,施焊时未用引弧板。

　　3.2 验算图 3—57 所示柱与牛腿连接的对接焊缝。已知 T 形牛腿的截面尺寸为:翼缘宽度 $b=120$ mm、厚度 $t=12$ mm;腹板高度 $h_w=200$ mm、厚度 $t_w=10$ mm。距焊缝 $e=100$ mm 处作用有一竖向力 $F=180$ kN(设计值),钢材为 Q390,采用 E55 型焊条,手工焊,三级质量标准,施焊时不用引弧板。

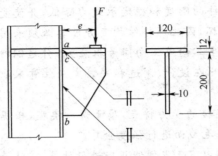

图 3—57　习题 3.2 图

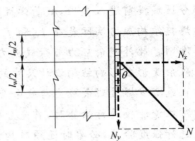

图 3—58　习题 3.3 图

　　3.3 试验算图 3—58 所示角焊缝的强度。已知焊缝承受的静态斜向力 $N=260$ kN(设计值),$\theta=45°$,角焊缝的焊脚尺寸 $h_f=8$ mm,实际长度 $l_w=165$ mm,钢材为 Q235—B,手工焊,焊条为 E43 型。

　　3.4 试验算图 3—59 所示一支托板与柱搭接连接的角焊缝强度。荷载设计值 $N=30$ kN,$V=180$ kN(均为静力荷载)。钢材为 Q235,焊条 E43 型,手工焊。

　　3.5 试确定图 3—60 所示承受静态轴心力的三面围焊连接的承载力及肢尖焊缝的长度。已知角钢为 2∟ 125×10,与厚度为 8 mm 的节点板连接,其搭接长度为 300 mm,焊脚尺寸 $h_f=8$ mm,钢材为 Q235—B,手工焊,焊条为 E43 型。

　　3.6 试验算图 3—61 所示钢管柱与钢底板的连接角焊缝。图中内力均为设计值,其中 $N=280$ kN,$M=16$ kN·m,$V=212$ kN。焊脚尺寸 $h_f=8$ mm,钢材为 Q235,手工焊,焊条为 E43 型。

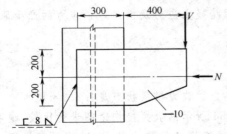

图 3—59　习题 3.4 图

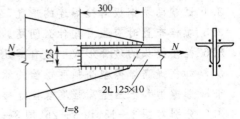

图 3—60　习题 3.5 图

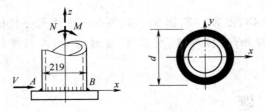

图 3—61　习题 3.6 图

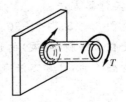

图 3—62　习题 3.7 图

3.7 试验算图 3-62 所示环形角焊缝承受扭矩 $T=42\,kN\cdot m$ 作用时的强度。已知钢管外径为 $180\,mm$，焊脚尺寸 $h_f=8\,mm$，钢材为 Q235，手工焊，焊条为 E43 型。（注：对于薄壁圆环可取极惯性矩 $I_p=2\pi h_e r^3$）

3.8 如图 3-63 所示的受拉杆件，采用 5.6 级精制螺栓的搭接接头连接，构件截面尺寸为 $310\,mm\times14\,mm$，钢材 Q235AF，抗拉强度设计值 $f=215\,MPa$，计算内力 $N=800\,kN$，螺栓直径 $d=20\,mm$，$f_v^b=190\,MPa$，$f_c^b=405\,MPa$，栓孔直径 $d_0=20.5\,mm$，试检算螺栓的承载力是否足够？构件的承载力是否足够？

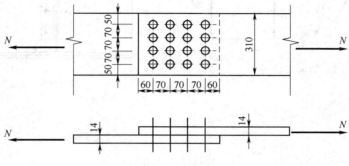

图 3-63 习题 3.8 图

3.9 如图 3-64 所示，两个不等肢角钢长肢并拢与节点板用角焊缝 A 相连，节点板与端板用角焊缝 B 连接，端板与柱翼缘用 C 级普通螺栓连接。焊缝为手工焊，焊条型号 E43 型，螺栓型号 M22，钢材 Q235。轴心拉力设计值 $N=500\,kN$（静力荷载）。（1）设计角焊缝 A；（2）设计角焊缝 B；（3）验算螺栓的强度。

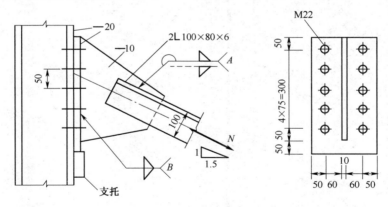

图 3-64 习题 3.9 图

3.10 试设计用摩擦型高强度螺栓连接的钢板双盖板拼接，钢板截面为 $340\,mm\times20\,mm$，钢材为 Q235。

3.11 验算图 3-65 所示的摩擦型高强度螺栓连接。螺栓 10.9 级，M22，钢材 Q235，接触面采用喷丸处理。

3.12 如图 3-66 所示为铁路钢桥桥面系的纵横梁连接，设纵梁梁端传递的剪力为 $Q=660\,kN$，弯矩 $M=640\,kN\cdot m$，采用 10.9 级摩擦型高强度螺栓连接，M22，连接处钢材表面的抗滑移系数 $\mu_0=0.45$，安全系数 $K=1.7$，钢材 Q345。计算连接角钢与纵梁腹板的连接螺栓数 n_1，连接角钢与横梁腹板的连接螺栓数 n_2，鱼形板与纵梁翼缘的连接螺栓数 n_3。（假设剪力全部由连接角钢传递，弯矩由鱼形板传递）

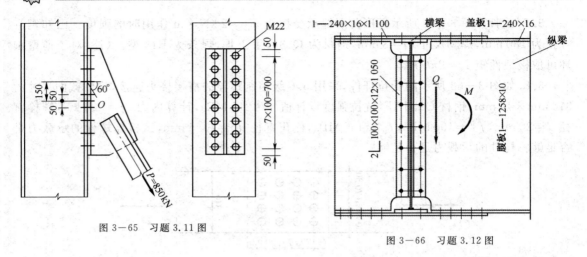

图 3—65　习题 3.11 图

图 3—66　习题 3.12 图

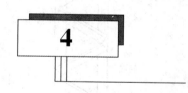

4

轴心受力构件

4.1 轴心受力构件的特点和截面形式

轴心受力构件是指外力作用线沿杆件截面形心纵轴的一类构件,如图4-1所示。在力学中所指的"二力杆"即为轴心受力构件,根据外力作用方向的不同,有轴心受拉构件(轴心拉杆)、轴心受压构件(轴心压杆)和受拉兼受压杆件。

图4-1 轴心受力构件

轴心受力构件在钢结构中应用十分广泛,如平面或空间桁架、网架、塔架、轴心受压柱等在节点为铰接且只承受节点荷载作用时,都可当作轴心受力构件。

常用的轴心受力构件截面形式可分为实腹式和空腹式(格构式)两大类。

实腹式构件(图4-2)截面形式较多,有单个型钢截面(如角钢、槽钢、工字钢、H形钢、T形钢、圆钢及钢管等),适合受力较小的构件;也有由型钢或钢板组成的组合截面,适合受力较大的构件。因此,普通桁架结构中的弦杆和腹杆,除T形钢外,常采用角钢或双角钢组合截面;在轻型桁架结构中可采用冷弯薄壁型钢截面;在重型桁架结构(如铁路钢桁架桥)中采用H形、箱形等组合截面。受拉构件一般选择紧凑截面(如圆钢或板件宽厚比小的截面)或对两主轴刚度相差悬殊的截面(如单槽钢、工字钢等)。而受压构件通常采用较为展开、肢宽壁薄的截面。实腹式构件制作简单,与其他构件连接也较方便。

格构式构件(图4-3)的截面一般由两个或多个分肢组成,分肢通常为槽钢或由钢板组成的槽形截面,分肢之间采用缀条或缀板连成整体,缀板和缀条统称为缀系或缀材(图4-4)。格构式构件容易使压杆实现两主轴方向等稳定性的要求,刚度较大,抗扭性能也较好,用料较省。

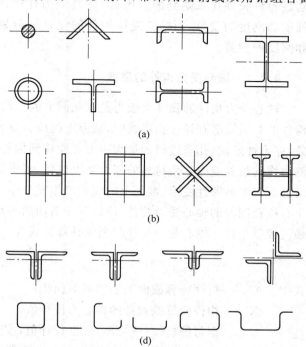

(a)

(b)

(d)

图4-2 轴心受力构件实腹式截面形式

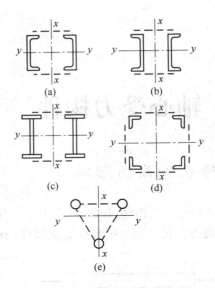

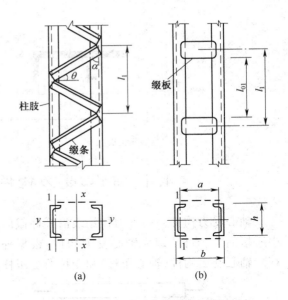

图 4—3 格构式构件的截面形式   图 4—4 格构式构件的缀系布置

4.2 轴心受力构件的强度和刚度

设计轴心受力构件时,应同时满足承载能力极限状态和正常使用的极限状态的要求。对于承载能力极限状态,受拉构件一般以强度控制设计,而受压构件一般以整体稳定控制设计。对轴心受力构件正常使用极限状态的要求即刚度要求,是通过保证构件的长细比不超过容许长细比来达到的。因此,按其受力性质的不同,轴心受拉构件的设计需分别进行强度和刚度的验算,而轴心受压构件的设计需分别进行稳定(整体稳定和局部稳定)、强度和刚度的验算。

4.2.1 轴心受力构件的强度

轴心受力构件的强度承载力是以截面上的平均应力达到钢材的屈服应力为极限的。但当构件的截面局部有螺栓孔削弱时,截面上的应力分布不再是均匀的,在孔洞附近有应力集中现象,在弹性阶段,孔壁边缘的最大应力可能达到构件平均应力的 3 倍。若拉力继续增加,当孔壁边缘的最大应力达到材料的屈服强度以后,根据钢材是理想弹塑性体的假定,应力不再继续增加而只发展塑性变形,截面上的应力产生重分布,最后达到均匀分布。因此,《规范》规定,对于有栓孔削弱的轴心受力构件,应以其净截面的平均应力不超过其强度设计值作为设计时的强度控制条件。轴心受力构件的强度计算公式为

$$\sigma = \frac{N}{A_n} \leqslant f \tag{4-1}$$

式中 A_n——构件验算截面上的净截面面积;

N——构件验算截面处的轴心力设计值;

f——钢材的抗拉(或抗压)强度设计值,按附录中附表 1.1 采用。

当进行轴心受力构件强度计算时,要正确判断最危险截面(即验算截面),根据螺栓的布置情况选择净截面面积最小,轴心力最大的截面进行验算。对于摩擦型高强度螺栓连接的杆件,

验算净截面强度时轴心力的计算应考虑构件截面上的孔前传力(见3.6节)。

对于承受疲劳荷载的轴心受力构件,应按式(2—14)进行疲劳强度验算。

4.2.2 轴心受力构件的刚度

为满足结构的正常使用要求,轴心受力构件不应做得过分柔细,而应具有一定的刚度,当构件的刚度不足时,会产生下列不利影响:①在运输和安装过程中产生弯曲或过大的变形;②使用期间因其自重而明显下挠;③在动力荷载作用下发生较大的振动;④对于压杆,在刚度不足时,除具有前述各种不利因素外,还使得构件的极限承载力显著降低,同时,初弯曲和自重产生的挠度也将对构件的整体稳定带来不利影响。

轴心受拉和受压构件的刚度都是以保证其长细比不超过容许长细比来实现的,刚度的计算公式为:

$$\lambda = \frac{l_0}{i} \leqslant [\lambda] \tag{4-2}$$

式中　λ——构件的最大长细比,一般取两主轴方向长细比的较大值;

　　　l_0——相应主轴方向上构件的计算长度;

　　　i——相应主轴方向上截面的回转半径;

　　　$[\lambda]$——构件的容许长细比,按规范取值。

《规范》在总结了钢结构长期使用经验的基础上,根据构件的重要性和荷载情况,对受拉构件的容许长细比规定了不同的要求和数值,见表4—1。《规范》对压杆容许长细比的规定更为严格,见表4—2。

表4—1　受拉构件的容许长细比

项　次	构　件　名　称	承受静力荷载或间接承受动力荷载的结构		直接承受动力荷载的结构
		一般建筑结构	有重级工作制吊车的厂房	
1	桁架的杆件	350	250	250
2	吊车梁或吊车桁架以下的柱间支撑	300	200	—
3	其他拉杆、支撑、系杆等(张紧的圆钢除外)	400	350	—

注:1. 承受静力荷载的结构中,可仅计算受拉构件在竖向平面内的长细比。

　2. 在直接或间接承受动力荷载的结构中,计算单角钢受拉构件的长细比时,应采用角钢的最小回转半径;但在计算交叉杆件平面外的长细比时,应采用与角钢肢边平行轴的回转半径。

　3. 中、重级工作制吊车桁架下弦杆的长细比不宜超过200。

　4. 在设有夹钳吊车或刚性料耙吊车的厂房中,支撑(表中第2项除外)的长细比不宜超过300。

　5. 受拉构件在永久荷载与风荷载组合作用下受压时,其长细比不宜超过250。

　6. 跨度等于或大于60 m的桁架,其受拉弦杆和腹杆的长细比不宜超过300(承受静力荷载)或250(承受动力荷载)。

4.2.3 轴心拉杆的设计

轴心受拉构件设计时通常要考虑强度和刚度两个方面的问题。对于承受较大静荷载的轴心受拉构件,一般由静强度控制设计;对承受反复变化的疲劳荷载作用的拉杆,一般由疲劳强度控制设计;当拉力较小时,还可能由刚度控制设计。

当轴心受拉构件由强度控制设计时,通常按强度条件计算所需要的净截面面积,再选择截面,然后进行强度和刚度验算。当由刚度控制设计时,按刚度要求计算所需要的截面回转半径,再选择截面,然后进行强度和刚度验算。

表 4—2 受压构件的容许长细比

项　次	构件名称	容许长细比
1	柱、桁架和天窗架构件	150
	柱的缀条、吊车梁或吊车桁架以下的柱间支撑	
2	支撑(吊车梁或吊车桁架以下的柱间支撑除外)	200
	用以减小受压构件长细比的杆件	

注:1. 桁架(包括空间桁架)的受压腹杆,当其内力等于或小于承载能力的50%时,容许长细比值可取为200。

  2. 计算单角钢受压构件的长细比时,应采用角钢的最小回转半径;但在计算交叉杆件平面外的长细比时,应采用与角钢肢边平行轴的回转半径。

  3. 跨度等于或大于60 m的桁架,其受压弦杆和端压杆的容许长细比值宜取为100,其他受压腹杆可取为150(承受静力荷载)或120(承受动力荷载)。

例 4.1　有一中级工作制吊车厂房屋架的下弦杆,承受轴心拉力1 100 kN(设计值),此杆在桁架平面内的计算长度为 $l_{0x}=3$ m,在桁架平面外的计算长度 $l_{0y}=15$ m,钢材为 Q235,杆端用 A 级 M20 普通螺栓连接,试设计该杆件。

解:1. 截面选择

该杆件由强度控制设计,由强度条件式(4—1),所需的杆件净截面面积为

$$A_n \geqslant \frac{N}{f} = \frac{1\ 100 \times 10^3}{215} = 5\ 116\ \text{mm}^2$$
$$= 51.16\ \text{cm}^2$$

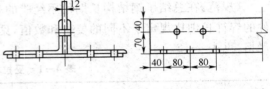

选用 2∟180×110×12,短肢并拢,共提供截面积 $A_n = 2 \times 33.7 = 67.4\ \text{cm}^2$,回转半径 $i_x = 3.1$ cm, $i_y = 8.75$ cm。

2. 杆端连接螺栓布置

按一个角钢受力进行计算,单角钢按剪切条件计算的单个螺栓承载力设计值为

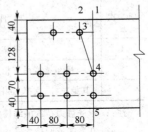

$$N_v^b = n_v\ \frac{\pi d^2}{4} f_v^b = 1 \times \frac{3.14 \times 20^2}{4} \times 320 = 100\ 480\ \text{N}$$

图 4—5　例题 4.1 图(单位:mm)

按承压条件计算的单个螺栓承载力设计值为

$$N_c^b = d \sum t f_c^b = 20 \times 12 \times 405 = 97\ 200\ \text{N}$$

因此,单个螺栓的承载力设计值为

$$N^b = 97\ 200\ \text{N}$$

一个角钢所需杆端连接螺栓数

$$n = \frac{N/2}{N^b} = \frac{1\ 100 \times 10^3/2}{97\ 200} = 5.6$$

实际取个,按图 4—5 排列。

3. 强度验算

正交截面(1—4—5)的净面积

$$A_n = 2 \times (278 \times 12 - 2 \times 20 \times 12) = 5\ 712\ \text{mm}^2$$

锯齿截面(2-3-4-5)的净面积

$$A_n = 2 \times (40 + \sqrt{128^2 + 40^2} + 70 + 40 - 3 \times 20) \times 12 = 5\ 378.5 \text{ mm}^2$$

可见,控制面积为锯齿截面,其应力值为

$$\sigma = \frac{N/2}{A_n} = \frac{1\ 100 \times 10^3/2}{5\ 378.5} = 204.5 \text{ N/mm}^2 < 215 \text{ N/mm}^2 \quad \text{(强度满足)}$$

4.刚度验算

$$\lambda_x = \frac{l_{0x}}{i_x} = \frac{3 \times 10^2}{3.1} = 96.8 < 350$$

$$\lambda_y = \frac{l_{0y}}{i_y} = \frac{15 \times 10^2}{8.75} = 171.4 < 350 \quad \text{(刚度满足)}$$

例题 4.2 试设计某铁路简支钢桁架桥的主桁下弦杆。设计资料:设计最大内力 3 334.42 kN,疲劳计算最大内力 $N_{\max} = 3\ 062.94$ kN,最小内力 $N_{\min} = 785.45$ kN,杆件几何长度为 $l = 8$ m,材料为 Q345qD,设计基本容许应力 $[\sigma] = 200$ MPa,疲劳容许应力幅 $[\Delta\sigma] = 130.7$ MPa,容许长细比 $[\lambda] = 100$。

解:铁路钢桁架桥的主桁下弦杆承受疲劳荷载,由疲劳强度控制设计。

1.截面选择

根据疲劳强度条件,所需的净截面积为

$$A_j \geqslant \frac{N_{\max} - N_{\min}}{\gamma[\Delta\sigma]} = \frac{(3\ 062.94 - 785.45) \times 10^3}{1.0 \times 130.7}$$

$$= 17\ 425.3 \text{ mm}^2$$

根据设计经验,估计杆件的毛截面面积

$$A_m \approx A_j/0.85 = 20\ 500.39 \text{ mm}^2$$

选取截面形式为 H 形,截面组成如图 4-6 所示。

竖板:2—460×20;

水平板:1—420×12。

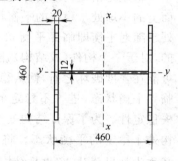

图 4-6 例题 4.2 图(单位:mm)

杆端采用摩擦型高强度螺栓连接,根据工厂标准螺栓网络线,每侧竖板布置 4 排栓孔,孔径 $d = 23$ mm。提供毛截面面积

$$A_m = 2 \times 460 \times 20 + 420 \times 12 = 23\ 440 \text{ mm}^2$$

栓孔削弱的面积 $\quad \Delta A = 8 \times 23 \times 20 = 3\ 680 \text{ mm}^2$

净截面积 $\quad A_n = A_m - \Delta A = 23\ 440 - 3\ 680 = 19\ 760 \text{ mm}^2 > 17\ 425.3 \text{ mm}^2 \quad \text{(疲劳强度满足)}$

截面惯性矩 $\quad I_x = 9.646\ 5 \times 10^8 \text{ mm}^4, \quad I_y = 3.244\ 5 \times 10^8 \text{ mm}^4$

回转半径 $\quad i_x = \sqrt{\frac{I_x}{A}} = \sqrt{\frac{9.646\ 5 \times 10^8}{23\ 440}} = 202.86 \text{ mm}$

$$i_y = \sqrt{\frac{I_y}{A}} = \sqrt{\frac{3.244\ 5 \times 10^8}{23\ 440}} = 117.65 \text{ mm}$$

2.强度和刚度检算

(1)强度检算:

$$\sigma = \frac{N_{\max}}{A_n} = \frac{3\ 334.42 \times 10^3}{19\ 760} = 168.75 \text{ MPa} < 200 \text{ MPa} \quad \text{(强度满足)}$$

(2)刚度检算:

取杆件在主轴方向上的计算长度 $l_{0x} = l_{0y} = 8\ 000$ mm

$$\lambda_x = \frac{l_{0x}}{i_x} = \frac{8\,000}{202.86} = 39.44 < [\lambda] = 100$$

$$\lambda_y = \frac{l_{0y}}{i_y} = \frac{8\,000}{117.65} = 68.0 < [\lambda] = 100 \quad (\text{刚度满足})$$

4.3　实腹式轴心受压构件的整体稳定

轴心受压构件的承载能力极限状态除了强度破坏(对较为短粗或者截面有很大削弱的压杆,净截面的平均应力达到屈服强度而发生破坏)以外,更重要的是因丧失整体稳定性而发生破坏。一般情况下,轴心受压构件的承载能力是由整体稳定性条件决定的。整体稳定性是受压构件设计中最为突出的问题。为此,本节先介绍稳定问题的基本概念,然后再讨论轴心受压构件的整体稳定性问题。

4.3.1　稳定问题概述

稳定是指结构或构件受到外力作用发生变形后所处平衡状态的一种属性。众所周知,凹面上的小球处于稳定的平衡状态,凸面上的小球则处于不稳定的平衡状态,而平面上的小球则处于随遇平衡即临界平衡状态(图 4−7)。同样的,对于一个构件(或结构),随着外荷载的增加,可能在强度破坏之前,就从稳定的平衡状态经过临界平衡状态,进入不稳定的平衡状态,从而丧失稳定性。为了保证结构安全,要求所设计的结构处于稳定的平衡状态。将临界平衡状态的荷

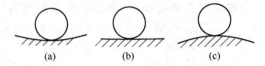

图 4−7　小球的平衡状态
(a)稳定平衡状态;(b)随遇平衡状态;(c)不稳定的平衡状态。

载称为临界荷载,它也是结构保持稳定的极限荷载。研究稳定问题就是要解决如何计算结构或构件的临界荷载,以及采取何种有效措施来提高临界荷载。

稳定对于钢结构来说是一个极为重要的问题。这是因为钢材强度高,组成结构的构件相对较细长,所用板件也较薄,因而常常出现钢结构的失稳破坏。工程史上,国内外曾多次发生由于构件失稳而导致钢结构的坍塌事故。其中许多就是因为对稳定问题认识不足,导致结构布置不合理,设计构造处理不当或施工措施不当造成的。结构失稳破坏常常是突然发生的,事先无明显征兆,因此带来极大危害。钢结构按构件和结构的形式不同,有各种不同的稳定问题,如压杆的稳定问题、梁的稳定问题、偏心压杆的稳定问题以及板件的局部稳定问题等;此外,对结构整体来说,还有框架的稳定、拱的稳定、薄壳的稳定等问题。

稳定问题和强度问题在物理概念、分析计算方法方面都有本质的区别,现简略介绍如下:

(1)强度问题是构件中局部截面上应力达到极限值,它与材料的强度极限(或屈服点)、截面形式及大小有关,而稳定问题则是构件(或结构)受力达到临界荷载后所处平衡状态的属性发生改变,它与构件(或结构)的变形有关。提高构件(或结构)稳定性的关键是提高其抵抗变形的能力,即提高其整体刚度。为此,一般采取的措施是增加截面惯性矩,减小构件支撑间距,增加支座对构件的约束程度(如铰支座改为固定端支座)等。

(2)钢结构中的强度按净截面计算,考虑到构件局部削弱对其整体刚度影响不大,稳定问题按毛截面进行计算。

（3）从材料性能的角度考虑，在弹性阶段，构件（或结构）的整体刚度仅与材料的弹性模量有关，而与其强度大小无关。因此采用高强度钢材只能提高强度承载力，但不能提高弹性阶段的稳定承载力。

（4）分析强度问题时，在构件或结构原有的位置（受荷前的位置）上列出平衡方程，求解内力（称为一阶分析方法），并根据这个内力来验算强度是否满足要求。在弹性范围内，按一阶分析方法求得的内力与结构的外荷载大小成正比，与结构的变形无关，因此一阶分析方法又称为线性分析方法。一阶分析可应用叠加原理，即对同一结构，两组荷载产生的内力等于各组荷载分别产生的内力之和。分析稳定问题时，在构件或结构受力变形后的位置上列出平衡方程，求得满足这个方程的荷载（称为二阶分析方法），这个荷载就是稳定极限承载力。按二阶分析方法求得的内力与结构的变形有关，内力与外荷载大小不一定成正比，因此二阶分析方法又称为非线性分析方法。二阶分析中，由于结构内力与变形有关，因此稳定分析不能应用叠加原理。

随着钢结构的发展，稳定理论也有了重大进展，其特点是：①逐步由理想弹性杆件的研究转向考虑实际情况的弹塑性杆件的研究；②由单个杆件稳定研究转向对结构整体稳定性的研究。目前，由于各类稳定问题研究深度不一致，《规范》对各类构件及薄板稳定设计公式及其有关规定的理论依据也各不相同。例如，对于实腹式中心压杆的弯曲失稳情况，取具有初弯曲及残余应力的实际杆件，按弹塑性分析求得的多条柱子曲线来制定稳定设计公式，这是到目前为止最精确的稳定设计公式；对偏心压杆是依据弹塑性分析的数据采用半经验半理论的相关公式；对于格构式中心压杆则是依据理想弹性杆件的欧拉公式，通过换算长细比将它等效地转换成实腹构件来进行设计；至于薄板的稳定临界应力，是取理想的平板按弹性分析求得后，再考虑弹塑性影响粗略地加以修正确定；又如梁的整体稳定，也是取理想的直梁按弹性分析求得其临界荷载，然后考虑弹塑性加以修正；至于框架设计，《规范》也是按近似的弹性分析，求得各杆的计算长度，然后单独地对各杆进行设计。这实际上是把整体结构的稳定问题化为单个构件的稳定问题来处理，无疑是近似的。目前各国正在研究将框架作为一个整体，考虑其弹塑性更精确地分析它的稳定承载力及可靠度水平，并且试图研制出可直接用于设计的框架稳定分析计算机程序。这种针对一个整体结构将精确的结构稳定分析和精确的结构可靠度分析相结合，建立一种基于可靠性的设计方法，是钢结构设计方法研究的发展趋势。

4.3.2 理想轴心受压构件的稳定性

所谓理想轴心受压构件，是指杆件的轴线绝对平直，材质均匀、各向同性，荷载无偏心且不存在初始应力。理想轴心压杆当压力达到临界压力后，杆件不能维持其原来的直线平衡状态的稳定性，当压力继续增加时，产生过大的变形，杆件丧失承载能力，这种现象称为压杆丧失整体稳定性或整体失稳。压杆发生整体失稳时，其强度还未达到其极限值，压杆过早地丧失承载能力，使其强度得不到充分发挥。

理想轴心压杆发生整体失稳时，有 3 种可能的失稳形式（或称屈曲形式），它们分别是弯曲失稳、扭转失稳及弯扭失稳，如图 4—8 所示。弯曲失稳时，构件绕一个主轴弯曲，构件的轴心线由直线变成曲线；扭转失稳时，构件绕纵轴线发生扭转；弯扭失稳时，构件在产生弯曲变形的同时伴有扭转变形。

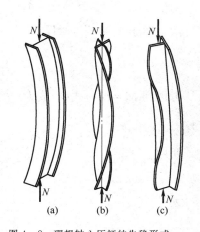

图 4—8　理想轴心压杆的失稳形式
(a)弯曲失稳 ;(b)扭转失稳;(c)弯扭失稳。

轴心压杆的失稳形式主要取决于截面的形式和尺寸、杆的长度和杆端的支承条件。对于一般双轴对称截面的细长压杆,大多产生弯曲失稳,但也有特殊情况,如薄壁十字形截面的细长压杆,可能产生扭转失稳。单轴对称截面或无对称轴截面的细长压杆则可能产生弯扭失稳。

1. 理想轴心压杆的弹性弯曲失稳

如图4-9所示,两端铰支,长度为 l 的理想细长压杆,当压力 N 较小时,杆件只有轴向压缩弹性变形,杆轴线保持平直。如有侧向干扰使之微弯,当干扰撤去后,杆件仍恢复为原来的直线平衡状态,这表示荷载对微弯杆各截面的外力矩小于各截面的抵抗力矩,直线状态的平衡是稳定的。当力 N 逐渐加大到某一数值 N_{cr} 时,如有干扰使之微弯,而撤去此干扰后,杆件仍然保持微弯状态不再恢复其原有的直线平衡状态,这时除直线状态的平衡外,还存在微弯状态下的平衡位置。这种现象称为平衡的"分枝"或"分叉",而且此时外力和内力的平衡是随遇的,叫做中性平衡(或随遇平衡)。当外力 N 超过此数值 N_{cr} 时,微小的干扰将使杆件产生很大的弯曲变形随即破坏,此时的平衡是不稳定的,即杆件"失稳"(或"屈曲")。中性平衡状态是从稳定平衡过渡到不稳定平衡的一个临界状态,此时的外力 N_{cr} 值称为临界力。

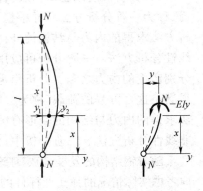

图4-9 理想压杆的弯曲

设理想轴心压杆发生弯曲时,截面中将引起弯矩 M 和剪力 V,压杆任一截面上由弯矩产生的变形为 y_1,由剪力 V 产生的变形为 y_2,如图4-9,总变形为 $y=y_1+y_2$。

根据材料力学,有:

$$\frac{\mathrm{d}^2 y_1}{\mathrm{d}x^2} = -\frac{M}{EI} \tag{a}$$

剪力 V 产生的轴线转角(剪应变)为

$$\gamma = \frac{\mathrm{d}y_2}{\mathrm{d}x} = \frac{\beta V}{GA} \tag{b}$$

式中 A、I——杆件截面积和惯性矩;

E、G——材料弹性模量和剪切模量;

β——与截面形状有关的系数。

由于 $V=\dfrac{\mathrm{d}M}{\mathrm{d}x}$,所以

$$\frac{\mathrm{d}^2 y}{\mathrm{d}x^2} = \frac{\mathrm{d}^2 y_1}{\mathrm{d}x^2} + \frac{\mathrm{d}^2 y_2}{\mathrm{d}x^2} = -\frac{M}{EI} + \frac{\beta}{GA}\frac{\mathrm{d}^2 M}{\mathrm{d}x^2} \tag{c}$$

考虑到 $M=Ny$,式(c)成为

$$\frac{\mathrm{d}^2 y}{\mathrm{d}x^2} = -\frac{N}{EI}y + \frac{\beta N}{GA}\frac{\mathrm{d}^2 y}{\mathrm{d}x^2} \tag{d}$$

亦即

$$\left(1-\frac{\beta N}{GA}\right)y'' + \frac{N}{EI}y = 0 \tag{e}$$

令

$$k^2 = \frac{N}{EI\left(1-\dfrac{\beta N}{GA}\right)} \tag{f}$$

则式(e)成为

$$y'' + k^2 y = 0 \tag{g}$$

这是一个常系数线性二阶齐次方程,其通解为:

$$y = A\sin kx + B\cos kx \tag{h}$$

将边界条件:$x=0,y=0;x=l,y=0$ 代入上式可得 $B=0,A\sin kl=0$。由于 $A\neq 0$(否则 $y=0$,杆件将保持平直,与微弯的假设不符),所以 $\sin kl=0$,从而 $kl=m\pi(m=1,2,\cdots)$,取 $m=1$,则 $k=\dfrac{\pi}{l}$,代入式(f),求解出 N 即为欧拉临界力:

$$N_{cr} = \frac{\pi^2 EI}{l^2} \cdot \frac{1}{1+\dfrac{\pi^2 EI}{l^2}\gamma_1} \tag{4-3}$$

式中 γ_1 为单位剪力作用下,压杆挠曲时产生的剪切角,称为单位剪切角,$\gamma_1 = \dfrac{\beta}{GA}$。

对于实腹式压杆,可忽略剪切变形,即认为 $\gamma_1 \approx 0$,则式(4-3)可简化为

$$N_{cr} = \frac{\pi^2 EI}{l^2} \tag{4-4}$$

对于其他支承情况,式(4-4)中的长度 l 应取计算长度 $l_0 = \mu l$(其中 μ 为计算长度系数,见表4-3;l 为杆件的几何长度)。

由分析可知,当压力 N 大于欧拉临界力 N_{cr} 时,杆件中点的侧移很大,杆件几乎丧失承载能力。因而,一般认为欧拉临界力(或称压曲荷载)就是理想轴心压杆的稳定极限承载力。

表4-3 轴心受压杆件的计算长度系数

构件的屈曲形式						
理论 μ 值	0.5	0.7	1.0	1.0	2.0	2.0
建议 μ 值	0.65	0.80	1.2	1.0	2.1	2.0
端部条件示意	无转动、无侧移 无转动、自由侧移 自由转动、无侧移 自由转动、自由侧移					

欧拉临界应力容易由下式得出:

$$\sigma_{cr} = \frac{N_{cr}}{A} = \frac{\pi^2 E}{\lambda^2} \tag{4-5}$$

式中 λ 为杆件的长细比。

上述推导过程中,假定材料的弹性模量 E 为常数,这就要求临界应力 $\sigma_{cr} < f_p$(比例极限)。即在轴向应力达到弹性极限以前,应力就达到临界应力,构件已失稳。细长压杆的失稳就属于这种情况。即要求

$$\lambda \geqslant \lambda_{\mathrm{p}} = \pi \sqrt{\frac{E}{f_{\mathrm{p}}}}$$

需要注意的是，杆件截面通常有两个弯曲主轴（x 轴和 y 轴），因而要分别计算这两个弯曲主轴上的临界应力：

$$\sigma_{\mathrm{cr},x} = \frac{\pi^2 E}{\lambda_x^2}, \quad \sigma_{\mathrm{cr},y} = \frac{\pi^2 E}{\lambda_y^2} \tag{4-6}$$

当 λ_x 不等于 λ_y 时，较大者对应的临界应力较小，压杆首先在该方向产生弯曲失稳；当 λ_x 与 λ_y 相等时，压杆在两个弯曲主轴上的临界应力相等，称为等稳定性，这样的设计对压杆而言是最优的。

2. 理想轴心压杆的非弹性弯曲失稳

当临界应力 $\sigma_{\mathrm{cr}} > f_{\mathrm{p}}$ 时，钢材进入弹塑性阶段，因而发生失稳时，杆件的变形不再是弹性的，这种失稳叫做非弹性弯曲失稳（或非弹性弯曲屈曲）。

非弹性弯曲失稳分析采用两种方法，分别称为切线模量理论和双模量理论，以下分别进行简要介绍。

（1）切线模量理论

切线模量理论认为，当轴心受压杆件在加载过程中达到临界压力 $N_{\mathrm{cr},t}$，杆件由直线平衡状态变到微弯平衡状态时，轴心压力有一微小的增量 ΔN；且 ΔN 所产生的平均压应力恰好等于截面凸侧所产生的弯曲拉应力（如图 4—10）。因此，产生屈曲后，可认为全截面都处于加载阶段，每一点处的应变和应力均单调增加（如图 4—11），切线模量 E_{t} 通用于全截面。由于 ΔN 比 $N_{\mathrm{cr},t}$ 小得多，故仍取 $N_{\mathrm{cr},t}$ 作为本理论的临界力；又由于整个截面采用了同一个切线模量，所以中和轴与形心轴重合。与弹性屈曲情况相比，将式（4—5）中的 E 用切线模量 E_{t} 代替即可得到切线模量理论对应的临界应力：

$$\sigma_{\mathrm{cr},t} = \frac{\pi^2 E_{\mathrm{t}}}{\lambda^2} \tag{4-7}$$

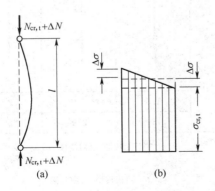

图 4—10　切线模量理论　　　　　　图 4—11　弹塑性应力
应变关系

（2）双模量理论

双模量理论认为，理想轴心压杆在微弯的中性平衡时，截面上的应力由两部分组成，一部分是截面上的平均应力（临界应力 σ_{cr}），另一部分是弯曲应力。压杆凹侧截面上的应力继续增加，应力应变关系按切线模量的规律单调变化，由于杆件是微弯的，弯曲应力与轴心应力 σ_{cr} 相比是微小的，可近似取为直线分布，即取相应于 σ_{cr} 时的 $\mathrm{d}\sigma/\mathrm{d}\varepsilon$ 作为整个弯曲压应力区域的 E_{t}；压杆凸侧截面上的应力减小，相当于卸载，其应力应变关系按弹性模量 E 的规律变化，如图 4—12 所示。因为，$E_{\mathrm{t}} < E$，而两侧的弯曲应力拉、压之和绝对值应相等，所以中性轴应由形心轴

向受拉纤维一侧移动。

令 I_1 为应力卸载区截面对中性轴的惯性矩,I_2 为弯曲受压加载区截面对中性轴的惯性矩,如同弹性屈曲那样建立微分方程如下:

$$(EI_1 + E_t I_2)y'' + Ny = 0 \qquad (4-8)$$

解此微分方程,得理想轴心压杆的弹塑性屈曲时的双模量理论临界力为:

$$N_{cr,r} = \frac{\pi^2(EI_1 + E_t I_2)}{l^2} = \frac{\pi^2 E_r I}{l^2} \qquad (4-9)$$

式中 E_r——折算模量,$E_r = (EI_1 + E_t I_2)/I$。

双模量理论对应的临界应力:

$$\sigma_{cr,r} = \frac{\pi^2 E_r}{\lambda^2} \qquad (4-10)$$

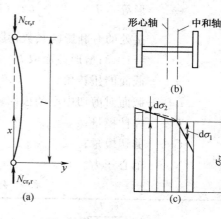

图 4-12 双模量理论图示

由于式(4-9)确定的临界力与两个变形模量有关,故称为双模量临界力。

由于切线模量小于折算模量,所以切线模量临界力 $N_{cr,t}$ 小于双模量临界力 $N_{cr,r}$,理论分析和试验研究也表明,双模量临界力 $N_{cr,r}$ 是构件弹塑性临界力的上限值,而切线模量临界力 $N_{cr,t}$ 是其下限值。切线模量理论确定的临界力能较好地反映轴心受压构件在弹塑性阶段屈曲时的承载能力,并偏于安全。

3. 理想轴心压杆的弹性扭转失稳

图 4-13 所示为一双轴对称截面杆件,在轴心压力 N 的作用下,绕 z 轴发生扭转失稳(屈曲)。现在分析绕 z 轴发生扭转失稳的问题。

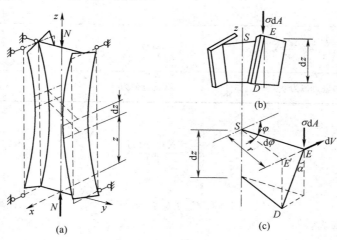

图 4-13 双轴对称截面杆件的扭转失稳分析

假定杆件两端简支并符合夹支条件,即端部截面可自由翘曲,但不能绕 z 轴转动。所以其他截面绕 z 轴转动时,纵向纤维发生了弯曲,这是一个约束扭转问题,从而满足如下的约束扭转平衡微分方程:

$$-EI_w \varphi''' + GI_t \varphi' = N i_0^2 \varphi' \qquad (4-11)$$

式中 I_w——翘曲常数(或称扇性惯性矩),由表 4-4 求得;

I_t——截面的抗扭惯性矩,当截面由几个狭长矩形板组成时(如工字形、T 形、槽形及角形等)，$I_t = \dfrac{k}{3}\sum\limits_{i=1}^{n} b_i t_i^3$（其中：$b_i$、$t_i$分别为任意矩形板的宽度和厚度；$k$为考虑连接处的有利影响系数，其值由试验确定，对角形截面可取 $k=1.0$；T 形截面取 $k=1.15$；槽形截面取 $k=1.12$；工字形截面取 $k=1.25$）；

φ——截面的扭转角；

i_0——截面对剪切中心的极回转半径，$i_0^2 = i_x^2 + i_y^2$；

E——弹性模量；

G——剪切模量；

N——轴心压力。

表 4—4　常见截面的扇性惯性矩 I_w

截面形式			
I_w	$\dfrac{h^2}{12}\cdot\dfrac{b_1^3 t_1 b_2^3 t_2}{b_1^3 t_1 + b_2^3 t_2}$	$\dfrac{b^3 h^2 t}{12}\cdot\dfrac{3bt+2ht_w}{6bt+ht_w}$	$\dfrac{h^2}{4}I_{y_1} - \dfrac{1}{A}I_{x_1 y_1}^2$
截面形式			
I_w	$\dfrac{t^3}{36}\left(\dfrac{b^3}{4} + h^3\dfrac{t_w^3}{t^3}\right)$	$\dfrac{t^3}{36}(b_1^3 + b_2^3)$	$\dfrac{1}{9}a^3 t^3$
	薄壁近似为 0	薄壁近似为 0	薄壁近似为 0

令

$$k^2 = \frac{N i_0^2 - G I_t}{E I_w} \qquad (4-12)$$

则由式（4—11）得

$$\varphi''' + k^2 \varphi' = 0 \qquad (4-13)$$

该微分方程的通解为：

$$\varphi = C_1 \sin kz + C_2 \cos kz + C_3$$

考虑边界条件：当 $z=0$ 时，$\varphi=0$，$\varphi''=0$，可得：$C_2 = C_3 = 0$，所以

$$\varphi = C_1 \sin kz$$

又当 $z=l$ 时，$\varphi=0$，$\varphi''=0$。得 $\sin kl = 0$，其最小根 $kl=\pi$，得到 $k=\pi/l$ 后代入式（4—12），可得：

$$\frac{\pi^2}{l^2} = \frac{N i_0^2 - G I_t}{E I_w} \qquad (4-14)$$

从中解出 N 即为扭转屈曲临界力，用 N_z 表示：

$$N_z = \left(\frac{\pi^2 EI_w}{l_w^2} + GI_t\right) \cdot \frac{1}{i_0^2} \tag{4-15}$$

式(4-15)是由弹性屈曲理论导出的,括号中的第 2 项为自由扭转部分,与长度无关;而第 1 项为翘曲扭转部分,与计算长度 l_w 有关。

式(4-15)还可写成

$$N_w = \frac{GI_t}{i_0^2}\left(1 + \frac{\pi^2 EI_w}{GI_t l_w^2}\right) = \frac{GI_t}{i_0^2}(1 + K^2) \tag{4-16}$$

其中 $K = \sqrt{\dfrac{\pi^2 EI_w}{GI_t l_w^2}}$,即为扭转刚度系数,$K$ 值愈大,扭转屈曲荷载愈大,说明构件抗翘曲扭转的能力愈高。

在轴心压杆扭转屈曲的计算中,可采用扭转屈曲临界力与欧拉临界力相等得到换算长细比 λ_z。即令

$$N_z = \left(\frac{\pi^2 EI_w}{l_w^2} + GI_t\right) \cdot \frac{1}{i_0^2} = \frac{\pi^2 EA}{\lambda_z^2}$$

得换算长细比 λ_z 的表达式为:

$$\lambda_z = \sqrt{\frac{A i_0^2}{I_w/l_w^2 + GI_t/(\pi^2 E)}} \tag{4-17}$$

式中　i_0——截面对剪心的极回转半径;

l_w——扭转屈曲的计算长度,按表 4-5 取值。

对十字形截面,式(4-17)中的 I_w/l_w^2 一项很小,通常可忽略不计,则由式(4-17)可得:

$$\lambda_z = \sqrt{\frac{25.7 A i_0^2}{I_t}} = \sqrt{\frac{25.7(I_x + I_y)}{4 \times bt^3/3}} = 5.07 b/t$$

表 4-5　构件的扭转屈曲计算长度 l_w

支承条件	l_w
两端简支	$1.0l$
两端固定	$0.5l$
一端固定,一端简支	$0.7l$
一端固定,一端自由	$2.0l$
两端不能翘曲,但能自由转动	$1.0l$

4. 理想轴心压杆的弹性弯扭失稳

如图 4-14 所示的单轴对称 T 形截面,当绕非对称轴 x 轴失稳时,截面上的剪应力的合力通过剪切中心(将截面上剪应力合力的作用点叫做剪切中心),所以没有扭转,只发生弯曲失稳[如图 4-14(a)]。但是,当截面绕对称轴 y 轴发生平面弯曲变形时,由于横截面产生的剪力(通过形心 C)不通过剪切中心 S,从而产生扭转,叫做弯扭失稳[如图 4-14(b)]。

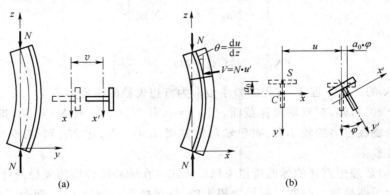

(a)　　　　　　　　　　(b)

图 4-14　单轴对称截面轴心压杆的屈曲

弯扭失稳的轴心压杆，在微弯和微扭状态下，可建立两个平衡方程：

（1）关于对称轴 y 轴的弯矩平衡方程

截面剪切中心 S 沿 x 轴方向的位移为 u，由于扭角 φ 使形心 C（即压力作用点）增加位移为 $a_0\varphi$（a_0 为形心 C 与剪切中心 S 距离），故平衡方程为：

$$-EI_y u'' = N(u + a_0\varphi) \tag{4-18}$$

（2）关于纵轴 z 轴的扭矩平衡方程

杆件弯曲变形后，横向剪力（通过形心）Nu' 对剪心产生扭矩 $Na_0 u'$。所以对 z 轴的平衡方程应是在轴心压杆扭转失稳平衡方程的基础上增加扭矩 $Na_0 u'$，即：

$$-EI_w \varphi''' + GI_t \varphi' = Ni_0^2 \varphi' + Na_0 u' \tag{4-19}$$

式中 i_0 为截面对剪切中心的极回转半径，对单轴对称截面，$i_0^2 = a_0^2 + i_x^2 + i_y^2$，其余符号同前。

对两端铰支且端截面可自由翘曲的弹性杆件，由以上分析知，其挠度和扭角均为正弦曲线分布，即令：

$$u = C_1 \sin\frac{\pi z}{l}, \quad \varphi = C_2 \sin\frac{\pi z}{l}$$

代入式（4-18）和式（4-19）中，得：

$$\sin\frac{\pi z}{l}\left[\left(\frac{\pi^2 EI_y}{l^2} - N\right)C_1 - Na_0 C_2\right] = 0$$

$$\frac{\pi}{l}\cos\frac{\pi z}{l}\left[-Na_0 \cdot C_1 + \left(\frac{\pi^2 EI_w}{l^2} + GI_t - Ni_0^2\right) \cdot C_2\right] = 0$$

由于是微变形（微弯曲和微扭转）状态，$\sin(\pi z/l)$ 和 $\cos(\pi z/l)$ 不能等于零，故以上两式方括号中数值必然等于零。再令

$$N_{Ey} = \pi^2 EI_y / l^2 \quad （对 y 轴弯曲失稳的欧拉临界力）$$

$$N_z = \left(\frac{\pi^2 EI_w}{l_w^2} + GI_t\right) \cdot \frac{1}{i_0^2} \quad （绕 z 轴扭转失稳的临界力）$$

得：

$$(N_{Ey} - N) \cdot C_1 - Na_0 \cdot C_2 = 0$$

$$-Na_0 \cdot C_1 + (N_z - N)i_0^2 \cdot C_2 = 0$$

当 C_1 和 C_2 为非零解时，应使系数的行列式等于零，即：

$$\begin{vmatrix} N_{Ey} - N & -Na_0 \\ -Na_0 & (N_z - N)i_0^2 \end{vmatrix} = 0$$

化简得

$$(N_{Ey} - N)(N_z - N) - N^2\left(\frac{a_0}{i_0}\right)^2 = 0 \tag{4-20}$$

上式为关于 N 的二次方程式，方程的最小根即为弯扭失稳的临界力 N_{cr}。

由式（4-20）可知，对双轴对称截面，当 $a_0 = 0$，得 $N_{cr} = N_{Ey}$ 或 $N_{cr} = N_z$，即临界力为弯曲失稳和扭转失稳临界力的较小者；对单轴对称截面 $a_0 \neq 0$，N_{cr} 比 N_{Ey} 和 N_z 都小，且比值 a_0/i_0 愈大，N_{cr} 小得愈多。

式（4-20）是理想直杆的弹性弯扭失稳计算式。在轴心压杆弯扭失稳的计算中，通常将完全弹性的弯扭屈曲临界力与欧拉临界力相比较，得到换算长细比 λ_{yz}。即令式（4-20）中的 $N = N_{cr} = \pi^2 EA / \lambda_{yz}^2$，$N_{Ey} = \pi^2 EA / \lambda_y^2$，$N_z = \pi^2 EA / \lambda_z^2$，解得单轴对称截面轴心压杆绕对称轴的换算长细比 λ_{yz} 为：

$$\lambda_{yz}=\frac{1}{\sqrt{2}}\Big[(\lambda_y^2+\lambda_z^2)+\sqrt{(\lambda_y^2+\lambda_z^2)^2-4(1-a_0^2/i_0^2)\lambda_y^2\lambda_z^2}\Big]^{1/2} \qquad (4-21)$$

式中　a_0——截面形心至剪心距离；

　　　i_0——截面对剪心的极回转半径；

　　　λ_y——对对称轴的弯曲屈曲长细比；

　　　λ_z——扭转屈曲换算长细比。

4.3.3　实际钢压杆的整体稳定性

前面讨论的轴心压杆稳定性都是针对理想直杆、承受轴心压力且无初始应力的前提下进行分析的。然而,实际压杆由于不可避免地存在诸如初弯曲、初偏心、残余应力及材质不均等"初始缺陷",其稳定性与理想压杆有很大的差别。本节先分析这些初始缺陷对实际钢压杆稳定性的影响。

1. 初弯曲对实际钢压杆稳定承载力的影响

实际压杆不可能完全平直,在加工制造和运输安装过程中,杆件不可避免地会产生微小的初始弯曲。初弯曲的形式多种多样,根据已有的统计资料表明,杆件中点处初始挠度 v_0 约为杆长 l 的 $1/500\sim 1/2\,000$。如图 $4-15$ 所示,对两端铰支的压杆,通常假设初弯曲沿全长呈正弦曲线分布,即距原点为 x 处的初始挠度为

$$y_0=v_0\sin\frac{\pi x}{l} \qquad (4-22)$$

式中　v_0——杆件长度中点的最大初始挠度。验收规范规定 v_0 不得大于 $l/1\,000$。

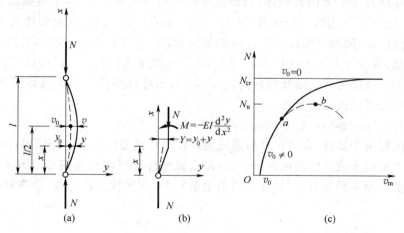

图 $4-15$　具有初弯曲实际压杆的受力性能

设在压力 N 作用下,杆件任一点产生的挠度为 y,在离原点为 x 处的截面上外力产生的弯矩为 $N(y_0+y)$,而内部应力形成的抵抗弯矩为 $-EIy''$。由隔离体的平衡条件可得:

$$-EIy''=N\Big(v_0\sin\frac{\pi x}{l}+y\Big) \qquad (4-23)$$

令 $y=v_1\sin\dfrac{\pi x}{l}$(其中 v_1 为杆件中点所增加的最大挠度)代入上式可得:

$$\sin\frac{\pi x}{l}\Big[-v_1\frac{\pi^2 EI}{l^2}+N(v_1+v_0)\Big]=0$$

由于 $\sin \dfrac{\pi x}{l} \neq 0$，所以，方括号中的项必须为零，令 $N_\mathrm{E} = \dfrac{\pi^2 EI}{l^2}$，则

$$-\upsilon_1 N_\mathrm{E} + N(\upsilon_1 + \upsilon_0) = 0$$

因而可得具有初挠度为 υ_0 的杆件，在压力作用下，其侧向最大挠度 υ 与压力 N 之间的关系为

$$\upsilon = \upsilon_0 + \upsilon_1 = \frac{\upsilon_0}{1 - N/N_\mathrm{E}} \tag{4—24}$$

式中 $\dfrac{1}{1 - N/N_\mathrm{E}}$ 通常称为挠度放大系数。杆件中点的弯矩表达式为

$$M = N\upsilon_\mathrm{m} = \frac{N\upsilon_{0\mathrm{m}}}{1 - N/N_\mathrm{E}} \tag{4—25}$$

图 4—15(c) 中的实线为根据式 (4—24) 画出的压力—挠度曲线，它们都建立在材料为无限弹性体的基础上，从中可以看出，具有初弯曲的实际钢压杆在压力作用下，其稳定性有如下特点：

①具有初弯曲的压杆，在压力作用下，其侧向挠度从加载开始就不断增加，总挠度 υ 不是随着压力 N 按比例增加的，开始挠度增加慢，随后增加较快，当压力 N 接近 N_E 时，中点挠度 υ 趋于无限大；

②压杆的初挠度 υ_0 值愈大，相同压力 N 下，杆的挠度愈大；

③杆件除受轴力以外，还要受到因挠曲产生的弯矩，即使初挠度很小，压杆的承载力总是低于欧拉临界力。

由于实际压杆并非无限弹性体，只要挠度增大到一定程度，杆件中点截面在轴心力 N 和弯矩 $M = N\upsilon$ 的作用下边缘开始屈服 [图 4—15(c) 中的 a 点]，随后截面塑性区不断增加，杆件即进入弹塑性阶段，随着屈服区的扩大，υ 增加很快，N—υ 曲线按 ab 发展，当达到最高点 b 时，压杆开始失稳，致使压力还未达到 N_E 之前就丧失承载能力。图 4—15(c) 中的虚线即为弹塑性阶段的压力—挠度曲线。虚线的最高点 (b 点) 为压杆弹塑性阶段的极限压力点，该点对应的压力称为极限荷载或压溃荷载。

2. 初偏心对实际钢压杆稳定承载力的影响

实际钢压杆由于制造、安装误差所造成的杆件尺寸偏差以及构造等原因，作用在杆端部的压力不可避免地或多或少偏离截面形心，从而造成杆件受压的初始偏心。图 4—16 表示两端均有相同初偏心距 e_0 的压杆，杆轴在受压前是顺直的，在弹性工作阶段，微弯状态下建立的微分方程为：

$$-EIy'' = N(e_0 + y) \tag{4—26}$$

令 $k^2 = \dfrac{N}{EI}$，得

$$y'' + k^2 y = -k^2 e_0 \tag{4—27}$$

求解此微分方程，可得杆长中点挠度 υ 的表达式为：

$$\upsilon = e_0 \left(\sec \frac{\pi}{2} \sqrt{\frac{N}{N_\mathrm{E}}} - 1 \right) \tag{4—28}$$

根据上式画出压力—挠度曲线如图 4—17 所示，其中虚线表示压杆弹塑性阶段的压力—挠度曲线。

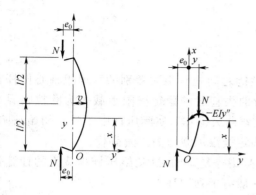

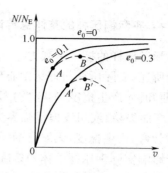

图 4—16　具有初偏心的压杆

图 4—17　初偏心压杆
的压力—挠度曲线

与图 4—15 对比可知,具有初偏心的压杆,其压力—挠度曲线与初弯曲压杆相似,可以认为,初偏心影响与初弯曲影响类似,但影响的程度却有差别。初弯曲对中等长细比杆件的不利影响较大;初偏心的数值通常较小,除了对短杆有较明显的影响外,杆件愈长影响愈小。

3.残余应力对实际钢压杆稳定承载力的影响

残余应力是钢材在轧制,焊接,制造加工中的切削及磨削中产生的,其分布随加工工艺的不同而不同,试验研究表明,残余应力对实际钢压杆稳定承载力有很大的影响,下面以焊接工字形截面的压杆为例进行分析。

假设工字形截面的翼缘为轧制边,并且忽略该截面的腹板部分,认为杆件由两个翼缘组成,翼缘上的残余应力可近似地简化为如图 4—18 中的虚线所示。压力作用下所产生的压应力与截面上的残余压应力叠加后,将使截面残余压应力区较早进入塑性状态,而截面其余部分仍处于弹性状态。当压杆达到临界状态时,截面分为屈服区和弹性区,屈服区的弹性模量 $E=0$,即刚度为 0。这时只有弹性区仍能提供刚度,对构件稳定提供有效的贡献,成为有效截面。此时可按有效截面的惯性矩 I_e 近似地计算构件的临界力,即:

$$N_{cr}=\frac{\pi^2 EI_e}{l^2}=\frac{\pi^2 EI}{l^2}\cdot\frac{I_e}{I} \qquad (4-29)$$

$$\sigma_{cr}=\frac{\pi^2 E}{\lambda^2}\cdot\frac{I_e}{I} \qquad (4-30)$$

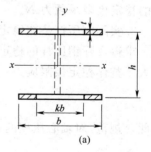

假定翼缘宽度为 b,弹性区翼缘宽度为 kb。其稳定临界力计算如下:

对 y—y 轴(弱轴)屈曲时:

$$\sigma_{cry}=\frac{\pi^2 E}{\lambda_y^2}\cdot\frac{I_{ey}}{I_y}=\frac{\pi^2 E}{\lambda_y^2}\cdot\frac{2t(kb)^3/12}{2tb^3/12}=\frac{\pi^2 E}{\lambda_y^2}k^3 \quad (4-31)$$

对 x—x 轴(强轴)屈曲时:

$$\sigma_{crx}=\frac{\pi^2 E}{\lambda_x^2}\cdot\frac{I_{ex}}{I_x}=\frac{\pi^2 E}{\lambda_x^2}\cdot\frac{2t(kb)h^2/4}{2tbh^2/4}=\frac{\pi^2 E}{\lambda_x^2}k \quad (4-32)$$

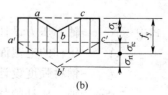

由以上两式可以看出,因为 $k<1$,残余应力将使临界应力降低,同时绕不同轴屈曲时,残余应力对临界应力的影响程度也不同。残余应力对弱轴的影响比对强轴严重得多。残余应力对杆件临界力的影响取决于残余应力的分布、杆件的截面形式及弯曲主轴。

图 4—18　工字形截面翼
缘上的残余应力分布

4.3.4 实际钢压杆的整体稳定计算

1. 实际钢压杆的极限承载力

如前所述,实际压杆与理想轴心压杆的受力性能之间是有很大差别的。理想轴心压杆在失稳(屈曲)时才产生挠度,属于"分枝失稳",其弯曲失稳时的稳定极限承载力为欧拉临界力 N_{cr} (弹性弯曲失稳)或切线模量临界力 N_t (弹塑性弯曲失稳)等;实际压杆由于具有初始缺陷,杆件一压就弯,产生挠度,无顺直的平衡状态,其稳定极限承载力为压溃荷载。

由于影响实际钢压杆整体稳定临界力的因素是错综复杂的,这就给压杆承载力的计算带来了复杂性。确定压杆整体稳定承载力的方法,一般有下列四种:

(1)屈曲准则。屈曲准则是建立在理想轴心压杆假定的基础上,弹性阶段以欧拉临界力为基础,弹塑性阶段以切线模量临界力为基础,通过提高安全系数来考虑初偏心、初弯曲等不利影响。

(2)边缘屈服准则。边缘屈服准则以有初偏心和初弯曲等的压杆为计算模型,以截面边缘应力达到屈服点即视为承载能力的极限状态。

(3)压溃准则。从极限状态设计来说,边缘纤维屈服以后塑性还可以深入截面,压力还可以继续增加,构件进入弹塑性阶段,随着截面塑性区的不断扩展,变形增加得更快,当压力到达最高点之后,压杆的抵抗能力开始小于外力的作用,不能维持稳定平衡。曲线最高点处的压力 N_u (压溃荷载),才是具有初弯曲压杆真正的极限承载力,以此为准则计算压杆稳定,就是压溃准则。

(4)经验公式。临界应力主要根据试验资料确定,这是由于早期对柱弹塑性阶段的稳定理论还研究得很少,只能从实验数据中提出经验公式。

实际钢压杆的整体稳定承载力的计算通常采用压溃准则。考虑影响实际钢压杆稳定的诸因素,采用计算机计算在不同压力下杆件的变形,绘制出 N—v 曲线。曲线顶点就是实际钢压杆的稳定极限承载力 N_u。

2. 实际钢压杆整体稳定实用计算方法

求得实际钢压杆的稳定极限承载力 N_u 以后,压杆的整体稳定要求是压杆所受的压应力应不大于整体稳定极限应力 σ_u,考虑抗力分项系数 γ_R 后,即为:

$$\sigma = \frac{N}{A} \leqslant \frac{\sigma_u}{\gamma_R} = \frac{N_u}{A\gamma_R} = \frac{N_u}{Af_y} \cdot \frac{f_y}{\gamma_R} = \varphi f \qquad (4-33)$$

因此,《规范》对轴心压杆的整体稳定计算采用下列形式:

$$\frac{N}{\varphi A} \leqslant f \qquad (4-34)$$

式中　N——轴心压力设计值;

　　　A——压杆的毛截面面积;

　　　f——钢材强度设计值;

　　　φ——轴心压杆的整体稳定系数,定义为:

$$\varphi = \frac{N_u}{Af_y} \qquad (4-35)$$

以下主要讨论轴心压杆的整体稳定系数 φ 的计算。

由式(4—35)可知,轴心压杆的整体稳定系数 φ 取决于压杆的极限承载力 N_u、截面大小及钢材种类,而压杆的极限承载力 N_u 又与构件的长细比、截面形状、弯曲方向、残余应力水平及分布等因素有关。工程上将压杆整体稳定系数 φ 与长细比 λ 之间的关系曲线称为"柱子曲线"。我国现行钢结构设计规范所采用的压杆的柱子曲线是按压溃准则确定的,计算结果与国内有关单位的试验结果较为吻合,说明了计算理论和方法的正确性。由于影响整体稳定系数 φ 的因素非常复杂,所计算的柱子曲线在图 4—19 所示虚线所包的范围内呈相当宽的带状分布。这个范围的上、下限相差较大,特别是中等长细比的常用情况相差尤其显著。因此,《规范》在上述计算资料的基础上,结合工程实际,将这些柱子曲线合并归纳为四组,取每组中柱子曲线的平均值作为代表曲线,即图 4—19 中的 a、b、c、d 四条曲线。这四条曲线各代表一组截面,截面分类见表 4—6。分类时主要考虑截面形式、对截面哪一个主轴屈曲、钢材边缘加工方法、组成截面板材厚度等因素,a 类有两种截面,它们的残余应力影响最小,故 φ 值最高;b 类包括截面最多,其 φ 值低于 a 类;c 类截面由于残余应力影响较大,或者因板件厚度相对较大,残余应力在厚度方向变化影响不可忽视,致使 φ 值更低;d 类为厚板工字形截面绕弱轴(y 轴)屈曲的情况,其残余应力在厚度方向变化影响更加显著,故 φ 值最低。

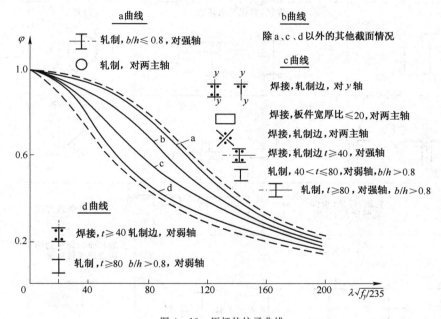

图 4—19　压杆的柱子曲线

为便于设计应用,《规范》将不同钢材的 a、b、c、d 四条曲线分别规并编成 4 个表格,见附录中附表 2,φ 值可按截面种类及 $\lambda\sqrt{\dfrac{f_y}{235}}$ 查表求得。

对于杆件长细比 λ 的计算,《规范》有如下规定:

(1)对截面为双轴对称或极对称的构件。

$$\lambda_x = l_{0x}/i_x, \quad \lambda_y = l_{0y}/i_y \qquad (4-36)$$

式中　l_{0x}、l_{0y}——构件对主轴 x 和 y 的计算长度;

　　　i_x、i_y——构件截面对主轴 x 和 y 的回转半径。

对双轴对称十字形截面构件,λ_x 或 λ_y 取值不得小于 $5.07b/t$(其中 b/t 为悬伸板件的宽厚比)。

(2)对截面为单轴对称的构件。

对单轴对称截面(如 T 形和槽形截面),绕非对称轴(设为 x 轴)的整体稳定仍按式(4—36)的长细比进行计算;绕对称轴失稳时,由于截面形心与剪切中心不重合,在弯曲的同时总伴随着扭转，即产生弯扭屈曲。因此，绕对称轴（设为 y 轴）的整体稳定要按下面的换算长细比 λ_{yz} 进行计算：

表 4－6(a)　轴心压杆的截面分类（板厚 $t<40$ mm）

截面形式			对 x 轴	对 y 轴
轧制			a 类	a 类
轧制，$b/h\leqslant0.8$			a 类	b 类
轧制，$b/h>0.8$	焊接，翼缘为焰切边	焊接	b 类	b 类
	轧制	轧制，等边角钢		
轧制，焊接（板件宽厚比大于 20）	轧制或焊接			
焊接	轧制截面和翼缘为焰切边的焊接截面			
格构式	焊接，板件边缘焰切			
焊接，翼缘为轧制或剪切边			b 类	c 类
焊接，板件边缘轧制或剪切	焊接，板件宽厚比≤20		c 类	c 类

表 4—6(b)　轴心压杆的截面分类（板厚 $t \geq 40$ mm）

截　面　形　式			对 x 轴	对 y 轴
轧制工字形或 H 形截面		$t < 80$ mm	b 类	c 类
		$t \geq 80$ mm	c 类	d 类
焊接工字形截面		翼缘为焰切边	b 类	b 类
		翼缘为轧制或剪切边	c 类	d 类
焊接箱形截面		板件宽厚比>20	b 类	b 类
		板件宽厚比≤20	c 类	c 类

$$\lambda_{yz} = \frac{1}{\sqrt{2}} \Big[(\lambda_y^2 + \lambda_z^2) + \sqrt{(\lambda_y^2 + \lambda_z^2)^2 - 4(1 - a_0^2/i_0^2)\lambda_y^2 \lambda_z^2} \Big]^{\frac{1}{2}} \tag{4-37}$$

$$\lambda_z = \sqrt{\frac{A i_0^2}{I_w/l_w^2 + G I_t/(\pi^2 E)}} \tag{4-38}$$

$$i_0^2 = a_0^2 + i_x^2 + i_y^2 \tag{4-39}$$

式中　a_0——截面形心至剪切中心的距离；

　　　i_0——截面对剪切中心的极回转半径；

　　　λ_y——构件对对称轴的长细比；

　　　λ_z——扭转屈曲的换算长细比；

　　　I_t——毛截面抗扭惯性矩；

　　　I_w——毛截面扇性惯性矩；对 T 形截面（轧制、双板焊接、双角钢组合）、十字形截面和
　　　　　　角形截面可近似取 $I_w = 0$；

　　　A——毛截面面积；

　　　l_w——扭转屈曲的计算长度。

（3）对单角钢截面和双角钢组成的 T 形截面（如图 4—20），绕对称轴的换算长细比 λ_{yz} 可
采用下列简化方法确定：

①等边单角钢截面[图 4—20(a)]

当 $b/t \leq 0.54 \, l_{0y}/b$ 时：　$\lambda_{yz} = \lambda_y \Big(1 + \frac{0.85 b^4}{l_{0y}^2 t^2} \Big)$ 　　(4—40)

当 $b/t > 0.54 \, l_{0y}/b$ 时：　$\lambda_{yz} = 4.78 \frac{b}{t} \Big(1 + \frac{l_{0y}^2 t^2}{13.5 b^4} \Big)$ 　　(4—41)

式中　b、t——角钢肢的宽度和厚度。

②等边双角钢截面[图 4—20(b)]

当 $b/t \leq 0.58 \, l_{0y}/b$ 时：　$\lambda_{yz} = \lambda_y \Big(1 + \frac{0.475 b^4}{l_{0y}^2 t^2} \Big)$ 　　(4—42)

当 $b/t > 0.58 \, l_{0y}/b$ 时：　$\lambda_{yz} = 3.9 \frac{b}{t} \Big(1 + \frac{l_{0y}^2 t^2}{18.6 b^4} \Big)$ 　　(4—43)

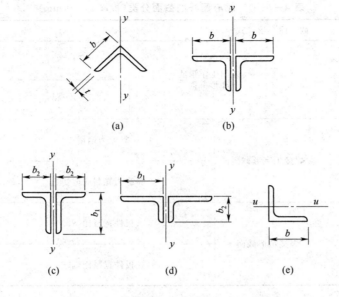

图 4-20　单角钢截面和双角钢组合 T 形截面

③长肢相并的不等边双角钢截面[图 4-20(c)]

当 $b_2/t \leqslant 0.48\, l_{0y}/b_2$ 时：　$\lambda_{yz} = \lambda_y \left(1 + \dfrac{1.09 b_2^4}{l_{0y}^2 t^2} \right)$ 　　　　　(4-44)

当 $b_2/t > 0.48\, l_{0y}/b_2$ 时：　$\lambda_{yz} = 5.1 \dfrac{b_2}{t} \left(1 + \dfrac{l_{0y}^2 t^2}{17.4 b_2^4} \right)$ 　　(4-45)

④短肢相并的不等边双角钢截面[图 4-20(d)]

当 $b_1/t \leqslant 0.56\, l_{0y}/b_1$ 时，可近似取 $\lambda_{yz} = \lambda_y$。否则应取

$$\lambda_{yz} = 3.7 \frac{b_1}{t} \left(1 + \frac{l_{0y}^2 t^2}{52.7 b_1^4} \right)$$ 　　　　　(4-46)

（4）单轴对称的轴心压杆在绕非对称主轴以外的任一轴失稳时应按照弯扭屈曲计算其稳定性。当计算等边单角钢构件绕平行轴（图 4-20(e)的 u 轴）的稳定时，可用下式计算其换算长细比 λ_{uz}，并按 b 类截面确定 φ 值：

当 $b/t \leqslant 0.69 l_{0u}/b$ 时：　$\lambda_{uz} = \lambda_u \left(1 + \dfrac{0.25 b^4}{l_{0u}^2 t^2} \right)$ 　　　(4-47)

当 $b/t > 0.69 l_{0u}/b$ 时：　$\lambda_{uz} = 5.4 b/t$

(4-48)

式中 $\lambda_u = l_{0u}/i_u$；l_{0u} 为构件对 u 轴的计算长度；i_u 为构件截面对 u 轴的回转半径。

应该注意的是，无任何对称轴且又非极对称的截面（单面连接的不等边单角钢除外）不宜用作轴心受压构件。对单面连接的单角钢轴心受压构件，考虑折减系数后，可不考虑弯扭效应。折减系数的规定如下：

①等边角钢：$0.6 + 0.0015\lambda$，但不大于 1.0；

②不等边角钢短边连接：$0.5 + 0.0025\lambda$，但不大于 1.0；

③不等边角钢长边连接：0.7。

当槽形截面用于格构式构件的分肢，计算分肢绕对称轴（y 轴）的稳定性时，不必考虑扭转效应，直接用 λ_y 查出 φ_y 值。

4.4 实腹式轴心受压构件的局部稳定

轴心受压杆件一般都是由一些板件所组成的,板件的厚度与宽度相比都比较小,在轴心压力作用下,组成杆件的板件还可能会发生局部翘曲变形而退出工常工作,这种现象称为压杆的局部失稳或称板件失稳(屈曲)。板件的失稳也存在着临界状态,当达到此临界状态时,板由平面平衡状态变为曲面平衡状态。板件失稳时的应力称为板件的临界应力。

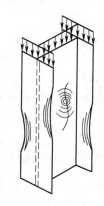

图 4-21 为一工字形截面轴心受压构件腹板和翼缘发生局部失稳时的变形形态示意图。构件局部失稳后还可能继续维持整体的平衡状态,但由于部分板件失稳后退出工作,使构件的有效截面减少,会加速构件整体失稳而丧失承载能力。因此,《规范》要求设计轴心压杆时必须保证压杆的局部稳定。

4.4.1 矩形薄板在单向均匀压力下的临界应力

1. 板件的弹性临界应力

根据弹性理论,在弹性状态下,承受单向均匀压力的板件失稳时应满足如下的平衡微分方程:

图 4-21 轴心受压
构件的局部失稳形态

$$D\left(\frac{\partial^4 w}{\partial x^4}+2\frac{\partial^4 w}{\partial x^2 \partial y^2}+\frac{\partial^4 w}{\partial y^4}\right)+N\frac{\partial^2 w}{\partial x^2}=0 \qquad (4-49)$$

式中 w——板的挠度;

      N——板单位宽度所受的压力;

      D——板的抗弯刚度, $D=\dfrac{Et^3}{12(1-v^2)}$,其中 t 是板厚, v 是钢材的泊松比。

对于四边简支的矩形薄板(如图 4-22),方程(4-49)的解可用二重三角级数表示:

$$w=\sum_{m=1}^{\infty}\sum_{n=1}^{\infty}A_{mn}\sin\frac{m\pi x}{a}\cdot\sin\frac{n\pi y}{b}$$

$$(4-50)$$

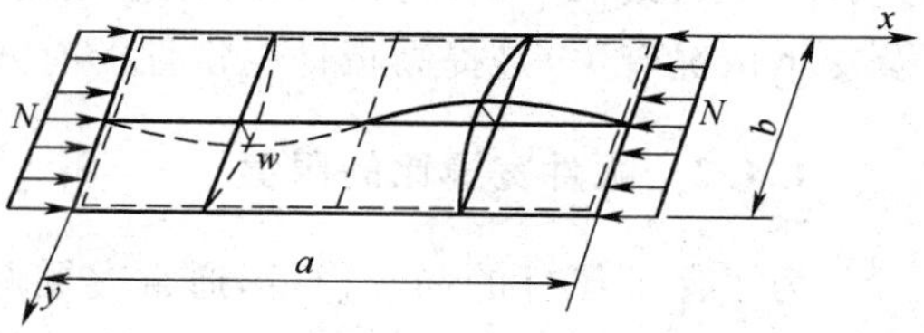

式中 m——纵向(x 方向)翘曲的半波数;

      n——横向(y 方向)翘曲的半波数;

      a——受压方向板的长度;

      b——垂直受压方向板的宽度;

图 4-22 四边简支矩形薄板的屈曲

      A_{mn}——待定系数。

将式(4-50)代入方程(4-49),可解得板件失稳时的临界力为:

$$N_{cr}=\pi^2 D\left(\frac{m}{a}+\frac{a}{m}\cdot\frac{n^2}{b^2}\right)^2 \qquad (4-51)$$

取 $n=1$ 时, N_{cr} 为最小,

$$N_{cr}=\pi^2 D\left(\frac{m}{a}+\frac{a}{m}\cdot\frac{1}{b^2}\right)^2=k\frac{\pi^2 D}{b^2} \qquad (4-52)$$

式中 $k=\left(\dfrac{mb}{a}+\dfrac{a}{mb}\right)^2$,称为板的屈曲系数, k 与 a/b 的关系如图 4-23 所示。

由图 4－23 可以看出，k 的最小值是 4，当 $a/b \geqslant 1$ 时，k 值虽略有变化，但变化幅度不大，通常板的长度比宽度大得多，因此，可以认为当 $a/b > 1$ 以后 k 值取常数 4。

由式（4－52）可求得板件发生弹性失稳时的临界应力为：

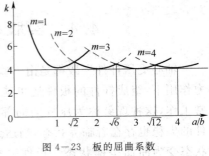

图 4－23　板的屈曲系数
k 与 a/b 的关系曲线

$$\sigma_{cr} = \frac{N_{cr}}{t \times 1} = \frac{k \pi^2 E}{12(1-v^2)} \cdot \left(\frac{t}{b}\right)^2 \qquad (4-53)$$

式（4－53）虽由四边简支边板求得，但也可适用于其他支承条件的板，只不过其 k 值各不相同。如对三边简支，一边自由的板，k 值为：

$$k = 0.425 + (b/a)^2 \qquad (4-54)$$

通常 $a > b$，所以，对三边简支，一边自由的板，常近似取 $k = 0.425$。

事实上，组成轴心受压构件的板件之间有相互弹性约束作用，这时，板的临界应力比简支板的高。可用一个大于 1 的系数 χ 来考虑弹性约束（嵌固）作用的影响，弹性嵌固的程度取决于相互连接板件的刚度，则其临界应力可表示为：

$$\sigma_{cr} = \frac{\chi k \pi^2 E}{12(1-v^2)} \cdot \left(\frac{t}{b}\right)^2 \qquad (4-55)$$

2．板件的弹塑性临界应力

当板件在弹塑性阶段失稳时，板件在受力方向的变形是非弹性的，可用切线模量 $E_t = \eta E$，表示应力—应变关系的变化规律。在垂直于受力的方向仍为线弹性的，弹性模量保持不变。这时的板可视为正交异性板，其临界应力可表示为：

$$\sigma_{cr} = \frac{\chi \sqrt{\eta} k \pi^2 E}{12(1-v^2)} \cdot \left(\frac{t}{b}\right)^2 \qquad (4-56)$$

为了提高板件的稳定性，即提高板件抵抗翘曲变形的能力，就要提高板件的临界应力。从式（4－55）、式（4－56）可以看出，减小板的宽厚比 b/t 或增大板的屈曲系数 k（它与板的宽长比及支承情况有关）是提高板件稳定性的有效措施。

4.4.2　板件宽厚比的限值

为了保证压杆的局部稳定，通常遵循两种原则：①对细长压杆，使板的稳定临界应力不低于整体稳定临界应力，这样在构件丧失整体稳定之前，不会发生局部失稳；②对短粗压杆，使板的稳定临界应力接近构件的屈服应力。

由以上原则可求出保证杆件局部稳定所要求的板件宽厚比的限值。设计时，只要使板件宽厚比小于此限值，即可保证压杆的局部稳定。下面分别对轴心受压构件的工字形、H 形、箱形、T 形及圆管截面的宽（高）厚比限值进行讨论。

1．工字形截面［图 4－24(a)］

实际轴心受压构件大多在弹塑性阶段屈曲，根据构件整体稳定临界应力与局部稳定临界应力相等的原则，可由下式确定 b_1/t 的限值：

$$\frac{\chi \sqrt{\eta} k \pi^2 E}{12(1-v^2)} \cdot \left(\frac{t}{b_1}\right)^2 = \varphi_{min} f \qquad (4-57)$$

将有关数据代入式（4－57），并考虑受压板件的初始缺陷、弹塑性和板的边界条件，再加以近似处理可得到翼缘板外伸部分宽厚比的限值为：

$$b_1/t \leqslant (10+0.1\lambda)\sqrt{235/f_y} \tag{4-58}$$

式中　λ——构件的最大长细比，当 $\lambda<30$ 时，取 $\lambda=30$，当 $\lambda>100$ 时，取 $\lambda=100$；

　　　b_1——翼缘板自由外伸宽度；

　　　t——翼缘板的厚度；

　　　f_y——钢材的屈服强度。

按上述翼缘板同样的原则，可得工字形及 H 形截面腹板宽（高）厚比的限值为：

$$h_0/t_w = (25+0.5\lambda)\sqrt{235/f_y} \tag{4-59}$$

式中　h_0、t_w——腹板的计算高度和厚度，λ 的取值同前。

2. 箱形截面［图 4—24(b)］

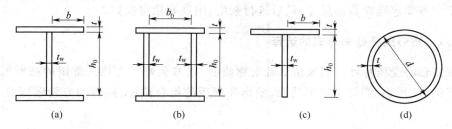

图 4—24　板件宽厚比的取值

两腹板之间部分翼缘板的宽厚比

$$b_0/t \leqslant 40\sqrt{235/f_y} \tag{4-60}$$

外伸部分翼缘板的宽厚比限值按式(4—58)取值。

腹板的宽（高）厚比

$$h_0/t_w \leqslant 40\sqrt{235/f_y} \tag{4-61}$$

3. T 形截面［图 4—24(c)］

翼缘板的宽厚比同工字形，即采用式(4—58)。

热轧部分 T 形钢腹板的宽厚比：

$$h_0/t_w = (15+0.2\lambda)\sqrt{235/f_y} \tag{4-62}$$

焊接 T 形钢钢腹板的宽厚比：

$$h_0/t_w = (13+0.17\lambda)\sqrt{235/f_y} \tag{4-63}$$

4. 圆管截面［图 4—24(d)］

外径 d 与壁厚 t 之比应满足：

$$d/t \leqslant 100 \times \frac{235}{f_y} \tag{4-64}$$

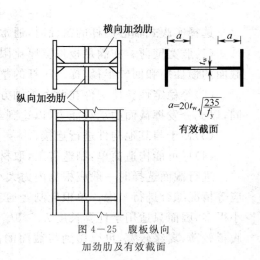

$$a=20t_w\sqrt{\frac{235}{f_y}}$$

有效截面

对于十分宽大的工字形、H 形或箱形压杆，当腹板的高厚比不满足上述限值要求时，可以采用纵向加劲肋加强腹板或按截面有效宽度计算。

纵向加劲肋是由一对沿纵向焊接于腹板中央两侧的肋板组成，它能有效地阻止腹板的翘曲凹凸变形，提高腹板的局部稳定性。有关纵向加劲肋的设计详见《规范》。

图 4—25　腹板纵向
加劲肋及有效截面

按截面有效宽度计算的方法,就是将腹板计算高度边缘范围内两侧宽度各为 $20t_w$ $\sqrt{235/f_y}$ 的部分及翼缘作为有效截面(见图 4—25),忽略其余腹板中央部分,按有效截面计算构件的强度和稳定,但是计算构件稳定系数时,仍按全截面计算。这种方法实际就是考虑腹板屈曲后强度的计算方法。有关腹板屈曲后强度的概念将在第 5.7 节中讲述。

对于轧制型钢,由于翼缘、腹板较厚,一般都能满足局部稳定要求,无需计算。

4.5 实腹式轴心受压杆件的设计

实腹式轴心压杆设计时要考虑整体稳定、局部稳定、强度和刚度等问题,上述问题中,以整体稳定尤为重要。实腹式轴心压杆的设计步骤是:先选择杆件的截面形式,然后根据整体稳定和局部稳定等要求选择截面尺寸,最后进行强度、刚度和稳定验算。

4.5.1 轴心压杆截面形式的选择

实腹式轴心受压杆件一般采用双轴对称截面,以避免弯扭失稳。常用的截面形式有轧制普通工字钢、H 形钢、焊接工字形截面、型钢和钢板的组合截面、圆管和方管截面等(如图 4—26)。

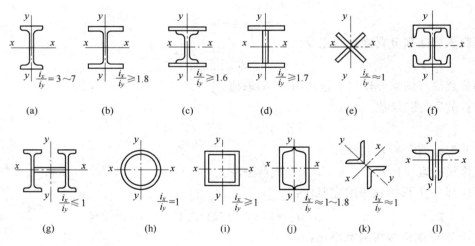

图 4—26 实腹式轴心压杆的截面形式

选择实腹式轴心压杆的截面时,通常应考虑以下几个原则:

(1)肢宽壁薄。在满足板件宽厚比限值的条件下使截面面积分布尽量远离形心轴,以增大截面的惯性矩和回转半径,提高压杆的整体稳定性和刚度。

(2)等稳定性。使构件在两个主轴方向的稳定系数接近,即使 $\lambda_x \approx \lambda_y$,稳定承载力基本相同,以充分发挥截面的承载能力,以达到经济的效果;

(3)便于与其他构件进行连接;

(4)尽可能构造简单,制造省工,取材方便。

进行截面选择时一般应根据内力大小,两个主轴方向的计算长度以及制造加工量、材料供应等情况综合进行考虑。单根轧制普通工字钢由于对 y 轴的回转半径比对 x 轴的回转半径小得多,因而只适用于计算长度 $l_{0x} \geq 3l_{0y}$ 的情况;热轧宽翼缘 H 型钢的最大优点是制造省工,腹板较薄,翼缘较宽,可以做到与截面的高度相同(HW 型),因而具有很好的截面特性;用三块板焊成的工字形及十字形截面组合灵活,容易使截面分布合理,制造并不复杂;用型钢组成的截面适用于压力很大的柱;管形截面从受力性能来看,由于两个方向的回转半径相近,因而最适合于两方向计算长度相等的轴心受压柱,这类构件为封闭式,内部不易生锈,但与其他构件的连接构造稍嫌麻烦。

4.5.2 轴心压杆截面尺寸的选择

选定合适的截面形式后,接下来就要初步选择截面的尺寸。通常轴心压杆按整体稳定控制设计,因此,首先从压杆的整体稳定计算公式出发计算所需要的截面面积,然后再选择截面尺寸。具体步骤如下:

(1)假定压杆的长细比 λ,求出所需要的截面面积 A。一般 λ 在 $50\sim100$ 范围内选取,当压力大而计算长度小时取较小值,反之取较大值。根据选定的长细比 λ、截面分类和钢材种类查表(附表 2)求得整体稳定系数 φ,则所需要的截面面积为:

$$A = \frac{N}{\varphi f} \tag{4-65}$$

(2)求两个主轴方向上所需要的回转半径:

$$i_x = \frac{l_{0x}}{\lambda}, \quad i_y = \frac{l_{0y}}{\lambda} \tag{4-66}$$

(3)由计算得到的所需要的截面面积 A、两个主轴的回转半径 i_x、i_y,优先选用轧制型钢,如普通工字钢、H 形钢等(查型钢表,找出合适的型钢号)。

当现有型钢规格无法满足所需截面尺寸要求时,可以采用组合截面,这时需先初步定出截面的外轮廓尺寸,外轮廓尺寸一般是根据所需要的回转半径确定所需截面的高度 h 和宽度 b,但有时要根据构造要求确定。

截面高度 h 和宽度 b 与回转半径之间的关系为:

$$h \approx \frac{i_x}{\alpha_1}, \quad b \approx \frac{i_y}{\alpha_2} \tag{4-67}$$

其中系数 α_1、α_2 由附表 6 查得。

(4)由所需要的截面面积 A、截面高度 h 和宽度 b,考虑构造要求、局部稳定要求以及钢材规格等因素,初步选定截面的细部尺寸。对于焊接工字形截面,可考虑取 $h \approx b$;腹板厚度 $t_w = (0.4\sim0.7)\delta$,δ 为翼缘板厚度;腹板高度 h_0 和翼缘宽度 b 宜取 10mm 的倍数,δ 和 t_w 宜取 2mm 的倍数。

4.5.3 轴心压杆的截面验算

对初选的截面须作如下几方面的验算:
(1)整体稳定——按(4-34)计算;
(2)刚度——按式(4-2)计算;
(3)局部稳定——工字形截面按式(4-58)和式(4-59)计算;
(4)强度——按式(4-1)计算。
以上几方面验算若不能满足要求,须调整截面重新验算,直到满足要求为止。

4.5.4 轴心压杆的构造规定

为防止轴心压杆在施工和运输过程中发生变形、提高抗扭刚度,当实腹式压杆的腹

板高厚比 $h_0/t_w > 80$ 时,应在一定位置设置横向加劲肋(如图4—27)。横向加劲肋的间距不得大于 $3h_0$,外伸宽度 b_s 应不小于 $(h_0/30+40)$mm,厚度 t_s 应不小于外伸宽度 b_s 的 $1/15$。

对大型实腹式柱,为了增加其抗扭刚度和传递集中力作用,在受有较大水平力处,以及运输单元的端部,应设置横隔(即加宽的横向加劲肋)。横隔的间距一般不大于柱截面较大宽度的9倍或8m。

轴心受压实腹柱板件间的纵向焊缝(翼缘与腹板的连接焊缝)只承受柱初弯曲或因偶然横向力作用等产生的很小剪力,因此不必计算,焊脚尺寸可按焊缝构造要求采用。

例题4.3 试设计一两端铰接的轴心受压柱,柱长9m,如图4—28所示,在两个三分点处均有侧向(x方向)支撑,该柱所承受的轴心压力设计值 $N=420$ kN,容许长细比为$[\lambda]=150$,采用热轧工字钢,钢材为Q235。

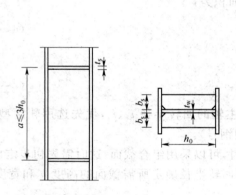

图4—27 实腹式压杆的横向加劲肋

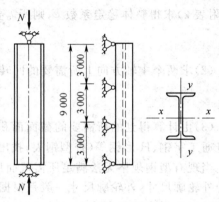

图4—28 例题4.3图(单位:mm)

解: 1.初选截面

假定长细比 $\lambda=100$,由表4—6初步确定对 x 轴按a类截面,对 y 轴按b类截面,由 $\lambda\sqrt{f_y/235}$;查附表2.2得;$\varphi_x=0.638$,$\varphi_y=0.555$。由附录中附表1查得 $f=215$ N/mm²。

所需要的截面面积为:

$$A=\frac{N}{\varphi f}=\frac{420\times10^3}{0.555\times215}=3\ 519.8\ \text{mm}^2$$

两个主轴方向上所需要的回转半径

$$i_x=\frac{l_{0x}}{\lambda}=\frac{900}{100}=9\ \text{cm}, \qquad i_y=\frac{l_{0y}}{\lambda}=\frac{300}{100}=3\ \text{cm}$$

根据 A、i_x、i_y 查附表7选 I25a,则 $A=48.54\ \text{cm}^2$,$i_x=10.18\ \text{cm}$,$i_y=2.4\ \text{cm}$,$h=250\ \text{mm}$,$b=116\ \text{mm}$。

2.截面验算

$$\lambda_x=\frac{l_{0x}}{i_x}=\frac{900}{10.18}=88.4$$

$$\lambda_y=\frac{l_{0y}}{i_y}=\frac{300}{2.4}=125<[\lambda]=150$$

因 $b/h=116/250=0.464<0.8$,查表4—6可知,该截面对 x 轴为a类截面,对 y 轴为b类截面。查附表2,得 $\varphi_x=0.725$,$\varphi_y=0.411$。

$$\frac{N}{\varphi_y A}=\frac{420\times 10^3}{0.411\times 48.54\times 10^2}=210.5 \text{ N/mm}^2 < f=215 \text{ N/mm}^2$$

由于截面没有削弱,所以强度不用验算,型钢截面局部稳定也不用验算。该截面满足要求。

例题 4.4 试设计一两端铰接的焊接工字形组合截面压杆,该压杆承受的轴心压力设计值为 $N=2\ 700$ kN,杆的长度为 8 m 栓孔直径 23 mm,容许长细比为$[\lambda]=100$,钢材为 Q345,焊条为 E50 型,翼缘为轧制边,板厚小于 40 mm。

解:1. 初选截面

由附录附表 1 查得:$f=310$ N/mm²。根据表 4—6 可知,该截面对 x 轴属 b 类截面,对 y 轴属 c 类截面。

假定 $\lambda=70$,由 $\lambda\sqrt{f_y/235}=70\sqrt{345/235}=85$,查附表 2.2 和附表 2.3 得:$\varphi_x=0.655$,$\varphi_y=0.547$。则所需要的截面面积为:

$$A=\frac{N}{\varphi f}=\frac{2\ 700\times 10^3}{0.547\times 310}=15\ 923 \text{ mm}^2$$

两个主轴方向上所需要的回转半径

$$i_x=\frac{l_{0x}}{\lambda}=\frac{8\ 000}{70}=114 \text{ mm}, \qquad i_y=\frac{l_{0y}}{\lambda}=\frac{8\ 000}{70}=114 \text{ mm}$$

根据附表 4 的近似关系,$\alpha_1=0.43$,$\alpha_2=0.24$,则

$$h\approx\frac{i_x}{\alpha_1}=\frac{114}{0.43}=266 \text{ mm}, \qquad b\approx\frac{i_y}{\alpha_2}=\frac{1\ 140}{0.24}=476 \text{ mm}$$

先选取翼缘的宽度 $b=420$ mm,根据截面高度与宽度大致相等的原则,取高度 $h=422$ mm。

翼缘板采用 16×420 mm,腹板采用 8×390 mm。

截面尺寸如图 4—29 所示。

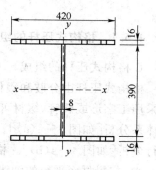

图 4—29 例题 4.4 图(单位:mm)

2. 截面验算

①截面几何特性

$$A=2\times 16\times 420+8\times 390=16\ 560 \text{ mm}^2$$

$$I_x=\frac{1}{12}\times 8\times 390^3+2\times 16\times 420\times\left(\frac{390}{2}+\frac{16}{2}\right)^2=5.934\ 0\times 10^8 \text{ mm}^4$$

$$I_y=2\times\frac{1}{12}\times 16\times 420^3=1.975\ 7\times 10^8 \text{ mm}^4$$

$$i_x=\sqrt{\frac{I_x}{A}}=\sqrt{\frac{5.934\ 0\times 10^8}{16\ 560}}=189 \text{ mm}$$

$$i_y=\sqrt{\frac{I_y}{A}}=\sqrt{\frac{1.975\ 7\times 10^8}{16\ 560}}=109 \text{ mm}$$

$$\lambda_x=\frac{l_{0x}}{i_x}=\frac{8\ 000}{189}=42 < [\lambda]=100$$

$$\lambda_y=\frac{l_{0y}}{i_y}=\frac{8\ 000}{109}=73 < [\lambda]=100$$

②整体稳定验算

由 $\lambda_y\sqrt{f_y/235}=73\sqrt{345/235}\approx 88.7$,按 c 类截面查附表 2.3,得 $\varphi_y=0.525$。

$$\frac{N}{\varphi_y A} = \frac{2\,700 \times 10^3}{0.525 \times 16\,560} = 310.6 \text{ N/mm}^2，比 f = 310 \text{ N/mm}^2 大 0.2\%，认为满足要求。$$

③局部稳定验算

$$b_1/t = 210/16 = 13 < 10 + 0.1\lambda = 10 + 0.1 \times 73 = 17.3$$

$$h_0/t_w = 390/8 = 49 < 25 + 0.5\lambda = 25 + 0.5 \times 73 = 61.5 \quad （局部稳定满足）$$

④刚度验算

$$\lambda_y = 73 < [\lambda] = 100 \quad 刚度满足$$

⑤强度验算

净截面面积

$$A_n = A - 8 \times 23 \times 16 = 15\,824 \text{ mm}^2$$

$$\frac{N}{A_n} = \frac{2\,700 \times 10^3}{15\,824} = 170.6 \text{ N/mm}^2 < f = 310 \text{ N/mm}^2 \quad （强度满足）$$

验算表明,该截面满足要求。

4.6 格构式轴心受压杆件

4.6.1 格构式压杆的组成及其整体稳定性

1.格构式压杆的组成

格构式压杆由分肢和缀材组成,其截面形式如图4—3所示。分肢通常为槽形截面,有时也采用工字形或圆管;缀材可分为缀条和缀板,采用缀条时,视为铰接连接,只传递轴力,按桁架体系分析[如图4—4(a)]。采用缀板时,视为刚性连接,传递剪力和弯矩,按平面刚架体系进行分析[如图4—4(b)]。格构式压杆截面上与分肢腹板垂直的轴线称为实轴,如图4—3中的 y 轴,与缀材面平行的轴线称为虚轴,如图4—3中的 x 轴。

2.格构式压杆的整体稳定性

格构式压杆绕实轴与虚轴的稳定性不同。绕实轴的稳定性计算与实腹式压杆相同,即直接按实轴的长细比 λ_y 查表得到 φ 值,然后按照公式(4—34)计算。绕虚轴的稳定性计算要考虑剪切变形的影响。考虑剪切变形影响的临界力见式(4—3),现写成:

$$\overline{N}_{cr} = \frac{N_{cr}}{1 + \gamma_1 N_{cr}} \qquad （4—68）$$

式中 $N_{cr} = \dfrac{\pi^2 EI}{l^2}$,为欧拉临界力;$\gamma_1$ 为单位剪力作用下,压杆挠曲时产生的剪切角,称为单位剪切角,$\gamma_1 = \dfrac{\beta}{GA}$。

对非弹性压杆,以切线模量 E_t 代替 E 即可。

可见,对格构式压杆,由于缀材抗剪能力小,压杆发生较大的剪切变形,使压杆绕虚轴的承载力(临界力)降低,故必须考虑剪切变形的影响。

上式经过化简,可得格构式压杆绕虚轴的临界力及临界应力的计算公式

$$N_{crx} = \frac{\pi^2 EI_x}{(\mu l_{0x})^2} \qquad （4—69）$$

$$\sigma_{cry} = \frac{\pi^2 E}{(\mu \lambda_x)^2} = \frac{\pi^2 E}{\lambda_{0x}^2} \qquad （4—70）$$

其中 $\mu = \sqrt{1 + \dfrac{\pi^2 EI_x}{l_{0x}^2} \gamma_1}$，$\mu$ 称为格构式压杆计算长度放大系数，与缀材体系有关；$\lambda_{0x} = \mu \lambda_x$ 称为格构式压杆绕虚轴的换算长细比。

因 $\mu > 1$，故 $\lambda_{0x} > \lambda_x$，可见，考虑剪切变形的影响后绕虚轴的长细比增大了，因而绕虚轴的整体稳定系数更小。

求得绕虚轴的换算长细比 λ_{0x} 后，按 b 类截面进行查表得到相应的 φ 值，即可按公式（4—34）计算格构式压杆绕虚轴的整体稳定。

　3. 格构式压杆绕虚轴的换算长细比的计算

以下分别按缀条及缀板体系讨论如何计算换算长细比 λ_{0x}。

（1）缀条体系

假定各节点为铰接，按桁架体系进行分析，忽略横缀条的变形影响。压杆弯曲屈曲时，产生弯矩 M 及剪力 V，在 $V = 1$ 的作用下，取压杆的一个切段来考虑（如图 4—30），单位剪切角为：

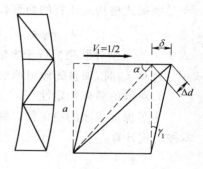

图 4—30　缀条式体系压杆的变形

$$\gamma_1 = \frac{\delta}{a} = \left(\frac{\Delta d}{\cos \alpha}\right) / a = \frac{\Delta d}{a \cos \alpha} \qquad (4-71)$$

式中 a 为节间长度，两根斜缀条在 $V = 1$ 作用下所受拉力之和为 $N_d = \dfrac{1}{\cos \alpha}$，由应力应变关系可知，斜缀条的伸长为

$$\Delta d = \frac{N_d \cdot l_d}{EA_1} = \frac{a}{\sin \alpha \cos \alpha EA_1}$$

式中 A_1 为任一横截面所在两根斜缀条截面之和，$l_d = a / \sin \alpha$ 为斜缀条长度。因此，

$$\gamma_1 = \frac{\Delta d}{a \cos \alpha} = \frac{1}{\sin \alpha \cos^2 \alpha EA_1} \qquad (4-72)$$

α 一般为 $40° \sim 70°$，若取 $\alpha = 45°$，$\sin \alpha \cos^2 \alpha = 0.35$，则

$$\mu = \sqrt{1 + \frac{\pi^2 EI_x}{l_{0x}^2} \gamma_1} \approx \sqrt{1 + 27 \frac{A}{A_1 \lambda_x^2}}$$

于是缀条式格构式压杆的换算长细比为：

$$\lambda_{0x} = \mu \lambda_x = \sqrt{\lambda_x^2 + \frac{27A}{A_1}} \qquad (4-73)$$

注意，计算 λ_{0x} 时，须事先假定缀条的截面积。

（2）缀板体系

假定各节点为刚性连接，按框架体系进行分析。设反弯点位于各节间中点，只考虑两分肢弯曲时引起的剪切变形（图 4—31），将分肢视为支承在缀板上的悬臂梁。则反弯点处分肢的横向位移为：

$$\delta = \frac{1}{3EI_1} \cdot \frac{V}{2} \cdot \left(\frac{l_1}{2}\right)^3 = \frac{Vl_1^3}{48EI_1}$$

式中　I_1 —— 一个分肢对自身形心轴的惯性矩；

　　　　l_1 —— 节间长度。

单位剪切角为：　　$\gamma_1 = \left(\dfrac{\delta}{l_1/2}\right)_{V=1} = \dfrac{l_1^2}{24EI_1}$

对于单肢，$\lambda_1 = \dfrac{l_1}{i_1}$，$i_1 = \sqrt{\dfrac{I_1}{A/2}}$，因此，

$$\gamma_1 = \frac{l_1^2}{24EI_1} = \frac{\lambda_1^2}{12EA} \tag{4-74}$$

则

$$\mu = \sqrt{1 + \frac{\pi^2 E \tau I_x}{l_{0x}^2}\gamma_1} = \sqrt{1 + \frac{\pi^2}{12} \cdot \frac{\lambda_1^2}{\lambda_x^2}} \approx \sqrt{1 + \frac{\lambda_1^2}{\lambda_x^2}}$$

于是缀板式格构式压杆的换算长细比为：

$$\lambda_{0x} = \mu\lambda_x = \sqrt{\lambda_x^2 + \lambda_1^2} \tag{4-75}$$

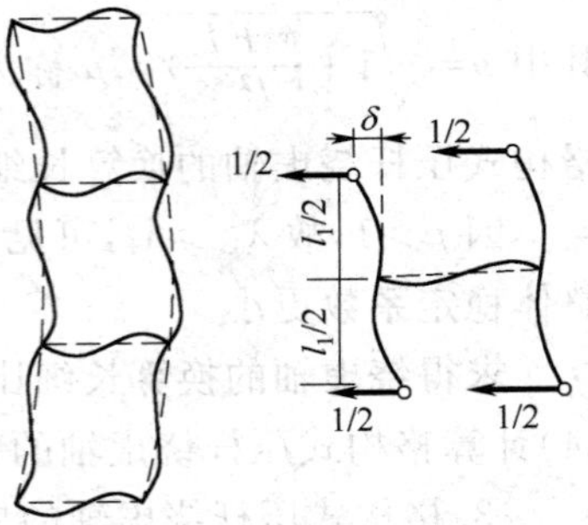

图4-31 缀板体系压杆的变形分析

式中 λ_1 为一个分肢绕平行于虚轴的自身形心轴的长细比。

计算 λ_{0x} 时，须事先假定单肢的长细比 λ_1，或按等稳要求取 $\lambda_{0x} = \lambda_y$。

4. 单肢的整体稳定性

为了保证单肢的稳定性，《规范》要求对单肢绕其最小刚度轴 1—1 的长细比 λ_1 进行限制。λ_1 按下式计算：

$$\lambda_1 = \frac{l_{01}}{i_1} \tag{4-76}$$

式中 l_{01}——单肢的计算长度，对缀条式格构式压杆，取缀条节点间的距离；对缀板式格构式压杆，焊接时取缀板间的净距离（图4-4），螺栓连接时，取相邻两缀板边缘螺栓间的距离；

i_1——单肢的最小回转半径，即图4-4中单肢绕 1—1 轴的回转半径。

对缀条式格构式压杆，要求 $\lambda_1 \leqslant 0.7 \max(\lambda_{0x}, \lambda_y)$。

对缀板式格构式压杆，要求 $\lambda_1 \leqslant 40$，且 $\lambda_1 \leqslant 0.5 \max(\lambda_{0x}, \lambda_y)$，当 $\max(\lambda_{0x}, \lambda_y) \leqslant 50$ 时，按 $\max(\lambda_{0x}, \lambda_y) = 50$ 计算。

如不满足上述要求，则应验算单肢对本身平行于虚轴的惯性轴的稳定性。

由三肢或四肢组成的格构式压杆，对虚轴的换算长细比计算公式见《规范》。

4.6.2 缀材的设计计算

缀材主要承受剪力，缀材的受力情况取决于压杆的受力、构造状态及变形情况，具有随机性。通常，轴心压杆中存在剪力的原因有：①杆件弯曲屈曲或杆件初弯曲、压力初偏心时产生的弯矩沿纵轴的变化；②杆件自重或其他偶然因素引起的侧向力等。工程上的处理办法是先分析求出压杆的剪力，然后按此剪力进行缀材的设计。

1. 缀材计算所用的剪力 V

《规范》对格构式压杆主要考虑杆件弯曲所产生的剪力。如图4-32所示，设格构式压杆两端铰支，绕虚轴弯曲，挠曲线方程为 $y = y_m \sin\dfrac{\pi x}{l}$，截面 x 处的压力为 N，弯矩为 $M = Ny$ 剪力为 $V = \dfrac{dM}{dx} = N\dfrac{dy}{dx} = \dfrac{\pi N y_m}{l}\cos\dfrac{\pi x}{l}$，显然，最大剪力发生在两端处，最大剪力值为

$$V_{\max} = \frac{\pi N y_m}{l} \tag{4-77}$$

工程中采用偏于安全的办法，假定压杆各截面都承受相同的剪力 $V_{\max}$。此剪力将由缀材体系承受。

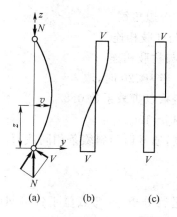

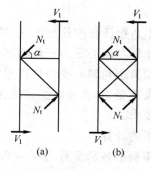

图 4-32 轴心压杆截面上的剪力分布   图 4-33 缀条计算简图

由式(4-77)可见，V_{max} 取决于压力 N 和中点侧移 y_m，对格构式压杆，按纤维屈服条件来确定 y_m 的值。即由

$$\frac{N}{A}+\frac{Ny_m}{I_x/(h/2)}=f_y \qquad (4-78)$$

N 取最大值，$N_{max}=A\varphi f_y$，$I_x=Ai_x^2$，$h\approx2.27i_x$（对常用的槽钢组合截面），由上式求得

$$y_m=0.88i_x\left(\frac{1}{\varphi}-1\right) \qquad (4-79)$$

代入式(4-77)，并取 $N=A\varphi f_y$ 得到

$$V_{max}=\frac{Af_y}{K} \qquad (4-80)$$

式中 $K=\lambda_x/[0.88\pi(1-\varphi)]$。

一般，$\lambda_x=40\sim160$，经分析，采用 Q235 钢材时，缀板式柱的 K 平均值为 81，对双肢及四肢缀条柱 $K=79\sim98$。为统一，对 Q235 钢，取 $K=85$。此时的最大剪力为

$$V_{max}=Af_y/85 \qquad (4-81)$$

《规范》中采用的公式为

$$V=\frac{Af}{85}\sqrt{\frac{f_y}{235}} \qquad (4-82)$$

缀材设计中，偏安全地假设剪力值 V 沿杆件全长不变。对双肢格构式压杆，该剪力由两侧缀材平均分担。

2. 缀条计算

对格构式两肢压杆，有两个缀条面，各受剪力 $V_1=0.5V$，如图 4-33。斜缀条所受的轴心力为：

$$N_t=V_1/\cos\alpha（或拉或压）$$

首先应按轴心压杆进行稳定性验算：

$$\sigma=\frac{N_t}{A}\leqslant\varphi\eta f \qquad (4-83)$$

缀条通常采用单角钢，实际为偏心受力，将发生弯扭屈曲。为了简化计算，《规范》规定仍按轴心受压杆件计算，但将强度设计值乘以折减系数 η 以考虑偏心的不利影响。折减系数 η 的取法为：

$$\eta = \begin{cases} 0.6+0.001\ 5\lambda, 且\leqslant 1 & 等边角钢 \\ 0.5+0.002\ 5\lambda, 且\leqslant 1 & 短边与柱肢相连 \\ 0.7 & 长边与柱肢相连 \end{cases}$$

其中 λ 为单角钢压杆的长细比,按最小回转半径计算。当 $\lambda < 20$ 时,取 $\lambda = 20$。

强度检算与轴心受力杆件相同,但须将强度设计值乘以折减系数 0.85。

刚度检算也与轴心受力杆件相同,取容许长细比 $[\lambda] = 150$。

横缀条不受力,主要减少柱肢在平面内的计算长度,通常取与斜缀条相同截面,当然,也要满足刚度要求。

3. 缀板的计算

每个缀板面各承受剪力 $V_1 = 0.5V$。按框架体系进行分析,反弯点位于各节间中点,取隔离体如图 4—34 所示,缀板所受的剪力为

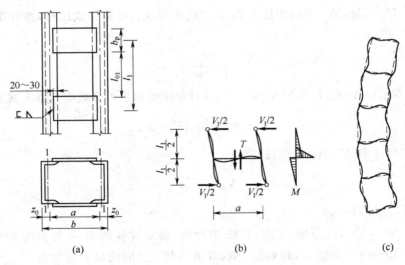

图 4—34 缀板计算简图

$$T = \frac{V_1 l_1}{a} \tag{4—84}$$

式中 l_1 ——相邻两缀板轴线间的距离;

a ——分肢轴心间的距离。

缀板所受的弯矩为

$$M = Ta/2 = V_1 l_1/2 \tag{4—85}$$

缀板按固定在柱肢上的悬臂梁分析,连接焊缝受剪力 T 及扭矩 M,按第 3 章有关章节进行验算。缀板本身按承受弯矩 M 和剪力 T 进行强度验算。

缀板当用角焊缝与肢件相连接时,搭接的长度一般为 20~30 mm。缀板本身应有一定的刚度,《规范》规定在构件同一截面处两侧缀板的线刚度之和(I_b/a)不得小于柱分肢线刚度(I_1/l_1)的 6 倍,此处 $I_b = 2 \times \frac{1}{12} t_p b_p^3$。通常取缀板宽度 $b_p \geqslant 2a/3$,厚度 $t_p \geqslant a/40$ 及 $\geqslant 6$ mm。端缀板宽适当加宽,取 $b_p = a$。

4.6.3 格构式压杆的横膈

为了增强杆件的整体刚度,保证杆件截面的形状不变,杆件除在受有较大的水平力处设置

横隔外,尚应在运输单元的端部设置横隔,横隔的间距不得大于柱截面较大宽度的 9 倍,也不得大于 8 m。横隔可用钢板或交叉角钢做成,如图4—35。

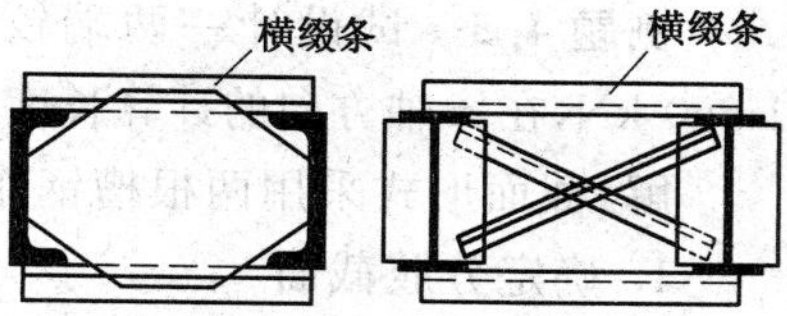

图4—35　格构式压杆的横隔

4.6.4　格构式压杆的设计

格构式轴心压杆的设计一般包括下面一些内容:①选择压杆的截面形式和钢材种类;②确定分肢的截面大小;③确定分肢的间距;④单肢稳定性验算;⑤缀材及连接设计。

1. 选择压杆的截面形式和钢材种类

压杆截面形式的选择要考虑使用要求、轴心压力 N 的大小和两个主轴方向的稳定性等因素,并选择合适的钢材标号。格构式轴心压杆常采用的截面形式是用两根槽钢或工字钢作为分肢的双轴对称截面,有时也采用 4 个角钢或 3 个圆管作为分肢。

2. 确定分肢的截面大小

格构式压杆的分肢截面由绕实轴($y—y$ 轴)的稳定性计算确定。先假定长细比 λ,查附表得 φ,然后按下式算出所需截面面积 A 及回转半径 i_y。

$$A \geqslant \frac{N}{\varphi f}, \quad i_y = \frac{l_{0y}}{\lambda} \tag{4—86}$$

由 A 和 i_y 在型钢表中选出一个合适的型钢截面。然后对所选的截面按式(4—34)验算其对实轴的整体稳定性;按式(4—2)验算刚度,若验算不满足,重新调整截面,直到满足条件为止,必要时可采用三块钢板组成的槽形截面。

3. 确定分肢的间距

格构式压杆的分肢间距由绕虚轴($x—x$ 轴)方向整体稳定性计算确定。根据绕实轴计算选定的截面,算出 λ_y,再由等稳定性条件 $\lambda_{0x} = \lambda_y$,代入式(4—73)或式(4—75)可得对虚轴需要的长细比为

$$\bar{\lambda}_x = \sqrt{\lambda_y^2 - \frac{27A}{A_1}} \quad \text{(缀条式)} \tag{4—87}$$

$$\bar{\lambda}_x = \sqrt{\lambda_y^2 - \lambda_1^2} \quad \text{(缀板式)} \tag{4—88}$$

计算 $\bar{\lambda}_x$ 需要已知 A_1 或 λ_1。对于缀条式格构式压杆,可按一个斜缀条截面积 $A_1/2 \approx 0.05A$,并保证 $A_1/2$ 不低于按构造要求的最小角钢型号来确定的斜缀条面积。对于缀板式格构式压杆,可近似取 $\lambda_1 \leqslant 0.5\lambda_y$ 且 $\lambda_1 \leqslant 40$ 进行计算。

由 $\bar{\lambda}_x$ 求得

$$\bar{i}_x = \frac{l_{0x}}{\bar{\lambda}_x} \tag{4—89}$$

由截面的回转半径近似值的计算公式可得柱在缀材方向所要求的宽度

$$b = \frac{\bar{i}_x}{\alpha_2} \tag{4—90}$$

一般 b 宜取 10 mm 的倍数,且两肢净距宜大于 100 mm,以便内部油漆。按照确定的肢件间距 b,用式(4—73)或式(4—75)计算出换算长细比,然后用式(4—34)验算绕虚轴的整体稳定性。

最后验算单肢稳定性以及进行缀材、连接设计。

例题 4.5 试设计一两端铰接的轴心受压缀条式格构柱,该柱的轴心压力设计值 $N=1\,650$ kN,在 x 轴方向的计算长度 $l_{0x}=6$ m,在 y 轴方向的计算长度 $l_{0y}=3$ m,采用钢材为 Q345。

解: 截面形式采用两根槽钢作为分肢的双轴对称截面。

1. 确定分肢截面

由附录附表 1 查得:$f=310$ N/mm²。根据表 4—6 可知,该截面对 x 轴和 y 轴均属 b 类截面。假定 $\lambda=70$,由 $\lambda\sqrt{f_y/235}=70\sqrt{345/235}=85$,查附表 2.2 得:$\varphi_y=0.655$。则所需要的分肢截面面积为:

$$A=\frac{N}{\varphi f}=\frac{1\,650\times10^3}{0.655\times310}=8\,126\ \text{mm}^2$$

绕实轴(y 轴)方向上所需要的回转半径

$$i_y=\frac{l_{0y}}{\lambda}=\frac{300}{70}=4.3\ \text{cm}$$

查型钢表,选[25b,截面几何特性为(见图 4—36):$A=2\times39.91$ cm² $=79.82$ cm² $=7\,982.0$ mm²,$i_y=9.52$ cm,$I_1=196.4$ cm⁴,$i_1=2.22$ cm,$z_0=1.99$ cm。

$$\lambda_y=\frac{l_{0y}}{i_y}=\frac{300}{9.52}=32<[\lambda]=150$$

由 $\lambda_y\sqrt{f_y/235}=32\sqrt{345/235}\approx38.8$,按 b 类截面查附表 2.2,得 $\varphi_y=0.904$。

$$\frac{N}{\varphi_y A}=\frac{1\,650\times10^3}{0.904\times7\,982.0}=228.7\ \text{N/mm}^2<f=310\ \text{N/mm}^2$$

绕实轴的整体稳定满足要求。

2. 确定分肢的间距

斜缀条选用角钢∟45×45×4,$A_1=2\times3.486=6.972$ cm²。

$$\bar{\lambda}_x=\sqrt{\lambda_y^2-27\frac{A}{A_1}}=\sqrt{32^2-27\times\frac{79.834}{6.972}}=26.74$$

$$\bar{i}_x=\frac{l_{0x}}{\bar{\lambda}_x}=\frac{600}{26.74}=22.44\ \text{cm}$$

由附表 6 可知,$\alpha_2=0.44$。

$$b=\frac{\bar{i}_{0x}}{\alpha_2}=\frac{22.44}{0.44}=51\ \text{cm}$$

取 $b=30$ cm,

$$I_x=2\times\left[196.4+39.91\times\left(\frac{30}{2}-1.99\right)^2\right]=13\,903.1\ \text{cm}^4$$

$$i_x=\sqrt{\frac{I_x}{A}}=\sqrt{\frac{13\,903.1}{79.82}}=13.2$$

$$\lambda_x=\frac{l_{0x}}{i_x}=\frac{600}{13.2}=45.5$$

$$\lambda_{0x}=\sqrt{\lambda_x^2+\frac{27A}{A_1}}=\sqrt{45.5^2+\frac{27\times79.82}{6.972}}=48.8<[\lambda]=150$$

验算绕虚轴的整体稳定性:

由 $\lambda_{0x}\sqrt{f_y/235}=48.8\sqrt{345/235}\approx59.1$,按 b 类截面查附表 2.3,得 $\varphi_x=0.810$。

$$\frac{N}{\varphi_x A}=\frac{1\,650\times10^3}{0.810\times7\,982.0}=255.2\ \text{N/mm}^2<f=310\ \text{N/mm}^2$$

绕虚轴的整体稳定满足要求。

3. 缀条计算

斜缀条按 $45°$ 布置,材料选用 Q235,如图 4—36。每个缀条面承受的剪力 $V_1 = 0.5V$。

$$V_1 = 0.5 \times \frac{Af}{85}\sqrt{\frac{f_y}{235}} = 0.5 \times \frac{7\,982.0 \times 310}{85}\sqrt{\frac{345}{235}} = 17\,639.1\,\text{N}$$

斜缀条内力

$$N_t = V_1/\cos\alpha = 17639.1/\cos45° = 24\,949.2\,\text{N}$$

斜缀条选用角钢 $\llcorner 45 \times 45 \times 4$, $A = 3.486\,\text{cm}^2$, $i_{\max} = 0.89\,\text{cm}$。

$$\lambda = \frac{l_t}{i_{\max}} = \frac{30 - 2 \times 1.98}{\cos45° \times 0.89} = 41.4 < [\lambda] = 150 \quad 缀条刚度满足要求。$$

由 $\lambda\sqrt{f_y/235} = 41.4\sqrt{235/235} = 41.4$,按 b 类截面查附表 2.2,得 $\varphi = 0.893$。

$$\eta = 0.6 + 0.001\,5 \times 41.4 = 0.662$$

按下式进行稳定性验算:

$$\frac{N_t}{A} = \frac{24\,949.2}{3.486 \times 10^2} = 71.6\,\text{N/mm}^2 < \varphi\eta f$$

$$= 0.893 \times 0.662 \times 215 = 127.1\,\text{N/mm}^2$$

缀条稳定性满足要求。

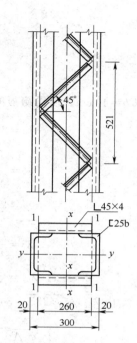

图 4—36 例题 4.5 图(单位:mm)

4. 单肢稳定性验算

$$\lambda_{\max} = 48.8 < 50,\text{取}\ \lambda_{\max} = 50。$$

$$l_{01} = 2(b - 2z_0) = 2 \times (30 - 2 \times 1.98) = 52.08\,\text{cm}$$

$$\lambda_1 = l_{01}/i_1 = 52.08/2.22 = 23.5 < 0.7\lambda_{\max} = 0.7 \times 50 = 35$$

单肢稳定性满足要求。

5. 缀条连接

采用两条侧焊缝,取 $h_f = 4\,\text{mm}$,所需肢背焊缝的长度:

$$l_{w1} = \frac{K_1 N_t}{0.7h_f\eta f_f^w} = \frac{0.7 \times 24\,949.2}{0.7 \times 4 \times 0.85 \times 160} = 45.9\,\text{mm}$$

$$l_1 = l_{w1} + 10 = 55.9\,\text{mm}$$

所需肢尖焊缝的长度:

$$l_{w2} = \frac{K_2 N_t}{0.7h_f\eta f_f^w} = \frac{0.3 \times 24\,949.2}{0.7 \times 4 \times 0.85 \times 200} = 19.7\,\text{mm}$$

$$l_2 = l_{w2} + 10 = 29.7\,\text{mm}$$

实际取肢背、肢尖焊缝的长度为 60 mm。

例题 4.6 试设计一两端铰接的轴心受压缀板式格构柱,其余条件同例题 4.5。

解:1. 截面形式及分肢截面

与例题 4.5 相同。选 2[25b,如图 4—37。

2. 确定分肢的间距

取单个分肢的 $\lambda_1 = 20$,

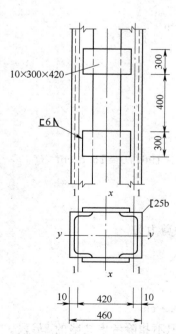

图 4—37 例题 4.6 图(单位:mm)

$$\bar{\lambda}_x = \sqrt{\lambda_y^2 - \lambda_1^2} = \sqrt{32^2 - 20^2} = 25$$

$$\bar{i}_x = \frac{l_{0x}}{\bar{\lambda}_x} = \frac{600}{25} = 24 \text{ cm}$$

$$b = \frac{\bar{i}_{0x}}{\alpha_2} = \frac{22}{0.44} = 54.5 \text{ cm}$$

取 $b = 46$ cm。所需缀板的净间距 $l_{01} = \lambda_1 i_1 = 20 \times 2.22 = 44.4$ cm，实际取 $l_{01} = 40$ cm。

$$I_x = 2 \times \left[196.4 + 39.91 \times \left(\frac{46}{2} - 1.98\right)^2 \right] = 35\ 660.5 \text{ cm}^4$$

$$i_x = \sqrt{\frac{I_x}{A}} = \sqrt{\frac{35\ 660.5}{79.82}} = 21.1 \text{ cm}$$

$$\lambda_x = \frac{l_{0x}}{i_x} = \frac{600}{21.1} = 28.4$$

$$\lambda_1 = \frac{l_{01}}{i_1} = \frac{40}{2.22} = 18.0$$

$$\lambda_{0x} = \sqrt{\lambda_x^2 + \lambda_1^2} = \sqrt{28.4^2 + 18^2} = 34 < [\lambda] = 150$$

由 $\lambda_{0x}\sqrt{f_y/235} = 34\sqrt{345/235} \approx 41.2$，按 b 类截面查附表 2.3，得 $\varphi_x = 0.894$。

$$\frac{N}{\varphi_x A} = \frac{1\ 650 \times 10^3}{0.894 \times 7\ 982.0} = 231.2 \text{ N/mm}^2 < f = 310 \text{ N/mm}^2$$

绕虚轴的整体稳定满足要求。

3. 单肢稳定性验算

$$\lambda_{max} = 34 < 50, \text{取 } \lambda_{max} = 50$$

$$\lambda_1 = 18.0 < 40, \text{且} < 0.5\lambda_{max} = 25$$

单肢稳定性满足要求

4. 缀板计算

$$b = 46 \text{ cm}, \quad a = 46 - 2 \times 1.98 = 42.04 \text{ cm}$$

缀板宽度 $b_p \geqslant 2a/3 = 2 \times 42.04/3 = 28.02$ cm，取 $b_p = 300$ mm。

厚度 $t_p \geqslant a/40 = 42.04/40 = 1.05$ cm，$t_p = 10$ mm。

缀板为—10 mm×300 mm×420 mm。缀板材料选用 Q235。

缀板刚度验算：

两侧缀板的线刚度之和

$$(I_b/a) = 2 \times \frac{1}{12} \times 1.0 \times 30^3/42 = 107.1 \text{ cm}^3 > 6(I_1/l_1) = 6 \times 196/70 = 16.8 \text{ cm}^3$$

缀板刚度满足要求。

5. 连接焊缝

每个缀板面承受的剪力 $V_1 = 0.5V = 17\ 639.1$ N，缀板所受的剪力为

$$T = \frac{V_1 l_1}{a} = \frac{17\ 639.1 \times 70}{42} = 29\ 398.5 \text{ N}$$

缀板所受的弯矩为

$$M = Ta/2 = 29\ 398.5 \times 42/2 = 617\ 368.5 \text{ N} \cdot \text{cm}$$

采用三面围焊角焊缝，取 $h_f = 6$ mm，为简便计，仅考虑竖直焊缝，但不扣除考虑缺陷的 $2h_f$ 段。

$$A_w = 0.7 \times 6 \times 300 = 1\ 260 \text{ mm}^2$$

$$W_w = 0.7 \times 6 \times 300^2 / 6 = 63\,000 \text{ mm}^3$$

$$\sigma_f = \frac{M}{W_w} = \frac{617\,368.5 \times 10}{63\,000} = 98 \text{ N/mm}^2$$

$$\tau_f = \frac{T}{A_w} = \frac{29\,398.5}{1\,260} = 23.3 \text{ N/mm}^2$$

$$\sqrt{\left(\frac{\sigma_f}{\beta_f}\right)^2 + \tau_f^2} = \sqrt{\left(\frac{98}{1.22}\right)^2 + 23.3^2} = 83.6 \text{ N/mm}^2 < 160 \text{ N/mm}^2$$

缀板连接焊缝满足要求。

4.7　轴心受压柱与梁的连接形式和构造

在建筑钢结构中,梁与柱的连接形式可分为铰接和刚接两大类。铰接连接的柱,主要承受与之相连的梁传来的竖向荷载;刚接时,柱是压弯构件,将在第 6 章中讨论。这里只讨论梁与柱的铰接连接构造。

轴心受压柱与梁的铰接连接一般有两种构造方案:一种是将梁端放置于柱顶,即柱顶支承梁;另一种是将梁端连接于柱的侧面,即柱侧支承梁。

4.7.1　柱顶支承梁的构造

图 4-38 是梁支承于柱顶的铰接构造图。梁的反力通过柱的顶板传给柱;顶板厚度一般取 16~20 mm,与柱用焊缝相连;梁与顶板用高强度螺栓相连,以便安装定位。

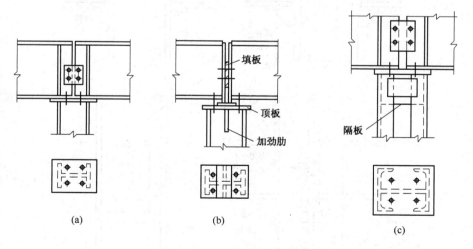

图 4-38　梁支承于柱顶的铰接构造图

在图 4-38(a)中,梁的支承加劲肋应与柱的翼缘对准,以使梁的支承反力有效地传递给柱的翼缘上。为了便于安装,相邻两梁之间留一空隙,然后用夹板和构造螺栓相连,以防止单个梁的倾斜。这种连接形式传力明确,构造简单,施工方便,但是,当相邻两梁的反力不相等时就会引起柱的偏心受压,当一侧梁传递的反力很大时,还可能引起柱翼缘的局部屈曲。而在图 4-38(b)所示的连接构造中,梁端设带突缘的支承加劲肋,连接于柱的轴线附近,这样即使相邻梁反力不等,柱仍接近轴心受压。突缘加劲肋的底部应刨平顶紧于柱顶板,同时在柱顶板之下腹板两侧应设置加劲肋,以防止柱的腹板发生局部失稳。两相邻梁之间应留一定空隙便于安装,最后嵌入合适的填板并用构造螺栓相连。对于格构式柱[图 4－38(c)],为了保证传力均匀并托住顶板,应在两柱肢之间设置竖向隔板。

4.7.2　柱侧支承梁的构造

多层框架的中间柱上,横梁只能在柱的两侧相连,梁的反力由端加劲肋传给支托,支托可采用厚钢板做成图[4－39(b)],也可用 T 形[图 4－39(a)]。支托与柱翼缘用角焊缝相连。支托的端面必须刨平并与梁的端加劲肋顶紧以便直接传递压力。考虑到荷载偏心的不利影响,支托与柱的连接焊缝按梁支座反力的 1.25 倍计算。为方便安装,梁端与柱间应留有空隙,安装就位后加填板并用构造螺栓相连,也可用连接角钢将梁腹板与柱翼缘相连。当两侧梁的支座反力相差较大时,应考虑偏心,按压弯柱进行计算。

当梁沿柱翼缘平面方向与柱相连时,可采用图 4－39(c)的连接方法。图中柱腹板上设置承托,梁端板支承在承托上。梁吊装就位后,用填板和构造螺栓将柱腹板与梁端板连接起来。由于梁端反力传递给柱腹板,因此这种连接在两相邻梁反力相差较大时,柱仍然接近于轴心受力状态。

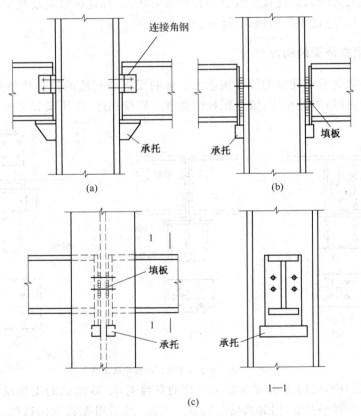

图 4－39　柱侧支承梁的连接构造

4.8　柱 脚 设 计

柱脚的作用是将柱身的压力均匀地传给基础,并和基础牢固地连接起来。在整个柱中,柱脚是比较费钢费工的部分。设计时应力求简明,并尽可能符合结构的计算简图,便于安装固定。

4.8.1 柱脚的形式和构造

柱脚按其与基础的连接方式不同,可分为铰接和刚接两类。铰接主要承受轴心压力,刚接主要承受压力和弯矩。

柱脚的构造应使柱身的内力可靠地传给基础,并和基础有牢固的连接。轴心受压柱的柱脚主要传递轴心压力,与基础的连接一般采用铰接。由于基础混凝土强度远比钢材低,所以必须把柱的底部放大,以增加其与基础顶部的接触面积。图4—40是常用的铰接类柱脚的几种形式。当柱的轴力很小时,可采用图4—40(a)的形式,在柱的端部只焊一块不太厚的底板,柱身的压力经过焊缝传到底板,底板再将柱身的压力传到基础上。当柱的轴力较大时,可采用图4—40(b)、(c)、(d)的形式,柱端通过竖焊缝将力传给靴梁,靴梁通过底部焊缝将压力传给底板,靴梁不仅增加了传力焊缝的长度,同时也将底板分成较小的区格,减小了底板在反力作用下的最大弯矩值。当采用靴梁后,底板的弯矩值仍较大时,可再采用隔板和肋板。

柱脚是利用预埋在基础中的锚栓来固定其位置的。铰接柱脚只沿着一条轴线设置两个连接于底板上的锚栓,锚栓的直径一般为 $20 \sim 25$ mm。为了便于安装,底板上的锚栓孔径取为锚栓直径的 $1.5 \sim 2$ 倍,待柱就位并调整到设计位置后,再用垫板套住锚栓并与底板焊牢。

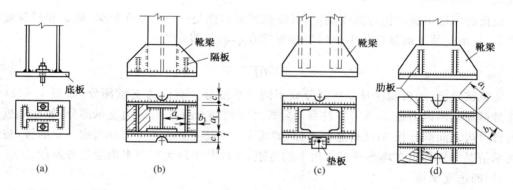

图4—40 常用的铰接类柱脚的几种形式

4.8.2 轴心受压柱脚的计算

柱脚的计算包括按所受轴心压力确定底板的尺寸、靴梁尺寸以及它们之间的连接焊缝尺寸。柱脚的剪力一般数值不大,可由底板与基础表面间的摩擦力传递,必要时可设置抗剪键。

1.底板的计算

假定柱脚压力在底板和基础之间均匀分布,所需底板面积是

$$A = \frac{N}{f_c} \qquad (4-91)$$

式中　N——作用于柱脚的压力设计值;

　　　f_c——基础材料的抗压强度设计值。

如果底板上设置锚栓,那么所需要的底板面积中还应该加进锚栓孔的面积 A_0。

对如图4—41所示有靴梁的柱脚,底板的宽度 B 是:

$$B = b + 2t + 2c \qquad (4-92)$$

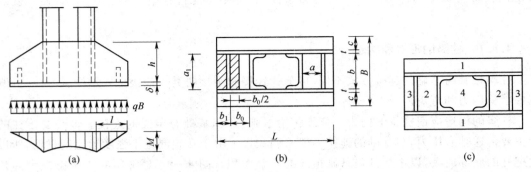

图 4—41 柱脚计算简图

式中 b——柱子截面的宽度或高度;

t——靴梁板的厚度;

c——底板悬伸部分,一般取 $2\sim10$ cm。

B 应取成整数。

底板的长度由下式确定:

$$L=\frac{A}{B} \qquad (4-93)$$

一般取 $L/B=1\sim2$。

底板的厚度由板的抗弯强度决定,可以把底板看作是一块支承在靴梁、隔板和柱身截面上的平板,它承受从下面基础传来的均匀分布反力 q,其值假定为:

$$q=\frac{N}{BL-A_0} \qquad (4-94)$$

底板被靴梁、隔板和柱身截面划分成不同支承部分。有四边支承部分,如图 4—41(c)中的柱身截面范围内的板 4,或者在柱身与隔板之间的部分板 2;有三边支承部分,如在隔板至底板的自由边之间部分板 3;还有悬臂部分,如板 1。一般将上述各个部分当成独立的板,按各自的支承情况分别算出在均布荷载作用下的弯矩,并取其中最大弯矩来确定底板厚度。

(1)四边支承板

四边支承板,在板中央的短边方向的弯矩比长边方向的大,取单位板宽作为计算单元,其弯矩为:

$$M_4=\alpha qa^2 \qquad (4-95)$$

式中 a——四边支承板短边的长度;

α——系数,由板的长边与短边的比值确定,见表 4—7。

表 4—7 四边简支板的弯矩系数 α

b/a	1.0	1.1	1.2	1.3	1.4	1.5	1.6	1.7	1.8	1.9	2.0	3.0	$\geqslant4.0$
α	0.048	0.055	0.063	0.069	0.075	0.081	0.086	0.091	0.095	0.099	0.101	0.119	0.125

(2)三边支承板

三边支承板的最大弯矩位于自由边的中央,该处的弯矩为

$$M_3=\beta qa_1^2 \qquad (4-96)$$

式中 a_1——自由边的长度;

β——系数,由垂直于自由边的宽度 b_1 和自由边长度 a_1 的比值 b_1/a_1 确定,见表 4—8。

表 4—8 三边简支、一边自由板的弯矩系数 β

b_1/a_1	0.3	0.4	0.5	0.6	0.7	0.8	0.9	1.0	1.2	≥1.4
β	0.026	0.042	0.058	0.072	0.085	0.092	0.104	0.111	0.120	0.125

（3）两相邻边支承板

对于两邻边支承、另两边自由的底板，也可按式（4—96）计算其弯矩。此时 a_1 取对角线长度，b_1 则为支承边交点至对角线的距离，参见图 4—40(d)。

（4）一边支承板（悬臂板）

$$M_1 = \frac{1}{2}qc^2 \tag{4—97}$$

式中 c 为悬臂板的外伸宽度。

按上述支承情况分别算出在均布荷载作用下弯矩的最大值为

$$M_{max} = \max(M_4, M_3, M_1) \tag{4—98}$$

则底板厚度为

$$\delta = \sqrt{\frac{6M_{max}}{f}} \tag{4—99}$$

底板的厚度一般为 20～40 mm，为了保证底板有足够刚度，最薄也不宜小于 14 mm。

2.靴梁的计算

靴梁板的厚度宜与被连接的柱的翼缘厚度大致相同。靴梁的高度由连接柱所需的焊缝长度决定，但是每条焊缝的长度不应超过角焊缝焊脚尺寸的 60 倍。

如图 4—41(a)，靴梁可简化成两端外伸的简支梁，在柱肢范围内，底板与靴梁共同工作，一般可不计算跨中截面的强度，故两块靴梁板所承受的最大弯矩为靴梁板外伸梁支座处的弯矩

$$M = qBl^2/2 \tag{4—100}$$

两块靴梁板承受的剪力可取支座处的剪力

$$V = qBl \tag{4—101}$$

上述两式中的 l 为靴梁的悬臂长度。

根据 M、V 可验算靴梁的抗弯和抗剪强度。

3.隔板计算

为了保证隔板有一定刚度，其厚度不应小于隔板长度的 1/50。隔板的高度取决于连接焊缝要求，其所传递的力为图 4—41(b)中阴影部分的基础反力。

例题 4.7 试设计焊接工字形截面柱的柱脚。轴心压力设计值 $N = 1\ 650$ kN，柱脚钢材为 Q235，焊条 E43 型。基础混凝土的抗压强度设计值 $f_c = 7.5$ N/mm²。采用两个 M20 锚栓。

解：（1）底板尺寸的确定

所需要的底板净面积：

$$A_n = \frac{N}{f_c} = \frac{1\ 650 \times 10^3}{7.5} = 220\ 000 \text{ mm}^2$$

考虑到锚栓孔所占的面积约为 $A_0 = 2 \times 40 \times 40 = 3\ 200 \text{ mm}^2$

则所需要的底板毛面积为 $A = 220\ 000 + 3\ 200 = 223\ 200 \text{ mm}^2$

取底板宽度 $B = 278 + 2 \times 10 + 2 \times 76 = 450 \text{ mm}$

所需底板的长度 $\qquad L=\dfrac{A}{B}=\dfrac{223\ 200}{450}=496$ mm，取 $L=500$ mm

基础对底板的均布压力为：

$$q=\frac{N}{LB-A_0}=\frac{1\ 650\times10^3}{500\times450-3\ 200}=7.44\text{N/mm}^2<f_c=7.5\ \text{N/mm}^2$$

底板的区格有三种，现分别计算其单位宽度的弯矩。

区格①（四边支承板）：

$b/a=278/160=1.74$，查表 4—7 可得：$\alpha=0.093$，则

$$M_4=\alpha qa^2=0.093\times7.5\times160^2=17\ 856\ \text{N}\cdot\text{mm}$$

区格②（三边支承板）：

$b_1/a_1=90/278=0.33$，查表 4—8 可得：$\beta=0.031$，则

$$M_3=\beta qa_1^2=0.031\times7.5\times278^2=17\ 968.5\ \text{N}\cdot\text{mm}$$

区格③（悬臂板）：

$$M_1=qc^2/2=7.5\times76^2/2=21\ 660\ \text{N}\cdot\text{mm}$$

最大弯矩为： $\qquad M_{max}=21\ 660\ \text{N}\cdot\text{mm}$

底板厚度为：

$$\delta=\sqrt{\frac{6M_{max}}{f}}=\sqrt{\frac{6\times21\ 660}{205}}=25.2\ \text{mm}，\quad 取\ \delta=26\ \text{mm}$$

（2）隔板计算

将隔板看作两端支承于靴梁的简支梁，其线荷载为：

$$q_1=7.5\times180=1\ 350\ \text{N/mm}$$

隔板与底板的连接焊缝强度验算（只按外侧一条焊缝计算）：

$$h_f=10\ \text{mm}，\quad f_f^w=160\ \text{N/mm}^2$$

$$\sigma_f=\frac{N_1}{0.7h_fl_{w1}}=\frac{1\ 350\times278}{0.7\times10\times278}$$

$$=193\ \text{N/mm}^2<1.22\times160=195.2\ \text{N/mm}^2$$

隔板与靴梁的连接焊缝强度验算（只按外侧焊缝计算）。一条侧焊缝所受的力为

$$R=1\ 350\times278/2=187\ 650\ \text{N}$$

取 $h_f=8\ \text{mm}$，$f_f^w=160\ \text{N/mm}^2$，则所需焊缝长度（即隔板高度）为

$$h_1=\frac{R}{0.7h_ff_f^w}=\frac{187\ 650}{0.7\times8\times160}=209.4\ \text{mm}$$

取隔板高度 270 mm，隔板厚度 8 mm$>278/50=5.56$ mm。

隔板的强度验算：

最大弯矩 $\quad M_{max1}=1\ 350\times278^2/8$

$$=13.04\times10^6\ \text{N}\cdot\text{mm}$$

$$\sigma=\frac{M_{max1}}{W}=\frac{6\times13.04\times10^6}{8\times270^2}$$

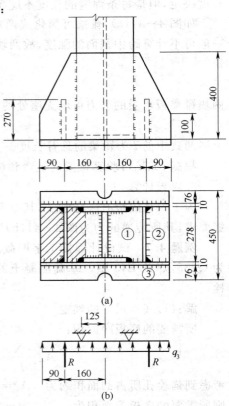

图 4—42 例题 4.7 图

$$=134.2 \text{ N/mm}^2 < f = 215 \text{ N/mm}^2$$

最大剪力　　　　　　　　　　　$$V_{max1} = R = 187\ 650 \text{ N}$$

$$\tau = 1.5 \frac{V_{max1}}{h_1 t} = 1.5 \times \frac{187\ 650}{270 \times 8} = 130.3 \text{ N/mm}^2$$

大于抗剪强度设计值(125 N/mm²)4.2%,基本满足。

（3）靴梁的计算

计算所需要的靴梁与柱身连接焊缝的长度（即靴梁高度）。设连接焊缝所受全部柱的轴心压力,取 $h_f = 10$ mm。则

$$l_w = \frac{N}{4 \times 0.7 h_f f_f^w} = \frac{1\ 650 \times 10^3}{4 \times 0.7 \times 10 \times 160} = 368.3 \text{ mm}$$

实际取靴梁高度 $h_2 = 400$ mm。

将靴梁看作支承于柱边的悬伸梁,如图 4—42(b)所示。取靴梁厚度为 10 mm。两块承受的线荷载为

$$qB = 7.5 \times 450 = 3\ 375 \text{ N/mm}$$

一块靴梁中的最大弯矩

$$M = 0.5qBl^2/2 = 0.5 \times 3\ 375 \times 125^2/2 = 13.18 \times 10^6 \text{ N} \cdot \text{mm}$$

一块靴梁中的最大剪力

$$V = 0.5qBl = 0.5 \times 3\ 375 \times 125 = 210\ 937.5 \text{ N}$$

$$\sigma = \frac{M}{W} = \frac{6 \times 13.18 \times 10^6}{10 \times 400^2} = 49.4 \text{ N/mm}^2 < f = 215 \text{ N/mm}^2$$

$$\tau = 1.5 \frac{V}{ht} = 1.5 \times \frac{210\ 937.5}{400 \times 10} = 79.1 \text{ N/mm}^2 < 125 \text{ N/mm}^2 \quad (满足)$$

靴梁与底板的连接焊缝以及隔板底板的连接焊缝传递全部柱的反力,设焊缝的焊脚尺寸均为 10 mm,则所需连接焊缝的总长为

$$\sum l_w = \frac{N}{1.22 \times 0.7 \times h_f f_f^w} = \frac{1\ 650 \times 10^3}{1.22 \times 0.7 \times 10 \times 160} = 1\ 208 \text{ mm}$$

显然,实际布置焊缝长度已大大超过此值。

4.9　索的力学特性和分析方法简介

索（或称拉索、钢索）在工程中的应用越来越广泛,如斜拉桥上的斜拉索,悬索桥中的主缆索,拱桥中的吊索,桅杆结构中的纤绳等。建筑结构中的索结构、预应力结构和斜拉结构中都应用索。为此,本节简要介绍索的力学特性和分析方法。

每一根拉索包括钢索和两端锚具两部分。钢索承受拉力,锚具将索力传给主梁或索塔或其他构筑物。根据设计要求,通过调整拉索索力,可使索结构处于最理想的工作状态。

4.9.1　索的种类与截面形式

作为拉索的主体,钢索一般采用高强度钢丝组成的钢绞线、钢丝绳或钢丝索或封闭式钢缆和平行钢丝股索,也可采用高强度钢筋。钢筋的强度较低,但直径较大,抗锈蚀能力较强,如图 4—43(a)。钢绞线由经热处理的优质碳素钢经多次冷拔而成的钢丝组成,如图 4—43(b)。钢

绞线的形式有(1＋6)、(1＋6＋12)、(1＋6＋12＋18),它们分别为 1 层、2 层和 3 层等。多层钢丝与其相邻的内层钢丝捻向相反。常用钢丝直径为 4～6mm。钢丝绳通常由 7 股钢绞线捻成,如图 4—43(c)所示。以一股钢绞线作为核心,外层的 6 股钢绞线沿同一方向缠绕,有时用两层钢绞线。钢丝索由平行的钢丝组成,钢索由 19、37、61 根直径为 4～6 mm 的钢丝组成。

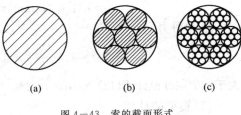

图 4—43　索的截面形式

　　组成钢索的钢丝、钢绞线要排列整齐、规则;组成的钢索断面应紧密并易于成型,使每索中的钢丝或钢绞线受力均匀;钢索的形式应便于穿过预埋管道,并易于锚固;钢索应易于防护和施工安装等。图 4—44 给出了钢索的主要类型。

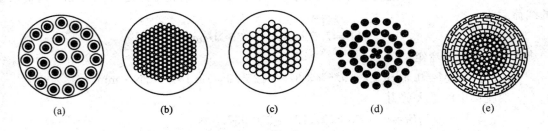

图 4—44　钢索的主要类型
(a)平行钢筋索;(b)平行钢丝索;(c)钢绞线索;(d)单股钢绞缆;(e)封闭式钢缆。

4.9.2　单索的受力分析

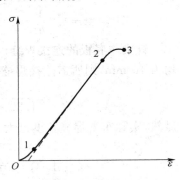

图 4—45　钢索的应力—应变曲线

　　因为索的截面尺寸与长度相比十分微小,截面抗弯刚度很小,可以忽略不计。因而可假定索是理想柔性的,既不能受压,也不能抗弯。另外,由高强度钢索的应力—应变图(图 4—45)可知,虽然加载初期存在一定的松弛变形(图中 $O1$ 段),但随后基本上呈直线变化(图中 12 段),当接近材料极限强度时,才显示曲线性质(图中 23 段)。钢索在使用前都需施加预拉力,可消除 $O1$ 段初始非弹性变形,形成图中虚线的应力—应变关系,在很大范围内应力和应变呈正比。所以,可假设索的材料符合虎克定律。

　　1. 沿水平受均布荷载作用时索的受力特性

　　图 4—46(a)表示沿水平承受一均布荷载 q 作用的索 AB。在索上切出一微段,其水平长度为 dx,索的张力为 T,水平分力为 H,dx 微段单元上的内力和外力如图 4—46(b)所示。

　　由平衡条件可知:

$$\sum x = 0, \qquad \frac{dH}{dx}dx = 0 \qquad (4—102)$$

$$\sum z = 0, \qquad \frac{d}{dx}\left(H\frac{dz}{dx}\right)dx + qdx = 0 \qquad (4—103)$$

由式(4—102)可知,索上每一点处的水平分力 H 为常数,由式(4—103)得

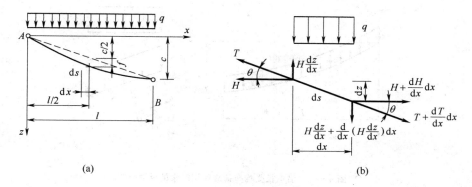

图 4-46　沿水平承受均布荷载作用时索的受力分析

$$\frac{\mathrm{d}^2 z}{\mathrm{d}x^2} = -\frac{q}{H} \qquad (4-104)$$

积分两次得

$$z = -\frac{q}{2H}x^2 + C_1 x + C_2 \qquad (4-105)$$

上式是一条抛物线,将图 4-46(a)的边界条件代入式(4-105),得

$$z = \frac{q}{2H}x(l-x) + \frac{c}{l}x \qquad (4-106)$$

设索中点($x=l/2$)处的最大挠度为 f,索中点的坐标 $z_c = f + c/2$,代入式(4-106)得索的挠度与水平张力关系式为:

$$H = \frac{ql^2}{8f} \qquad (4-107)$$

索的曲线方程为:

$$z = \frac{4fx(l-x)}{l^2} + \frac{c}{l}x \qquad (4-108)$$

当 A、B 两点等高时,$c=0$,上式可写成

$$z = \frac{4fx(l-x)}{l^2} \qquad (4-109)$$

索各点的张力为:

$$T = H\sqrt{1 + \left(\frac{\mathrm{d}z}{\mathrm{d}x}\right)^2} \qquad (4-110)$$

2. 沿索长受均布荷载作用时索的受力特性

图 4-47 表示沿索长承受一均布荷载 q 作用的索 AB。将沿索长均布荷载 q 等效为沿水平均布的荷载 q_x,则有

$$q_x = q\frac{\mathrm{d}s}{\mathrm{d}x} = q\sqrt{1 + \left(\frac{\mathrm{d}z}{\mathrm{d}x}\right)^2} \qquad (4-111)$$

则由式(4-104)可得:

$$\frac{\mathrm{d}^2 z}{\mathrm{d}x^2} = -\frac{q}{H}\sqrt{1 + \left(\frac{\mathrm{d}z}{\mathrm{d}x}\right)^2} \qquad (4-112)$$

令

$$u = \frac{\mathrm{d}z}{\mathrm{d}x} \qquad (4-113)$$

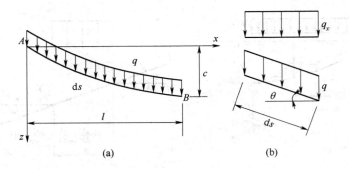

图 4-47 沿索长受均布荷载作用时索的受力分析

则式(4-112)成为

$$\frac{\mathrm{d}u}{\mathrm{d}x} = -\frac{q}{H}\sqrt{1+u^2} \tag{4-114}$$

方程式(4-114)的解为

$$u = \frac{C}{2}\mathrm{e}^{-\frac{q}{H}x} - \frac{1}{2C}\mathrm{e}^{\frac{q}{H}x} \quad (C\text{ 为积分常数}) \tag{4-115}$$

将上式代入式(4-113)可得

$$\frac{\mathrm{d}z}{\mathrm{d}x} = \frac{C}{2}\mathrm{e}^{-\frac{q}{H}x} - \frac{1}{2C}\mathrm{e}^{\frac{q}{H}x} \tag{4-116}$$

上述方程(4-116)的解为

$$z = \frac{H}{q}\left(-\frac{C}{2}\mathrm{e}^{-\frac{q}{H}x} - \frac{1}{2C}\mathrm{e}^{\frac{q}{H}x}\right) + D \quad (D\text{ 为积分常数}) \tag{4-117}$$

考虑边界条件 $x=0, z=0$,则由式(4-117)可得

$$z = \frac{H}{q}\left[\frac{C}{2}(1-\mathrm{e}^{-\frac{q}{H}x}) + \frac{1}{2C}(1-\mathrm{e}^{\frac{q}{H}x})\right] \tag{4-118}$$

令 $C=\mathrm{e}^\alpha, \beta=\dfrac{ql}{2H}$,则式(4-118)变为

$$z = \frac{H}{q}\left[\cos\alpha - \cosh\left(\alpha - \frac{2\beta}{l}x\right)\right] \tag{4-119}$$

上式就是方程(4-112)的解,其中 α 通过边界条件 $x=l, z=c$ 及式(4-119)由下式确定:

$$\alpha = \mathrm{arc\,sinh}\left[\frac{c\beta}{l\sinh\beta}\right] + \beta \tag{4-120}$$

当 A、B 两点等高时,$c=0$,由式(4-120)可知 $\alpha=\beta=\dfrac{ql}{2H}$,索的曲线方程变为

$$z = \frac{H}{q}\left\{\cosh\alpha - \cosh\left[\frac{q}{H}\left(\frac{1}{2}-x\right)\right]\right\} \tag{4-121}$$

上式就是悬链线曲线方程。设跨中的挠度为 f,即当 $x=l/2$ 时,$z=f$,则由式(4-121)可得

$$f = \frac{H}{q}\left[\cosh\left(\frac{ql}{2H}\right) - 1\right] \tag{4-122}$$

比较式(4-121)与式(4-109),当 f 相同且 $f/l<0.1$ 时,两条曲线的坐标很接近。由于悬链线曲线表达式较复杂,因此,一般索分析中都采用抛物线曲线。

3.索的长度计算

索的长度可由索的微段长度积分而得,由图 4-46(b)可知:

$$\mathrm{d}s = \sqrt{\mathrm{d}x^2 + \mathrm{d}z^2} = \sqrt{1 + \left(\frac{\mathrm{d}z}{\mathrm{d}x}\right)^2}\,\mathrm{d}x \qquad (4-123)$$

则

$$s = \int_A^B \mathrm{d}s = \int_0^l \sqrt{1 + \left(\frac{\mathrm{d}z}{\mathrm{d}x}\right)^2}\,\mathrm{d}x \qquad (4-124)$$

当 $f/l < 0.1$ 时，$\mathrm{d}z/\mathrm{d}x \ll 1$，将上式中的 $\sqrt{1 + \left(\frac{\mathrm{d}z}{\mathrm{d}x}\right)^2}$ 按幂级数展开并只取前两项，得

$$s = \int_0^l \left[1 + \frac{1}{2}\left(\frac{\mathrm{d}z}{\mathrm{d}x}\right)^2\right]\mathrm{d}x \qquad (4-125)$$

将式(4-108)代入上式，积分可得索的长度：

$$s = \left(1 + \frac{c^2}{2l^2} + \frac{8f^2}{3l^2}\right)l \qquad (4-126)$$

当 A、B 两点等高时，$c=0$，上式可写成：

$$s = \left(1 + \frac{8f^2}{3l^2}\right)l \qquad (4-127)$$

式(4-126)和式(4-127)只适用于小垂度，即 $f/l \leqslant 0.1$。对式(4-126)两边求导得：

$$\mathrm{d}f = \frac{3}{16}\frac{l}{f}\mathrm{d}s \qquad (4-128)$$

当 $f/l = 0.1$ 时，$\mathrm{d}f = 1.875\mathrm{d}s$，可见，较小的索长变化将会引起显著的垂度变化。

4. 索的变形协调方程

图 4-48 所示为一索由初始状态 AB 变位到最终状态 $A'B'$ 的情况，索在初始状态承受的初始均布荷载为 q_0，索的初始形状为 $z_0 = z_0(x)$，初始索长为 s_0，初始水平力为 H_0；索在承受荷载、温度变化及支座移动产生变形后，终态形状为 $z = z(x)$，终态索长为 s。设索承受的均布荷载为 $q(q = q_0 + q_1,q_1$ 为施加的荷载)，终态水平力为 H。根据索的几何伸长应和内力引起的伸长相等，得索的变形协调方程为

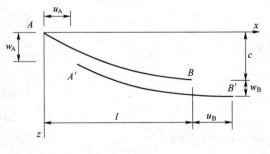

图 4-48 索的变形

$$\frac{H - H_0}{EA}l + \alpha\Delta t l = u_B - u_A + s - s_0 \qquad (4-129)$$

式中　u_A，u_B——A、B 支座节点的水平位移；

　　　　Δt——温差；

　　　　α——索的线膨胀系数。

当不考虑支座位移和温差变化影响时，由式(4-129)得：

$$\frac{H - H_0}{EA}l = s - s_0 \qquad (4-130)$$

由式(4-126)可得 $s - s_0 = \frac{8}{3}\frac{f^2 - f_0^2}{l}$，又考虑式(4-107)，则式(4-130)变为

$$H - H_0 = \frac{EAl^2}{24}\left(\frac{q^2}{H^2} - \frac{q_0^2}{H_0^2}\right) \qquad (4-131)$$

若不考虑初始荷载作用，上式可写成：

$$H - H_0 = \frac{EAl^2}{24} \cdot \frac{q^2}{H^2} \tag{4-132}$$

式(4-131)或式(4-132)是关于 H 的三次方程式，需用迭代法求解索的最终拉力。

4.9.3 单索的简化计算

索的受力随索的变形而变化，具有很强的非线性，为了简化索的计算，可以引用折算刚度的概念，通过反复迭代确定其精度。这种计算可用只能受拉不能受压的直线拉杆来代替索。

索单元的折算刚度可由式(4-129)推出。如不考虑温度影响，由式(4-129)可得

$$\Delta l = u_B - u_A = \frac{l}{EA}(H - H_0) - \frac{l^3}{24}\left(\frac{q^2}{H^2} - \frac{q_0^2}{H_0^2}\right) \tag{4-133}$$

从而可得索的内力增量与变形增量的关系：

$$\Delta H = H - H_0 = \frac{EA}{l} \cdot \frac{1}{1 + \dfrac{EAl^2 q_0^2\left(H^2 - H_0^2\dfrac{q^2}{q_0^2}\right)}{24(H-H_0)H^2 H_0^2}} \Delta l \tag{4-134}$$

因为 f/l 很小，$T \approx H$，则上式可写成：

$$\Delta T = T - T_0 = \frac{EA}{l} \cdot \frac{1}{1 + \dfrac{EAl^2 q_0^2\left(T^2 - T_0^2\dfrac{q^2}{q_0^2}\right)}{24(T-T_0)T^2 T_0^2}} \Delta l \tag{4-135}$$

因此，索单元的折算刚度为：

$$K_s = \frac{\Delta T}{\Delta l} = \frac{EA}{l}c \tag{4-136}$$

其中

$$c = \frac{1}{1 + \dfrac{EAl^2 q_0^2\left(T^2 - T_0^2\dfrac{q^2}{q_0^2}\right)}{24(T-T_0)T^2 T_0^2}} \tag{4-137}$$

当 $q/q_0 = 1.0$ 时，

$$c = \frac{1}{1 + \dfrac{EAl^2 q_0^2(T+T_0)}{24T^2 T_0^2}} \tag{4-138}$$

当 $T \approx T_0$ 时，

$$c = \frac{1}{1 + \dfrac{EAl^2 q_0^2}{12T_0^3}} \tag{4-139}$$

上式即为近似的索单元折算刚度系数。

本 章 小 结

1. 轴心受拉构件应计算强度和刚度；轴心受压构件除计算强度和刚度外，还应计算整体稳定和局部稳定，但对于型钢压杆可不必计算局部稳定；对承受疲劳荷载的轴心受力构件应计算疲劳强度。

2. 轴心受力构件静强度计算的要求是净截面上的平均应力不超过钢材的强度设计值；轴

心受力构件的刚度计算要求是构件的长细比不超过容许长细比。

3. 轴心受压构件以及第 5 章和第 6 章所讨论的受弯构件（梁）、偏心受压构件等基本构件都有整体稳定问题，另外组成这些构件的板件（如翼缘板和腹板）还存在局部稳定问题。学习时应着重了解稳定问题的基本概念及保证稳定的措施，以便能在实际工作中妥善处理稳定问题。

4. 杆件的整体稳定与板件的局部稳定之不同点主要表现在：①物理现象方面：对于杆件，不论边界条件如何，受压后挠曲方向只有一个。而板件受压挠曲后呈波浪形，随着约束条件及加载方式的不同，在 x 方向、y 方向的挠曲半波数不同。②计算理论方面：理想轴心压杆的临界力由常微分方程 $y'' + K^2 y = 0$ 的通解 $y = A\sin Kx + B\cos Ky$ 并考虑边界条件求出。板件的临界应力则按理想平板的压屈理论进行分析。③承载力方面：理想轴心压杆的临界力较高，实际钢压杆件的临界力较低。而板件由于受到板边较大的约束，实际临界应力大于按理想板件求得的临界应力。

5. 实腹式轴心受压构件弯曲失稳（屈曲）的计算，是取实际钢压杆（考虑初始缺陷）按二阶弹塑性理论，计算出极限承载力 N_u，再由 N_u 经统计分析定出轴心受压构件的稳定系数 φ，然后按式（4—34）计算。稳定系数 φ 值与截面类型、钢材等级及杆件长细比有关。

6. 实腹式轴心受压构件扭转失稳（屈曲）和弯扭失稳（屈曲）的计算，是取理想轴心受压构件按二阶弹性分析导出弹性扭转失稳和弯扭失稳临界荷载，将其与弯曲失稳承载力即欧拉临界力比较，得到相应的换算长细比 λ_z 和 λ_{yz}，从而查表得到稳定系数 φ，然后按式（4—34）计算，由此间接地计入弹塑性、初偏心及残余应力等的影响。

7. 格构式轴心压杆对虚轴的弯曲失稳（屈曲）计算是取理想格构式轴心压杆并考虑缀材剪切变形的影响，按二阶弹性分析导出其弹性弯曲失稳临界力，将它与实腹式轴心压杆的弯曲失稳欧拉临界力相比较，得到相应的换算长细比 λ_{0x}，从而查表得到稳定系数 φ，然后按式（4—34）计算，由此间接地计入弹塑性、初偏心、残余应力等的影响。除整体稳定计算外，格构式轴心受压构件还要控制单肢的长细比，保证单肢不先于整体构件失稳，并对缀材及其与分肢的连接进行计算。

8. 轴心受压实腹式组合压杆的翼缘和腹板是通过控制板件的宽厚比来保证其局部稳定的。

9. 轴心受压柱与梁的连接或与地基的连接（柱脚）均为铰接，只承受剪力和轴心压力，其构造布置应保证传力明确、构造简单和便于制造安装，并进行必要的计算。

思　考　题

4.1 试比较轴心受力构件的各截面形式之间的特点。

4.2 以轴心受压构件为例，说明构件强度计算与稳定计算的区别。

4.3 以换算长细比 λ_z、λ_{yz} 和 λ_{0x} 替代 λ 按式（4—4）算出的荷载代表什么意义？

4.4 十字形截面的实腹式轴心受压构件，如果 λ_x 和 λ_y 均大于 $5.07\, b/t$，是否会发生扭转屈曲？

4.5 试说明理想轴心压杆与实际钢压杆的整体失稳的特点。

4.6 残余应力对焊接工字形压杆的稳定承载力有何不利影响？

4.7 轴心受压构件整体稳定系数 φ 根据哪些因素确定？

4.8 轴心受压构件的整体稳定不能满足要求时,若不增大截面面积,是否还可以采取其他措施提高其承载力?

4.9 为保证轴心受压构件翼缘和腹板的局部稳定,《规范》规定的板件宽厚比限制值是根据什么原则制定的?

习　题

4.1 计算一屋架下弦杆所能承受的最大拉力 N,下弦截面为 2∟110×10(图 4—49),有 2 个安装螺栓,螺栓孔径为 21.5 mm,钢材为 Q235。

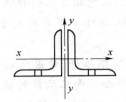

图 4—49　习题 4.1 图

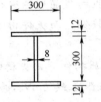

图 4—50　习题 4.2 图(单位:mm)

4.2 如图 4—50 所示的两个轴心受压柱,截面面积相等,两端铰接,柱高 45 m,材料用 Q235 钢,翼缘火焰切割以后又经过刨边。判断这两个柱的承载能力的大小,并验算截面的局部稳定。

4.3 一长为 6 m,两端铰接且端部截面可自由翘曲的轴心压杆,截面如图 4—51 所示,试通过计算判断:①此杆件是否由扭转屈曲控制设计;②若在杆件长度的中点加上两种侧向支撑,如图(b)、(c)所示,则此杆件是否由扭转屈曲控制设计。

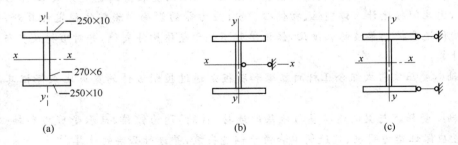

(a)　　　　　　　　　(b)　　　　　　　　　(c)

图 4—51　习题 4.3 图(单位:mm)

4.4 图 4—52 所示为一管道支架,其支柱的设计压力为 N = 1 600 kN(设计值),柱两端铰接,钢材为 Q235,截面无孔眼削弱。试设计此支柱的截面:①用普通轧制工字钢;②用热轧 H 形钢;③用焊接工字形截面,翼缘板为焰切边。

4.5 试设计一两端铰接的轴心受压缀条式格构柱,柱长为 9 m,该柱的轴心压力设计值 N = 1 200 kN,钢材为 Q345。

4.6 试设计一两端铰接的轴心受压缀板式格构柱,其余条件同习题 4.5。

4.7 试设计习题 4.4 的柱脚。基础混凝土为 C15,抗压强度设计值 f_c = 7.5 N/mm²。采用两个 M20 锚栓。

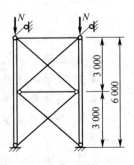

图 4—52　习题 4.4 图

5 受弯构件

5.1 概　述

　　土木工程中的受弯构件是指承受横向荷载的构件,通常称为梁。如建筑钢结构中的屋盖梁、楼盖梁、檩条、吊车梁、工作平台梁等;桥梁钢结构中梁式桥的主梁如钢板梁、钢箱梁等,另外还有水工闸门、起重机、海上采油平台中的梁等等。

　　按截面形式,钢梁可分为型钢梁和组合梁,如图 5-1 所示。型钢梁制造简单、成本低,在建筑钢结构中应用广泛,截面形式有工字钢、槽钢、H 形钢[图 5-1(a)~(c)]。其中工字钢及 H 形钢具有双轴对称截面,受力性能好,应用最为广泛;特别是 H 形钢的截面分布最合理,翼缘内外边缘平行,与其他构件连接较方便,应予优先采用。用于梁的 H 形钢宜为窄翼缘型(HN 型)。槽钢多用作檩条、墙梁等,用槽钢作为梁,由于截面的剪切中心在腹板外侧,弯曲时容易同时产生扭转,设计时要采取措施阻止截面扭转。由于轧制条件的限制,热轧型钢腹板的厚度较大,用钢量较多。某些受弯构件(如檩条)采用冷弯薄壁型钢[如图 5-1(d)~(f)]较经济,但防腐要求较高。

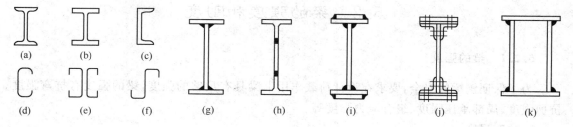

图 5-1　钢梁的截面形式

　　在荷载较大或跨度较大时,由于轧制条件的限制,型钢的尺寸、规格不能满足梁承载力和刚度的要求,就必须采用组合梁。组合梁一般采用三块钢板焊接而成的工字形截面[如图 5-1(g)],或由 T 形钢(用 H 形钢剖分而成)中间加板的焊接截面[如图 5-1(h)],当焊接组合梁翼缘需要很厚时,可采用两层翼缘板的截面[如图 5-1(i)]。受动力荷载的梁如钢材质量不能满足焊接结构的要求时,可采用高强度螺栓或铆钉连接而成的工字形截面[如图 5-1(j)]。荷载很大而高度受到限制或梁的抗扭要求较高时,可采用箱形截面[如图 5-1(k)]。组合梁的截面组成比较灵活,可使材料在截面上的分布更为合理,节省钢材。

　　钢梁按支承方式可分为简支梁、连续梁、伸臂梁等。简支梁的用钢量虽然较多,但由于制造、安装、修理、拆换较方便,而且不受温度变化和支座沉陷的影响,因而用得最为广泛。

　　在土木工程中,除少数情况如吊车梁、起重机大梁或上承式铁路板梁桥等可单根梁或两根梁成对布置外,通常由若干梁平行或交叉排列而成梁格,图 5-2 即为工作平台梁格布置示例。根据主梁和次梁的排列情况,梁格可分为三种类型:

（1）单向梁格[图 5-3（a）]：只有主梁，适用于楼盖或平台结构的横向尺寸较小或面板跨度较大的情况。

（2）双向梁格[图 5-3（b）]：只有主梁及一个方向的次梁，次梁由主梁支承，是最为常用的梁格类型。如屋盖、楼盖、工作平台梁等，荷载由工作面板传给次梁，再由次梁传给主梁，主梁再将荷载传给柱或墙，最后传至地基。

（3）复式梁格[图 5-3（c）]：在主梁间设纵向次梁，纵向次梁间再设横向次梁。荷载传递层次多，梁格构造复杂，故应用较少，只适用于荷载重和主梁间距很大的情况。

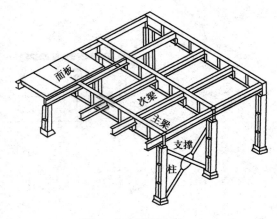

图 5-2　工作平台梁

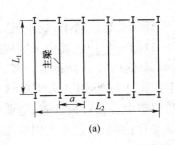 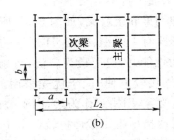 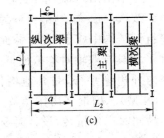

図 5-3　梁格类型

5.2　梁的强度和刚度

5.2.1　梁的强度

为了保证钢梁的安全，要求在设计荷载作用下梁具有足够的强度，梁的强度有抗弯强度、抗剪强度、局部承压强度、组合应力强度等。

1.抗弯强度

梁是以受弯为主的构件，在外荷载作用下，梁中最大弯矩作用截面上的弯曲应力随外荷载的增加而呈不同形式的分布，下面以工字形截面为例进行说明。

如图 5-4 所示，当外荷载较小时，截面上的弯曲应力呈线性分布，这个阶段称为弹性工作阶段，随着外荷载的增大，截面最外层纤维的应力先达到屈服点，如图 5-4（b）所示。此时所对应的弯矩 M_e 叫做弹性极限弯矩，弹性极限弯矩 M_e 可由下式计算：

$$M_e = W_n f_y \tag{5-1}$$

式中　W_n——梁的净截面模量；

　　　f_y——钢材的屈服极限。

当弯矩达到弹性极限弯矩以后，若外荷载继续增加，则截面外缘部分进入塑性状态，随着外荷载的不断增加，截面的塑性区逐渐向内发展，这个阶段称为弹塑性工作阶段，截面上的应力分布如图 5-4（c）所示。

当外荷载继续增加，使梁的全截面达到塑性状态时，梁的截面即进入塑性工作阶段，截面

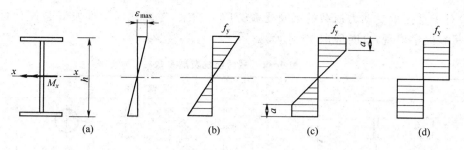

图 5—4 梁截面上的弯曲应力分布

上的应力分布如图 5—4(d)所示。此时所对应的弯矩 M_p 称为塑性弯矩,计算公式为:

$$M_p = W_{pn} f_y \tag{5—2}$$

式中 W_{pn} ——梁的净截面对 x 轴的塑性模量,其值等于截面中性轴以上和以下的净面积对中性轴的面积矩之和,即 $W_{pn} = S_{1n} + S_{2n}$。

当梁的截面上的弯矩达到塑性弯矩 M_p 后,梁不再继续承载,但变形仍可继续增加,截面犹如一个铰,可以转动,故称为塑性铰。

W_{pn} 与 W_n 的比值 F 称为截面形状系数,即

$$F = W_{pn}/W_n \tag{5—3}$$

实际上 F 也是塑性弯矩 M_p 与弹性极限弯矩 M_e 的比值,它仅与截面的形状有关,而与材料性质无关。对于矩形截面 $F=1.5$;对于通常尺寸的工字形截面 $F_x = 1.05 \sim 1.15$(绕强轴弯曲),$F_y = 1.5$;对于箱形截面 $F = 1.05 \sim 1.15$;圆截面 $F = 1.7$;圆管截面 $F = 1.27$;对于格构式截面或腹板很小的截面 $F \approx 1.0$。

进行梁的设计时,根据不同的规范要求,可以使梁的部分截面进入塑性,以此作为梁的极限状态,这种设计方法叫梁的弹塑性设计。如果不容许梁的截面进入塑性,即以弹性极限作为梁可以达到的最大应力,则就是梁的弹性设计。

梁的抗弯强度要求梁的最大弯矩作用截面(或称危险截面)上的最大弯曲应力不得超过抗弯强度设计值,计算公式如下:

对单向弯曲梁:

$$\frac{M_x}{\gamma_x W_{nx}} \leqslant f \tag{5—4}$$

对双向弯曲梁:

$$\frac{M_x}{\gamma_x W_{nx}} + \frac{M_y}{\gamma_y W_{ny}} \leqslant f \tag{5—5}$$

式中 M_x、M_y ——绕 x 和 y 轴的弯矩(对工字形截面,x 轴为强轴,y 轴为弱轴);

W_{nx}、W_{ny} ——截面对 x 和 y 轴的净截面模量;

γ_x、γ_y ——考虑梁的截面塑性区大小而引入的截面塑性发展系数,其值小于截面形状系数 F,不同截面 γ 值的选用见表 5—1;

f ——钢材抗弯强度设计值。

对于下面两种情况,《规范》取 $\gamma = 1.0$,即不允许截面有塑性区,而以弹性极限弯矩作为梁的设计极限弯矩。

(1)当梁的受压翼缘自由外伸宽度与其厚度之比超过 $13\sqrt{235/f_y}$ 但不超过 $15\sqrt{235/f_y}$ 时,考虑截面塑性发展对翼缘的局部稳定有不利影响,这时应取 $\gamma = 1.0$;

（2）对于直接承受动力荷载的梁及受疲劳应力的梁，考虑截面塑性发展会使钢材硬化，促使疲劳断裂提早出现，这时应取 $\gamma=1.0$。

表 5－1　截面塑性发展系数

截面形式		γ_x	γ_y	截面形式		γ_x	γ_y
			1.2			1.2	1.2
		1.05	1.05			1.15	1.15
		$\gamma_{x1}=1.05$	1.2				1.05
		$\gamma_{x2}=1.2$	1.05			1.0	1.0

2. 抗剪强度

对于梁的抗剪强度，规定以最大剪应力达到所用钢材剪切屈服点作为抗剪承载力极限状态，梁的抗剪强度计算公式为

$$\tau=\frac{VS}{I_x t_w}\leqslant f_V \tag{5-6}$$

式中　V——计算截面上的剪力；

　　S——计算截面中性轴以上或以下的截面对中性轴的面积矩；

　　I_x——毛截面惯性矩；

　　t_w——腹板厚度；

　　f_V——钢材抗剪强度设计值。

最大剪应力位于腹板中性轴处，工字形和槽形截面梁腹板上的剪应力分布如图 5－5 所示。

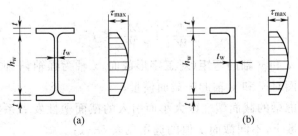

图 5－5　腹板上的剪应力分布

当梁的抗剪强度不足时，最有效的办法是增大腹板的面积，但腹板的高度一般由梁的刚度条件和构造要求确定，故设计时常采用加大腹板厚度的办法来增大梁的抗剪强度。

3. 局部承压强度

当梁的翼缘上有集中荷载作用时（如图 5－6 所示），会对该处的腹板产生很大的局部压应

力。《规范》要求按下式计算腹板计算高度处的局部承压强度：

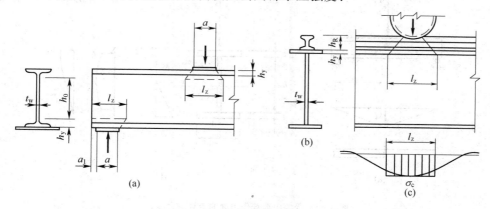

图 5—6　梁腹板的局部压应力

$$\sigma_c = \frac{\psi F}{t_w l_z} \leq f \qquad (5-7)$$

式中　F——集中荷载；

　　　ψ——集中荷载增大系数，对重级工作制吊车轮压，$\psi = 1.35$；对其他荷载，$\psi = 1.0$；

　　　t_w——腹板厚度；

　　　f——钢材抗压强度设计值；

　　　l_z——集中荷载在腹板计算高度边缘的假定分布长度，其计算方法如下：

　　　跨中集中荷载　　　　　$l_z = a + 5h_y + 2h_R$

　　　梁端支反力　　　　　　$l_z = a + 2.5h_y + a_1$

　　其中　a——集中荷载沿梁跨度方向的支承长度，对吊车轮压可取为50 mm，

　　　　h_y——梁顶到腹板计算高度处的距离，

　　　　h_R——轨道的高度，计算处无轨道时 $h_R = 0$，

　　　　a_1——梁端到支座板外边缘的距离，按实际取，但不得大于 $2.5h_y$。

当计算不能满足时，在固定集中荷载处（包括支座处），应对腹板用支承加劲肋予以加强，并对支承加劲肋进行计算（详见本章）；对移动集中荷载，则只能修改梁截面，加大腹板厚度。

4. 折算应力

在组合梁的腹板计算高度边缘处，若同时受有较大的正应力、剪应力和局部压应力（如连续梁的支座处或梁的翼缘截面改变处等），应验算其折算应力。例如图 5—7 中受集中荷载作用的梁，在 1—1 截面处，弯矩及剪力均为最大值，这时该梁 1—1 截面腹板边缘 A 点（计算高度）处同时有正应力 σ，剪应力 τ，同时还有集中荷载引起的局部压应力 σ_c 的共同作用，为保证安全，应按下式验算其折算应力：

$$\sqrt{\sigma^2 + \sigma_c^2 - \sigma\sigma_c + 3\tau^2} \leq \beta_1 f \qquad (5-8)$$

式中　$\sigma = \dfrac{M}{I_{nx}} y$，验算点处的正应力；

　　　$\tau = \dfrac{VS}{I_x t_w}$，验算点处的剪应力；

　　　$\sigma_c = \dfrac{\psi F}{t_w l_z}$，验算点处的局部压应力；

　　　M——验算截面上的弯矩；

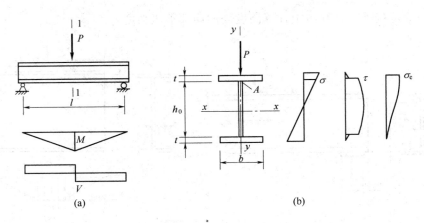

图 5-7　受集中荷载作用梁的折算应力验算

　　V——验算截面上的剪力；

　　y——验算点至中性轴的距离；

　　β_1——强度设计值增大系数。《规范》规定：当 σ 与 σ_c 异号时，取 $\beta_1=1.2$；当 σ 与 σ_c 同号或 $\sigma_c=0$ 时，取 $\beta_1=1.1$；

　　f——钢材抗拉强度设计值。

　　式(5-8)中将强度设计值乘以增大系数 β_1，是考虑到折算应力最大值只在局部区域，同时，几种应力在同一处都达到最大值且材料强度又同时为最低值的几率较小，故将设计强度适当提高。当 σ 与 σ_c 异号时，比 σ 与 σ_c 同号时要提前进入屈服，但这时塑性变形能力高，危险性相对较小，故取 $\beta_1=1.2$；当 σ 与 σ_c 同号时，屈服延迟，但脆性倾向增加，故取 $\beta_1=1.1$；当 $\sigma_c=0$ 时则偏安全地取 $\beta_1=1.1$。

　　如果局部压应力 $\sigma_c=0$，则式(5-8)简化为：

$$\sqrt{\sigma^2+3\tau^2}\leqslant 1.1f \tag{5-9}$$

5.2.2　梁的刚度

　　《规范》要求结构构件或体系变形不得损害结构正常使用功能及观感。例如，如果楼盖梁或屋盖梁挠度太大，会引起居住者不适，或面板开裂；支承吊顶的梁挠度太大，会引起吊顶抹灰开裂脱落；吊车梁挠度太大，会影响吊车正常运行等等。因此设计钢梁除应保证各项强度要求之外，还应满足刚度要求。

　　梁的刚度按正常使用状态下，荷载标准值引起的挠度来衡量，规范中限制梁的挠度不超过规定的容许值，即

$$w\leqslant [w] \tag{5-10}$$

式中　w——梁的最大挠度，按荷载的标准值进行计算；

　　　$[w]$——梁的容许挠度，按表 5-2 取值。

　　梁的挠度可按材料力学和结构力学的方法计算，也可由结构静力计算手册取用。受多个集中荷载的梁(如吊车梁、楼盖主梁等)，其挠度的精确计算较为复杂，但与最大弯矩相同的均布荷载作用下的挠度接近。于是，可采用下列近似公式验算梁的挠度：

　　对等截面简支梁：

$$w=\frac{5}{384}\frac{q_k l^4}{EI_x}\approx\frac{5}{48}\frac{M_k l^2}{EI_x} \tag{a}$$

式中　q_k——均布线荷载标准值;

　　　M_k——荷载标准值产生的最大弯矩;

　　　I_x——跨中毛截面惯性矩。

对变截面简支梁:

$$w=\frac{5}{48}\frac{M_k l^2}{EI_x}\left(1+\frac{3}{25}\frac{I_x-I_{x1}}{I_x}\right) \tag{b}$$

式中　I_{x1}——支座附近毛截面惯性矩。

计算梁的挠度 w 值时,取用的荷载标准值应与表 5—2 规定的容许挠度值 $[w]$ 相对应。例如,对吊车梁,挠度 w 应按自重和起重量最大的一台吊车计算;对楼盖或工作平台梁,应分别验算全部荷载产生挠度和仅有可变荷载产生挠度。

表 5—2　梁的容许挠度

项次	构　件　类　别	挠度容许值	
		$[w_T]$	$[w_Q]$
1	吊车梁和吊车桁架(按自重和起重量最大的一台吊车计算挠度): (1)手动吊车和单梁吊车(含悬挂吊车); (2)轻级工作制桥式吊车; (3)中级工作制桥式吊车; (4)重级工作制桥式吊车	$l/500$ $l/800$ $l/1\,000$ $l/1\,200$	
2	手动或电动葫芦的轨道梁	$l/400$	
3	有重轨(重量≥38 kg/m)轨道的工作平台梁; 有轻轨(重量≤24 kg/m)轨道的工作平台梁	$l/600$ $l/400$	
4	楼(屋)盖梁或桁架,工作平台梁(第 3 项除外)和平台板: (1)主梁或桁架(包括设有悬挂起重设备的梁和桁架); (2)抹灰顶棚的次梁; (3)除(1)、(2)外的其他梁; (4)屋盖檩条: 　支承无积灰的瓦楞铁和石棉瓦者; 　支承压型金属板、有积灰的瓦楞铁和石棉瓦等屋面者; 　支承其他屋面材料者; (5)平台板	$l/400$ $l/250$ $l/250$ $l/150$ $l/200$ $l/200$ $l/150$	$l/500$ $l/350$ $l/300$
5	墙梁构件(风荷载不考虑阵风系数): (1)支柱; (2)抗风桁架(作为连续支柱的支承时); (3)砌体墙的横梁(水平方向); (4)支承压型金属板、瓦楞铁和石棉瓦墙面的横梁(水平方向); (5)带有玻璃窗的横梁(竖直和水平方向)	 $l/200$	$l/400$ $l/1\,000$ $l/300$ $l/200$ $l/200$

注:1. l 为受弯构件的跨度(对悬臂梁和伸臂梁为悬伸长度的 2 倍)。

　　2. $[w_T]$ 为全部荷载标准值产生的挠度(如有起拱应减去拱度)的容许值;

　　　$[w_Q]$ 为可变荷载标准值产生的挠度的容许值。

5.3　梁的整体稳定

5.3.1　梁整体稳定的概念及临界弯矩

设计梁时,通常使之在横向荷载作用下绕强轴发生弯曲,即在正常工作时,梁处于平面弯曲状态,且梁的剪切中心位于弯曲平面(最大刚度平面)内。当荷载增加使梁的受压翼缘的弯曲应力达到一定数值时,梁可能会由平面弯曲状态变为侧向弯曲,并伴随扭转(如图 5—8 所示),这种现象称为梁的整体失稳(或梁的侧向弯扭失稳),这时梁内相应的弯矩称为临界弯矩。如果继续增加荷载,梁的侧向弯扭变形迅速增大,梁失去继续承载的能力。梁的整体失稳具有突发性,所造成的后果是严重的。

1. 双轴对称截面纯弯曲梁的临界弯矩

图 5—8 为一两端简支双轴对称工字形截面纯弯曲梁,梁两端各受力矩 M 作用,弯矩沿长度均匀分布。所谓简支就是符合夹支条件,支座处截面可自由翘曲,能绕 x 轴和 y 轴转动,但不能绕 z 轴转动,也不能侧向移动。下面按弹性杆件的随遇平衡理论进行分析,在微小弯曲变形和扭转变形的情况下建立微分方程。

设固定坐标为 x、y、z,弯矩 M 达到一定数值梁产生整体失稳变形后,相应的移动坐标为 x'、y'、z',截面形心在 x、y 轴方向的位移为 u、v,截面扭转角为 φ。在图 5—8(b)和图 5—8(d)中,弯矩用双箭头向量表示,其方向按向量的右手规则确定。

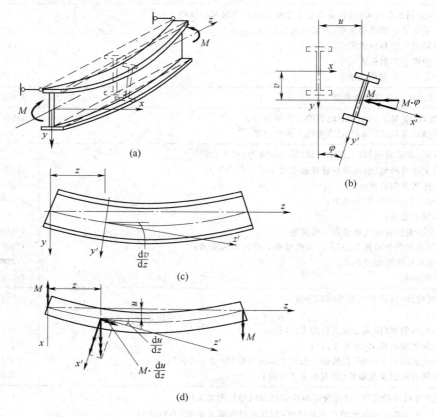

图 5—8　梁的整体失稳

在 $y'z'$ 平面内,梁在最大刚度平面内弯曲,其弯矩的平衡方程为:

$$-EI_x \frac{\mathrm{d}^2 v}{\mathrm{d}z^2} = M \tag{a}$$

在 $x'z'$ 平面内,梁为侧向弯曲,其弯矩的平衡方程为:

$$-EI_y \frac{\mathrm{d}^2 u}{\mathrm{d}z^2} = M \cdot \varphi \tag{b}$$

由于梁端夹支,中部任意截面扭转时,纵向纤维发生了弯曲,属于约束扭转。由式(4—11)得此扭转的微分方程为:

$$-EI_w\varphi'''+GI_t\varphi'=Mu'$$ (c)

以上方程中,式(a)可独立求解,它是沿最大刚度平面的弯曲问题,与梁的弯扭屈曲无关。式(b)、(c)具有两个未知数 u 和 φ,必须联立求解。将式(c)再微分一次,并利用式(b)消去 u'',则得到只有未知数 φ 的弯扭屈曲微分方程:

$$EI_w\varphi''''-GI_t\varphi''-\frac{M^2}{EI_y}\varphi=0$$ (5—11)

与轴心压杆弹性弯曲屈曲的挠曲曲线一样,可以认为两端简支梁的扭转角为正弦曲线分布,即:

$$\varphi=C\sin\frac{\pi z}{l}$$

将此 φ 和其二阶导数及四阶导数代入式(5—11)中,得:

$$\left[EI_w\left(\frac{\pi}{l}\right)^4+GI_t\left(\frac{\pi}{l}\right)^2-\frac{M^2}{EI_y}\right]C\sin\frac{\pi z}{l}=0$$

为了使上式在任何 z 值都能成立,方括号中的数值必须为零,即:

$$EI_w\left(\frac{\pi}{l}\right)^4+GI_t\left(\frac{\pi}{l}\right)^2-\frac{M^2}{EI_y}=0$$

由上式求得的 M 就是双轴对称工字形截面简支梁受纯弯曲时的临界弯矩 M_{cr}:

$$M_{cr}=k\frac{\sqrt{EI_yGI_t}}{l}$$ (5—12)

式中　k——梁的侧扭屈曲系数,与作用于梁上的荷载类型和作用位置有关,对双轴对称的工字形截面,由于 $I_w=I_y(h/2)^2$,所以有

$$k=\pi\sqrt{1+\left(\frac{\pi}{l}\right)^2\frac{EI_w}{GI_t}}=\pi\sqrt{1+\pi^2\left(\frac{h}{2l}\right)^2\frac{EI_y}{GI_t}}$$ (5—13)

　　EI_y——梁的侧向刚度;

　　GI_t——自由扭转刚度;

　　l——受压翼缘的计算长度。

若令　　　　　$\psi=\left(\frac{h}{2l}\right)^2\frac{EI_y}{GI_t}$,　　则　$k=\pi\sqrt{1+\pi^2\psi}$

2. 横向荷载作用下双轴对称工字形截面梁的临界弯矩

如梁上作用横向荷载,截面所受的弯矩沿梁长度而变化,临界弯矩的计算比较复杂,常用能量法求近似解。理论计算证明,横向荷载作用下的梁,其临界弯矩也可用式(5—12)来表达,不过式中的 k 值应取为表5—3所示的数值。

从表5—3可以看到:①在横向荷载作用于形心的情况下,其临界弯矩都比纯弯曲时高。这是由于纯弯曲时梁所有截面弯矩均达到最大值,而横向荷载作用情况只跨中达最大值。②横向荷载作用于上翼缘比作用于下翼缘的临界弯矩低。这是由于梁一旦扭转,作用于上翼缘的荷载对剪心 S 产生不利的附加扭矩[图5—9(a)],使梁扭转加剧,助长屈曲;而荷载在下翼缘[图5—9(b)]产生的附加扭矩会减缓梁的扭转。

表 5-3　双轴对称工字形截面简支梁的侧扭屈曲系数 k 值

荷载情况	k 值		说　明
	荷载作用于形心	荷载作用于上、下翼缘	
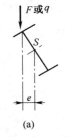	$1.35\pi\sqrt{1+10.2\psi}$	$1.35\pi(\sqrt{1+12.9\psi}\pm1.74\sqrt{\psi})$	表中的"±"号： "−"号用于荷载作用在上翼缘；"+"号用于荷载作用在下翼缘
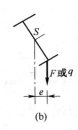	$1.13\pi\sqrt{1+10\psi}$	$1.13\pi(\sqrt{1+11.9\psi}\pm1.44\sqrt{\psi})$	
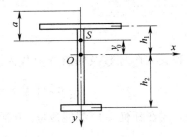	$\pi\sqrt{1+\pi^2\psi}$		

图 5-9　荷载作用位置的影响　　　　图 5-10　单轴对称工字形截面

3. 单轴对称工字形截面梁的临界弯矩

对单轴对称工字形截面简支梁(如图 5-10)，在不同荷载作用下的临界弯矩 M_{cr} 可用能量法求出：

$$M_{cr}=\beta_1\frac{\pi^2EI_y}{l^2}\left[\beta_2a+\beta_3B_y+\sqrt{(\beta_2a+\beta_3B_y)^2+\frac{I_w}{I_y}\left(1+\frac{l^2GI_t}{\pi^2EI_w}\right)}\right] \qquad (5-14)$$

式中　　　a——横向荷载作用点至剪切中心 S 的距离，荷载在剪切中心以上时取负值，反之取正值；

l——受压翼缘的计算长度；

EI_y、GI_t、EI_w——截面侧向抗弯刚度、自由扭转刚度和翘曲刚度；

β_1、β_2、β_3——系数，随荷载类型而异，其值见表 5-4；

B_y——截面不对称特征，其值为

$$B_y=\frac{1}{2I_x}\int y(x^2+y^2)\mathrm{d}A-y_0$$

其中 $y_0=-\dfrac{I_1h_1-I_2h_2}{I_y}$ 为剪切中心的纵坐标，I_1 和 I_2 分别为受压翼缘和受拉翼缘对 y 轴的惯性矩，h_1 和 h_2 为受压翼缘和受拉翼缘形心至整个截面形心的距离。

表 5-4　系数 β_1、β_2、β_3 的取值

荷载类型	β_1	β_2	β_3
跨度中点集中荷载	1.35	0.55	0.40
满跨均布荷载	1.13	0.46	0.53
纯弯曲	1	0	1

由以上讨论可知，梁的临界弯矩与梁的侧向刚度、自由扭转刚度和受压翼缘的自由长度以及作用于梁上的荷载类型和作用位置等因素有关。因此，为了提高梁的整体稳定性，可采取如

下措施:①增大梁的侧向抗弯刚度和抗扭刚度;②减小梁受压翼缘的自由长度;③合理布置荷载的分布形式及作用点的位置。另外,在梁端采用夹支阻止梁的侧向弯曲和扭转。

5.3.2 梁的整体稳定验算及整体稳定系数的计算

由梁的临界弯矩可求得梁的整体稳定临界应力,为保证梁的整体稳定性,就要求梁的最大弯曲应力不超过临界应力,即

$$\sigma=\frac{M_x}{W_x}\leqslant\frac{\sigma_{cr}}{\gamma_R}=\frac{\sigma_{cr}}{f_y}\frac{f_y}{\gamma_R}=\frac{M_{cr}}{W_x f_y}\frac{f_y}{\gamma_R}=\varphi_b f$$

《规范》中采用的梁的整体稳定检算公式为:

$$\frac{M_x}{\varphi_b W_x}\leqslant f \tag{5-15}$$

式中 M_x——绕强轴作用的最大弯矩;

      W_x——按受压翼缘确定的梁的毛截面模量;

      f——钢材的抗弯强度设计值;

      φ_b——梁的整体稳定系数,定义为:

$$\varphi_b=\frac{M_{cr}}{W_x f_y} \tag{5-16}$$

实际应用中采用简化的计算公式进行计算,下面以双轴对称工字形截面受纯弯曲的梁为例来导出 φ_b 的计算公式。

将公式(5—12)、式(5—13)代入公式(5—16),可得

$$\varphi_b=\pi\sqrt{1+\left(\frac{\pi h}{2l_1}\right)^2\frac{EI_y}{GI_t}}\cdot\frac{\sqrt{EI_y GI_t}}{W_x l_1 f_y}=\frac{\pi^2 EI_y h}{2l_1^2 W_x f_y}\sqrt{1+\left(\frac{2l_1}{\pi h}\right)^2\frac{GI_t}{EI_y}}$$

将 $E=2.06\times10^5$ N/mm², $G=7.9\times10^4$ N/mm² 代入上式,并令 $I_y=Ai_y^2$, $l_1/i_y=\lambda_y$, $I_t\approx At_1^2/3$,可得双轴对称工字形截面受纯弯曲时梁的整体稳定系数:

$$\varphi_b=\frac{4\,320}{\lambda_y^2}\cdot\frac{Ah}{W_x}\sqrt{1+\left(\frac{\lambda_y t_1}{4.4h}\right)^2}\cdot\frac{235}{f_y} \tag{5-17}$$

式中 λ_y——绕弱轴的长细比;

      A——梁的毛截面面积;

      W_x——按受压翼缘确定的梁的毛截面模量;

      h——梁高;

      t_1——受压翼缘的厚度;

      f_y——钢材的屈服强度(N/mm²)。

实际上,受纯弯曲的梁是不多见的,当梁受其他横向荷载或梁为单轴对称截面时,对式(5—17)加以修正即可得到相应的整体稳定系数,详见附录3。

上述整体稳定系数是按弹性稳定理论求得的。研究证明,当求得的 φ_b 大于0.6时,梁已进入非弹性工作阶段,整体稳定临界应力有明显的降低,必须对 φ_b 进行修正。规范规定,当按上述公式或表格确定 $\varphi_b>0.6$ 时,可用下式求得的 φ_b' 代替 φ_b 进行梁的整体稳定计算。

$$\varphi_b'=1.07-0.282/\varphi_b \tag{5-18}$$

但不大于1.0。

对于轧制普通工字钢和槽钢简支梁以及双轴对称工字钢等截面悬臂梁的整体稳定计算详

见附录 3。同时,附录 3 还给出了对于均匀弯曲的工字形和 T 形截面梁当 $\lambda_y < 120 \sqrt{235/f_y}$ 时的整体稳定系数近似计算公式。

《规范》规定,当符合下列情况之一时,可不计算梁的整体稳定性:

(1)有铺板(各种钢筋混凝土板和钢板)密铺在梁的受压翼缘上并与其牢固相连,能防止梁受压翼缘的侧向位移时。

(2)H 形钢或等截面工字形简支梁受压翼缘的自由长度 l_1 与其宽度 b_1 之比不超过表 5—5 所规定的数值时。

对跨中无侧向支撑点的梁,l_1 为其跨度;对跨中有侧向支撑点的梁,l_1 为受压翼缘侧向支撑点间的距离(梁的支座处视为有侧向支撑)。

表 5—5 H 形钢或工字形截面简支梁不需计算整体稳定性的最大 l_1/b_1

钢　号	跨中无侧向支承点的梁		跨中有侧向支承点的梁,不论荷载作用于何处
	荷载作用在上翼缘	荷载作用在下翼缘	
Q235	13.0	20.0	16.0
Q345	10.5	16.5	13.0
Q390	10.0	15.5	12.5
Q420	9.5	15.0	12.0

注:其他钢号的梁不需计算整体稳定性的最大 l_1/b_1 值应取 Q235 钢的数值乘以 $\sqrt{235/f_y}$。

对双向弯曲的 H 形钢或工字形截面梁,《规范》要求按下列经验公式验算整体稳定:

$$\frac{M_x}{\varphi_b W_x} + \frac{M_y}{\gamma_y W_y} \leqslant f \tag{5—19}$$

式中　M_x、M_y——绕 x 和 y 轴的弯矩(对工字形截面,x 轴为强轴,y 轴为弱轴);

$\quad W_x$、W_y——截面对 x 和 y 轴按受压纤维确定的毛截面模量;

$\quad \gamma_y$——对 y 轴的截面塑性发展系数,见表 5—1;

$\quad f$——钢材抗弯强度设计值;

$\quad \varphi_b$——绕 x 轴弯曲时梁的整体稳定系数。

5.4　型钢梁的设计

型钢梁的设计通常要满足强度、刚度、整体稳定三方面的要求。

5.4.1　单向弯曲型钢梁

单向弯曲型钢梁大多采用热轧普通型钢和 H 形钢。设计基本思路如下:

(1)根据梁的荷载、跨度和支承情况,计算梁的最大弯矩设计值 $M_{\max}(M_x)$,并按所选择的钢材种类确定抗弯强度设计值 f。

(2)按抗弯强度要求计算所需要的净截面抵抗矩

$$W_{nx} = \frac{M_x}{\gamma_x f} \tag{5—20}$$

式中 γ_x 可取 1.05,当梁的最大弯矩所在截面上有栓孔时,可将上式算得的 W_{nx} 增大 10%～15%,然后由 W_{nx} 查型钢表选择合适的型钢号。

（3）计入钢梁的自重荷载，按自重荷载和其他作用荷载计算梁的弯矩，进行抗弯强度、刚度及整体稳定检算。注意：强度及整体稳定检算时采用荷载的设计值，刚度检算时采用荷载的标准值。

对型钢梁来说，由于腹板较厚，当截面无削弱时，可不检算剪应力及折算应力。对于翼缘上只承受均布荷载的梁，亦可不检算局部承压应力。

5.4.2　双向弯曲型钢梁

双向弯曲型钢梁大多用于檩条和墙梁。型钢号的选择可依据双向抗弯强度条件(5—5)求得所需截面模量：

$$W_{nx} = \left(M_x + \frac{\gamma_x}{\gamma_y} \frac{W_{nx}}{W_{ny}} M_y \right) \frac{1}{\gamma_x f} = \frac{M_x + \alpha M_y}{\gamma_x f} \qquad (5-21)$$

对小型号的工字钢和窄翼缘 H 型钢，可近似地取 $\alpha = 6$；对槽钢，可近似地取 $\alpha = 5$。

选择型钢号，然后进行检算。对型钢檩条，一般只检算弯曲正应力（强度）、整体稳定及刚度。

强度按式(5—5)检算，整体稳定按式(5—19)检算。刚度按下式检算：

$$\sqrt{w_x^2 + w_y^2} \leqslant [w] \qquad (5-22)$$

式中 w_x、w_y 分别为沿截面主轴 x 和 y 方向的分挠度，它们分别由各自方向的荷载标准值计算。

有的结构（如檩条）只要求控制绕 x 轴方向弯曲的挠度，这时可按式(5—10)检算刚度。

例题 5.1　图 5—11 所示为一车间工作平台。平台上主梁与次梁组成梁格，承受由面板传来的荷载。平台标准恒载为 3 000 N/m²，标准活载为 4 500 N/m²，无动力荷载，恒载分项系数 $\gamma_G = 1.2$，活载分项系数 $\gamma_Q = 1.4$。钢材为 Q235。试设计次梁。

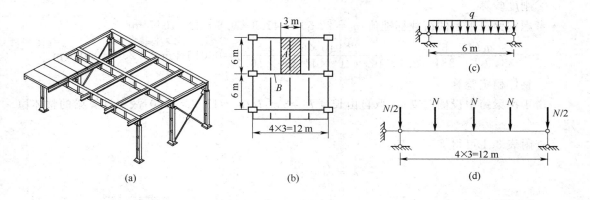

图 5—11　例题 5.1 图

解： 设平台面板临时搁置于梁格上，次梁跨中设侧向支撑，次梁采用热轧普通工字钢或 H 形钢。次梁按简支梁设计。

由附表 1.1 查得 $f = 215\,\text{N/mm}^2$。由图 5—11 中平面布置图可知，次梁 A 承担 3 m 宽板内荷载，则梁上的荷载数值为：

荷载标准值：　　　　$q_k = (3\,000 + 4\,500) \times 3 = 22\,500\,\text{N/m}$

荷载设计值：　　　　$q_d = (3\,000 \times 1.2 + 4\,500 \times 1.4) \times 3 = 29\,700\,\text{N/m}$

最大设计弯矩：　　　　$M = 29\,700 \times 6^2 / 8 = 133\,650\,\text{N} \cdot \text{m}$

所需截面模量：$W_{nx} = \dfrac{M_x}{\gamma_x f} = \dfrac{133\,650 \times 10^3}{1.05 \times 215} = 592\,000\ \text{mm}^3 = 592\ \text{cm}^3$

（1）选择工字钢

由附表 7 选用 I32a，质量 52.7 kg/m，$I_x = 11\,080\ \text{cm}^4$，$W_x = 692\ \text{cm}^3$。

①抗弯强度验算

考虑钢梁自重后的最大设计弯矩：$M = 133\,650 + 1.2 \times 52.7 \times 9.8 \times 6^2/8 = 136\,439\ \text{N} \cdot \text{m}$

$$\sigma = \frac{M}{\gamma_x W_x} = \frac{136\,439 \times 10^3}{1.05 \times 692 \times 10^3} = 187.8\ \text{N/mm}^2 < 215\ \text{N/mm}^2$$

②刚度验算

考虑钢梁自重后的荷载标准值：$q_k = 22\,500 + 52.7 \times 9.8 = 23\,017\ \text{N/m}$

$$w = \frac{5}{384} \frac{q_k l^4}{EI} = \frac{5}{384} \times \frac{23\,017 \times 6^4}{2.1 \times 10^5 \times 10^6 \times 11\,080 \times 10^{-8}} = 0.016\,6\ \text{m} < l/250 = 0.024\ \text{m}$$

③整体稳定验算

由于次梁跨中设侧向支撑，取自由长度 $l_1 = 3\ \text{m}$，查表（附表 3.2）可得 $\varphi_b = 1.8 > 0.6$，所以

$$\varphi'_b = 1.07 - 0.282/\varphi_b = 1.07 - 0.282/1.8 = 0.913$$

$$\sigma = \frac{M}{\varphi'_b W_x} = \frac{136\,439 \times 10^3}{0.913 \times 692 \times 10^3} = 216.0\ \text{N/mm}^2\ \text{比}\ f = 215\ \text{N/mm}^2\ \text{大}\ 0.47\%（可）$$

（2）选择 H 形钢：HN346×174×6×9，质量 41.8 kg/m，$I_x = 11\,200\ \text{cm}^4$，$W_x = 649\ \text{cm}^3$，$i_y = 3.86\ \text{cm}$，$A = 53.19\ \text{cm}^2$，$h = 346\ \text{mm}$，$b = 174\ \text{mm}$，$t = 9\ \text{mm}$。

①抗弯强度验算

考虑钢梁自重后的最大设计弯矩：$M = 133\,650 + 1.2 \times 41.8 \times 9.8 \times 6^2/8 = 135\,862\ \text{N} \cdot \text{m}$

$$\sigma = \frac{M}{\gamma_x W_x} = \frac{135\,862 \times 10^3}{1.05 \times 649 \times 10^3} = 199.4\ \text{N/mm}^2 < 215\ \text{N/mm}^2$$

②刚度验算

考虑钢梁自重后的荷载标准值：$q_k = 22\,500 + 41.8 \times 9.8 = 22\,910\ \text{N/m}$

$$w = \frac{5}{384} \frac{q_k l^4}{EI} = \frac{5}{384} \times \frac{22\,910 \times 6^4}{2.1 \times 10^5 \times 10^6 \times 11\,200 \times 10^{-8}} = 0.016\,4\ \text{m} < l/250 = 0.024\ \text{m}$$

③整体稳定验算

由于次梁跨中设侧向支撑，取自由长度 $l_1 = 3\ \text{m}$，$l_1/b_1 = 17.2 > 16.0$，故要计算梁的整体稳定。

查附表 3.1 可得 $\beta_b = 1.15$。

$$\lambda_y = \frac{l_1}{i_y} = \frac{300}{3.86} = 77.7$$

$$\varphi_b = \beta_b \frac{4\,320}{\lambda_y^2} \times \frac{Ah}{W_x} \sqrt{1 + \left(\frac{\lambda_y t_1}{4.4h}\right)^2} = 1.15 \times \frac{4\,320}{77.7^2} \times \frac{5\,319 \times 346}{649\,000} \times \sqrt{1 + \left(\frac{77.7 \times 9}{4.4 \times 346}\right)^2} = 2.57 > 0.6$$

所以

$$\varphi'_b = 1.07 - 0.282/\varphi_b = 1.07 - 0.282/2.57 = 0.96$$

$$\sigma = \frac{M}{\varphi'_b W_x} = \frac{135\,862 \times 10^3}{0.96 \times 649 \times 10^3} = 218.0\ \text{N/mm}^2\ \text{比}\ f = 215\ \text{N/mm}^2\ \text{大}\ 1.4\%（可）$$

例题 5.2 设计一支承波形石棉瓦屋面的檩条，屋面坡度 1/2.5，无雪荷载和积灰荷载。檩条跨度为 6 m，水平间距为 0.79 m（沿屋面坡向间距为 0.851 m），跨中设置一道拉条，采用槽钢截面（图 5—12），材料 Q235—A。

 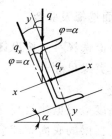

图 5-12 例题 5.2 图

解:波形石棉瓦自重 $0.20\,\text{kN/m}^2$(坡向),预估檩条(包括拉条)自重 $0.15\,\text{kN/m}$;可变荷载:无雪荷载,但屋面均布荷载为 $0.50\,\text{kN/m}$(水平投影面)。

檩条线荷载标准值:$q_k = 0.2 \times 0.851 + 0.15 + 0.5 \times 0.79 = 0.715\,\text{kN/m}$

檩条竖向线荷载设计值:$q_d = 1.2 \times (0.2 \times 0.851 + 0.15) + 1.4 \times 0.5 \times 0.79$

$$= 0.937\,\text{kN/m}$$

$$q_x = 0.937 \times 2.5/\sqrt{2.5^2 + 1^2} = 0.87\,\text{kN/m}$$

$$q_y = 0.937 \times 1/\sqrt{2.5^2 + 1^2} = 0.348\,\text{kN/m}$$

最大设计弯矩:

$$M_x = 0.87 \times 6^2/8 = 3.915\,\text{kN} \cdot \text{m}$$

$$M_y = 0.348 \times 6^2/8 = 0.392\,\text{kN} \cdot \text{m}$$

所需截面模量:

$$W_{nx} = \frac{M_x + \alpha M_y}{\gamma_x f} = \frac{(3.915 + 5 \times 0.392) \times 10^3}{1.05 \times 215} = 26.02 \times 10^3\,\text{mm}^3$$

选用 $[10$,质量 $10.0\,\text{kg/m}$,$I_x = 198\,\text{cm}^4$,$W_x = 39.7\,\text{cm}^3$,$i_x = 3.94\,\text{cm}$,$i_y = 1.42\,\text{cm}$。

(1)抗弯强度验算

$$\frac{M_x}{\gamma_x W_{nx}} + \frac{M_y}{\gamma_y W_{nx}} = \frac{3.915 \times 10^6}{1.05 \times 39.7 \times 10^3} + \frac{0.392 \times 10^6}{1.2 \times 7.8 \times 10^3} = 136\,\text{N/mm}^2 < 215\,\text{N/mm}^2$$

(2)刚度验算

垂直于屋面方向的挠度:

$$w = \frac{5}{384} \frac{q_k l^4}{EI} = \frac{5}{384} \times \frac{0.715 \times 2.5/\sqrt{2.5^2 + 1^2} \times 10^3 \times 6^4}{2.1 \times 10^5 \times 10^6 \times 198 \times 10^{-8}} = 0.026\,9\,\text{m} < l/150 = 0.04\,\text{m}$$

(3)验算檩条的长细比

$$\lambda_x = l_{1x}/i_x = 600/3.94 = 152.3 < [\lambda] = 200$$

$$\lambda_y = l_{1y}/i_y = 300/1.42 = 211.3 > [\lambda] = 200$$

檩条在坡向的刚度不足,可加焊小角钢予以加强。

由于檩条设有拉条,通常不必验算整体稳定。

5.5 组合梁的截面设计

本节以焊接工字形截面为例说明组合梁的截面设计方法,内容包括截面选择及验算,梁的变截面问题,翼缘连接焊缝的计算等。梁的局部稳定及腹板加劲肋的布置将在下一节讨论。

5.5.1　截面选择及验算

组合梁的截面选择一般按设计条件,先估算梁的高度,然后确定腹板的高度和厚度,再根据抗弯强度确定翼缘尺寸。

1.估算梁高

梁的截面高度应根据建筑高度、刚度要求和用钢经济三方面条件确定。

建筑高度是指梁的底面到铺板顶面之间的高度,它往往由生产工艺和使用要求决定。例如当建筑楼层层高确定后,为保证室内规定的净高,就要求楼层梁高不得超过某一数值;对桥梁而言,当桥面标高确定以后,为保证桥下有一定通航、通车或排洪净空,也要限制梁的高度不得过大。给定了建筑高度也就决定了梁的最大高度 $h_{\max}$,有时还限制了梁与梁之间的连接形式。

刚度要求是指在正常使用时,梁的挠度 w 不超过容许挠度 $[w]$,它控制了梁的最小高度,如均布荷载作用下的简支梁,其跨中挠度 w 应满足下式要求:

$$w=\frac{5}{384}\frac{q_{\mathrm{k}}l^{4}}{EI}\leqslant[w]$$

式中 q_{k} 为均布荷载的标准值。若近似取荷载分项系数为 1.3,则设计弯矩为 $M=\frac{1}{8}\times 1.3q_{\mathrm{k}}l^{2}$,设计应力为 $\sigma=\frac{Mh}{2I}$,代入上式可得

$$w=\frac{5}{1.3\times 24}\cdot\frac{\sigma l^{2}}{Eh}\leqslant[w]$$

由此可得

$$h\geqslant h_{\min}=\frac{5}{1.3\times 24}\cdot\frac{\sigma l^{2}}{E[w]}$$

若材料强度得到充分利用,则上式中的 σ 可达 f,如再考虑截面塑性系数,则 σ 可达 $1.05f$,则上式变为

$$h\geqslant h_{\min}=\frac{5}{1.3\times 24}\cdot\frac{1.05fl^{2}}{206\,000[w]}=\frac{fl^{2}}{1.25\times 10^{6}}\cdot\frac{1}{[w]} \tag{5-23}$$

上式给出了满足梁的刚度要求时,梁所需要的最小高度。

如梁的挠度在达到容许挠度的同时,梁的正应力亦达到钢材的抗弯强度设计值,这时钢材的强度可得到充分利用。但由上式可见,在给定容许挠度 $[w]$ 时,若要充分利用钢材的强度,则强度高的钢材,需要的梁高大。因此,当梁的荷载不大而跨度较大,其梁高由刚度条件确定时,选用强度高的钢材是不合理的。如减小梁高,则梁的抗弯强度未用足。

对于非简支梁、非均布荷载,不考虑截面塑性发展以及活荷载比重较大致使荷载平均分项系数高于 1.3 等情况,按同样方式可以导出 $h_{\min}$ 的算式,其值与式(5-23)相近。

用钢经济是按梁的用钢量最小而决定的梁高,称为经济梁高。对梁的截面组成进行分析,发现梁的高度愈大,腹板用钢量 G_{w} 愈多,但可减小翼缘尺寸,使翼缘用钢量 G_{f} 愈小。反之亦然。最经济的梁高 h_{e} 应该使钢的总用量最小,如图 5-13 所示。实际梁的用钢量不仅与腹板、翼缘尺寸有关,还与腹板上加劲肋的布置等因素有关。经分析梁的经济高度 h_{e} 可按下式计算:

$$h_{\mathrm{e}}=2W_{\mathrm{T}}^{0.4} \tag{5-24}$$

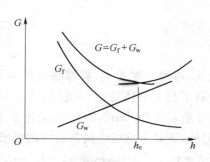

图 5—13 用钢量 G 与经济
梁高 h_e 关系

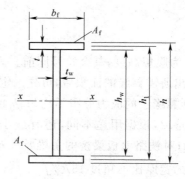

图 5—14 焊接工字形
组合梁的截面尺寸

或

$$h_e = 7 \sqrt[3]{W_T} - 300 \text{ mm} \tag{5—25}$$

式中　W_T——梁所需要的截面模量。可按下式计算：

$$W_T = \frac{M_x}{\alpha f} \tag{5—26}$$

α 为系数,对一般单向弯曲梁,当最大弯矩处无孔眼时,$\alpha=1.05$；有孔眼时,$\alpha=0.85\sim0.9$。

选择梁高时应不超过建筑高度,大于由刚度条件确定的最小高度,且接近经济高度。另外,确定梁高时,应适当考虑腹板的规格尺寸,一般取腹板高度为 50 mm 的倍数。

2. 确定腹板的高度和厚度

梁高选定后,适当考虑翼缘厚度即可确定腹板高度,同时应考虑钢板规格尺寸,一般宜取为 50 mm 的倍数。确定腹板高度时还应结合腹板厚度一起考虑。一般宜将腹板的高厚比控制在 170 以内,以避免设置纵向加劲肋而引起构造复杂。

确定腹板厚度时应考虑抗剪强度的要求。初选截面时,可近似地假定最大剪应力为腹板平均剪应力的 1.2 倍,即由

$$\tau_{\max} = \frac{VS}{I_x t_w} \approx 1.2 \frac{V}{h_w t_w} \leqslant f_V$$

求得所需要的腹板厚度：

$$t_w \geqslant 1.2 \frac{V}{h_w f_V} \tag{5—27}$$

考虑到腹板局部稳定及构造要求,腹板不宜太薄。腹板厚度的增加对截面的惯性矩影响不显著,但腹板不宜小于 10 mm 或 8 mm,以免锈蚀后对截面削弱过大；对跨度等于或大于 16 m 的焊接板梁,腹板厚度不宜小于 12 mm,以减小焊接所引起的变形。

3. 翼缘板的尺寸选择

如图 5—14,设一块翼缘板的面积为 A_f,由于

$$I_x \approx \frac{1}{12} t_w h_w^3 + 2A_f \left(\frac{h_1}{2}\right)^2 = W_x \frac{h}{2}$$

近似地取 $h \approx h_1 \approx h_w$,得到

$$A_f = \frac{W_x}{h_w} - \frac{1}{6} t_w h_w$$

由梁的抗弯强度条件(5—4)可知(暂不考虑截面塑性发展系数)$W_x \geqslant \dfrac{M}{f}$,则所需翼缘的截面积

为

$$A_f = \frac{W}{f h_w} - \frac{1}{6} t_w h_w \qquad (5-28)$$

式中 h_w 为腹板高度,其余符号同前。

求出所需翼缘的面积后,可先选定翼缘板的宽度 b_f,再确定厚度 t。翼缘板宽度 b_f 不宜过大,否则翼缘上的应力分布不均匀;b_f 也不宜过小,否则不利于整体稳定,一般在 $(1/3 \sim 1/5)h$ 范围内选取,根据用途不同,还有最小尺寸的要求,通常 $b_f \geqslant 180$ mm,对吊车梁还要求 $b_f \geqslant 300$ mm;对铁路钢板梁桥的主梁要求 $b_f \geqslant 240$ mm。另外,还要考虑翼缘局部稳定的要求,翼缘伸出肢的宽厚比不超过 $15/\sqrt{f_y/235}$(当截面塑性发展系数 $\gamma_x = 1.0$ 时)或 $13/\sqrt{f_y/235}$(当截面塑性发展系数 $\gamma_x = 1.05$ 时)。

翼缘板一般采用一块厚钢板,但厚度不宜太大(最好不超过 32 mm)。太厚的钢板,因轧制困难,其力学性能较差。当根据计算需要很厚的翼缘板时,可考虑采用双层钢板。翼缘板的尺寸要符合钢板规格,宽度取 10 mm 的倍数,厚度取 2 mm 的倍数。

4. 截面检算

前面所选定的组合梁的截面尺寸只是初步的,应该按实际选定的截面尺寸进行强度验算。验算内容包括:

(1)抗弯强度:按式(5—4)验算;

(2)抗剪强度:按式(5—6)验算;

(3)局部压应力:按式(5—7)验算;

(4)折算应力:按式(5—8)或式(5—9)验算;

(5)整体稳定:按式(5—15)验算;

(6)刚度验算:按式(5—10)验算。

对承受疲劳荷载的组合梁,还要按式(2—10)验算疲劳强度。

5.5.2　组合梁截面沿跨长的改变

当组合梁的跨度较大时,将梁截面的大小沿跨度随弯矩的变化而加以改变则可达到减轻自重节约钢材的目的。组合梁变截面的方法通常有:对单层翼缘板的组合梁,可以在离支座约 1/6 跨度处改变翼缘板的宽度或厚度,如图 5—15(a),这样可节省钢料约 10%～12%;对双层翼缘板,可将外层翼缘板在理论切断点处切断,如图 5—15(b)。为减小应力集中,在改变宽度(或厚度)处将翼缘板加工成一定的坡度,在外层翼缘板切断处也使外层翼缘板板端以一定的坡度匀顺过渡。当组合梁的跨度较小时,改变截面节约钢料不多却增加了制造工作量,因此,小跨度的组合梁通常作成等截面梁。

变截面后要检算等厚不等宽(或等宽不等厚)翼缘对接焊接处或外层翼缘板切断处主梁横截面上翼缘与腹板交接处的折算应力(对承受动荷载作用的梁还要验算该处的疲劳强度)。

5.5.3　翼缘焊缝的计算

如图 5—16 所示的工字形组合梁,如果翼缘板和腹板自由搁置不加焊接,则梁在受到荷载时,翼缘与腹板将以各自的形心轴为中性轴产生弯曲,翼缘与腹板之间将产生相对滑移[图 5—16(a)]。如果将翼缘板和腹板用角焊缝(称为翼缘焊缝)焊接起来,则梁受到荷载时,由于翼缘焊缝的作用,翼缘和腹板将以工字形截面的形心轴为中性轴产生整体弯曲[图 5—16(b)],

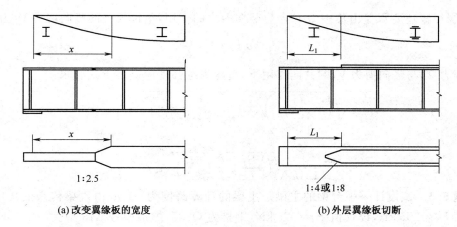

(a) 改变翼缘板的宽度　　　　　　　(b) 外层翼缘板切断

图 5－15　组合梁截面沿跨长的改变

翼缘与腹板之间不产生相对滑移。比较这两个梁的变形可以看出，梁弯曲时翼缘焊缝的作用是阻止腹板和翼缘之间产生滑移，因而承受与焊缝平行方向的剪力。

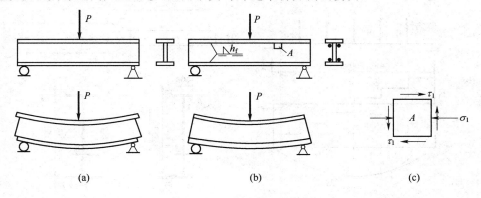

图 5－16　工字形组合梁翼缘焊缝的受力情况

焊接组合梁翼缘焊缝的计算通常先按构造假定角焊缝的焊脚尺寸 h_f，然后进行焊缝强度的验算。

（1）单位长度焊缝需传递的水平剪力 T_1

由材料力学可知，若在工字形梁腹板边缘处取出单元体 A［图 5－16(c)］，单元体的垂直及水平面上将有成对互等的剪应力：

$$\tau_1 = \frac{VS_1}{It_w}$$

式中　V——梁所计算截面处的剪力；

　　　S_1——一个翼缘截面对中性轴的面积矩；

　　　I——主梁毛截面惯性矩；

　　　t_w——腹板厚度。

沿梁跨度单位长度内翼缘焊缝需传递的水平剪力为

$$T_1 = \tau_1 \cdot t_w \cdot 1 = \frac{VS_1}{I} \tag{5—29}$$

（2）单位长度焊缝所受梁上集中荷载产生的竖向剪力 V_1

当梁的翼缘上承受有固定集中荷载并且未设置加劲肋时，或者当梁翼缘上有移动集中荷

载时,翼缘焊缝还要承受由集中力 F 产生竖向剪力的作用,单位长度的竖向剪力 V_1 为:

$$V_1 = \sigma_c t_w \cdot 1 = \frac{\psi F}{l_z} \tag{5-30}$$

在水平剪力 T_1 与竖向剪力 V_1 的共同作用下,翼缘焊缝强度应满足下式要求:

$$\sqrt{\left(\frac{T_1}{2 \times 0.7 h_f}\right)^2 + \left(\frac{V_1}{\beta_f \times 2 \times 0.7 h_f}\right)^2} \leqslant f_f^w \tag{5-31a}$$

或

$$\frac{1}{1.4 h_f}\sqrt{\left(\frac{VS_1}{I}\right)^2 + \left(\frac{\psi F}{\beta_f l_z}\right)^2} \leqslant f_f^w \tag{5-31b}$$

例题 5.3 试设计一平台梁的主梁。主梁的计算跨度为 15 m,由次梁传来的集中荷载 F 的标准值 $F_k = 255\,kN$,设计值 $F_d = 325\,kN$,钢材为 Q235,焊条型号 E43 型。

解: 主梁拟采用工字形焊接组合截面梁,主梁的计算图式为图 5-17 所示的简支梁。跨间承受由次梁传来的 5 个集中荷载 F。

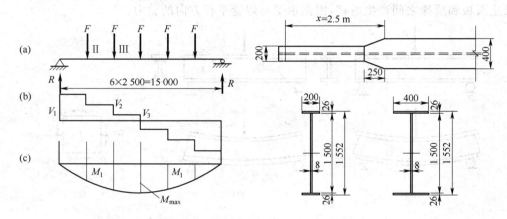

图 5-17 例题 5.3 图(尺寸单位:mm)

(1)主梁截面尺寸的选择

暂不考虑主梁自重,支座处的最大剪力设计值为:

$$V = 5 F_d / 2 = 325 \times 2.5 = 812.5\,kN$$

跨中设计弯矩:

$$M = V \times 15/2 - F_d \times (5 + 2.5) = 812.5 \times 15/2 - 325 \times 7.5 = 3\,656.3\,kN \cdot m$$

取 $f = 205\,N/mm^2$,所需截面模量:

$$W_{nx} = \frac{M_x}{\gamma_x f} = \frac{3\,656.3 \times 10^6}{1.05 \times 205} = = 16\,986\,295\,mm^3 = 16\,986.3\,cm^3$$

显然,最大轧制型钢也满足不了所需要的截面模量。故需选用组合截面梁。

由式(5-23)求得最小梁高:

$$h_{min} = \frac{f l^2}{1.25 \times 10^6} \cdot \frac{1}{[w]} = \frac{205 \times 15\,000^2}{1.25 \times 10^6} \times \frac{1}{\dfrac{15\,000}{400}} = 984\,mm$$

设 $\alpha = 1.05$ 则

$$W_T = \frac{M_x}{\alpha f} = \frac{3\,656 \times 10^6}{1.05 \times 205} = 16\,986\,295\,mm^3$$

由式(5-24)求得经济梁高:

$$h_e = 2 W_T^{0.4} = 1\,560\,mm$$

取腹板的高度 $h_w=1500\,\text{mm}$，由式(5-27)求得所需要的腹板厚度：

$$t_w\geqslant1.2\frac{V}{h_wf_V}=1.2\times\frac{812.5\times10^3}{1\,500\times125}=5.2\,\text{mm，实际取 }t_w=8\,\text{mm}$$

由式(5-28)可求得所需翼缘的截面积为：

$$A_f=\frac{M}{fh_w}-\frac{1}{6}t_wh_w=\frac{3\,656.3\times10^6}{205\times1\,500}-\frac{1}{6}\times8\times1\,500=9\,890.4\,\text{mm}^2$$

翼缘板宽度 $b_f\approx(1/5\sim1/3)h_w=300\sim500\,\text{mm}$，这里取 $b_f=400\,\text{mm}$。

所需翼缘板的厚度 $t=A_f/b_f=9\,890.4/400=24.7\,\text{mm}$，实际取 $t=26\,\text{mm}$。

翼缘伸出肢的宽厚比 $200/26=7.7<13/\sqrt{f_y/235}=13$，满足局部稳定的要求。

初步选定的主梁截面为(如图5-17所示)：

翼缘板：2 — $26\,\text{mm}\times400\,\text{mm}$

腹板：1 — $8\,\text{mm}\times1\,500\,\text{mm}$

主梁截面高度为 $\qquad h=1\,500+2\times26=1\,552\,\text{mm}$

(2)截面验算

截面几何特性：

$$I_x=\frac{1}{12}\times(40\times155.2^3-39.2\times150^3)=1\,436\,028\,\text{cm}^4$$

$$W_x=I_x/(h/2)=1\,436\,028/77.6=18\,505\,\text{cm}^3$$

$$S=40\times2.6\times(75+1.3)+75\times0.8\times75/2=10\,185.2\,\text{cm}^3$$

$$A=2\times400\times26+1500\times8=32\,800\,\text{mm}^2=328\,\text{cm}^2$$

①抗弯强度验算

梁的自重为(考虑腹板加劲肋等因素，乘以1.2的系数)：

$$g_k=1.2\times7\,850\times32\,800\times10^{-6}\times9.8=3\,028\,\text{N/m}=3.03\,\text{kN/m}$$

考虑钢梁自重后的最大设计弯矩：

$$M=3\,656.3+1.2\times3.03\times15^2/8=3\,758.6\,\text{kN}\cdot\text{m}$$

$$\sigma=\frac{M}{\gamma_xW_x}=\frac{3\,758.6\times10^6}{1.05\times18\,505\times10^3}=193.4\,\text{N/mm}^2<f=205\,\text{N/mm}^2$$

②抗剪强度验算

考虑钢梁自重后的剪力设计值：$V=812.5+1.2\times3.03\times15/2=840.0\,\text{kN}$

$$\tau=\frac{VS}{I_xt_w}=\frac{840\times10^3\times10\,185.2\times10^3}{1\,436\,028\times10^4\times8}=74.5\,\text{N/mm}^2<f_V=125\,\text{N/mm}^2$$

主梁的支承处以及与次梁连接处均设支承加劲肋，故不验算局部压应力。折算应力在变截面后再验算。

由于次梁可视为主梁的侧向支承，间距为2.5m，与主梁截面宽度之比为 $2\,500/400=6.25<16$，故不必验算整体稳定。

(3)刚度验算

集中荷载产生的梁端剪力标准值

$$V=5F_k/2=255\times2.5=637.5\,\text{kN}$$

集中荷载产生的跨中弯矩标准值

$$M=V\times15/2-F_k\times(5+2.5)=637.5\times15/2-255\times7.5=2\,868.8\,\text{kN}\cdot\text{m}$$

主梁自重标准值为 $g_k=3.03\,\text{kN/m}$，全部荷载标准值在梁跨中产生的弯矩：

$$M=2\ 868.8+3.03\times15/8=2\ 874.5\text{ kN}\cdot\text{m}$$

$$w\approx\frac{5}{48}\frac{M_k l^2}{EI_x}=\frac{5}{48}\times\frac{2\ 874.5\times10^6\times15\ 000^2}{2.1\times10^5\times1\ 436\ 028\times10^4}=22.34\text{ mm}<l/[w]=15\ 000/400=37.5\text{ mm}$$

由于 $w=22.34$ mm $<l/[w]=15\ 000/500=30$ mm，故不必再计算仅有可变荷载作用下的挠度。

（4）翼缘焊缝的验算

翼缘板对中性轴的面积矩

$$S_1=40\times2.6\times(75+1.3)=7\ 935.2\text{ cm}^3$$

由于不考虑局部压应力，取 $F=0$。由式（5-31b）

$$\frac{1}{1.4h_f}\sqrt{\left(\frac{VS_1}{I}\right)^2+\left(\frac{\psi F}{\beta_f l_z}\right)^2}=\frac{1}{1.4h_f}\frac{VS_1}{I}=\frac{1}{1.4\times8}\times\frac{840\times10^3\times7\ 935.2\times10^3}{1\ 436\ 028\times10^4}$$

$$=41.4\text{ N/mm}^2<f_f^w=160\text{ N/mm}^2$$

（5）主梁变截面

将主梁的翼缘板在距支座约 $x=l/6=15/6=2.5$ m 处改变宽度，现求改变后的宽度 b'。

根据梁的弯矩图，该处的最大弯矩为

$$M=Vx+1.2g_k x(l-x)/2=812.5\times2.5+1.2\times3.03\times2.5\times(15-2.5)/2=2\ 088\text{ kN}\cdot\text{m}$$

取 $f=205$ N/mm²，所需的截面模量：

$$W_{nx}=\frac{M_x}{\gamma_x f}=\frac{2\ 088\times10^6}{1.05\times205}=970\ 0348\text{ mm}^3$$

所需的截面惯性矩　$I_x=W_{nx}h/2=9\ 700\ 348\times1\ 552/2=7\ 527\ 470\ 048\text{ mm}^4$

设改变宽度后的宽度为 b'，因为

$$I'_x=\frac{1}{12}[b'\times1\ 552^3-(b'-8)\times1\ 500^3]=7\ 527\ 470\ 048\text{ mm}^4$$

从中解得：$b'=174.3$ mm，实际取 200 mm。

这样，变截面后截面的惯性矩为：

$$I'_x=\frac{1}{12}(200\times1\ 552^3-192\times1\ 500^3)=8.305\ 143\times10^9\text{ mm}^4=830\ 514.3\text{ cm}^4$$

翼缘板对中性轴的面积矩 $S'_1=20\times2.6\times(75+1.3)=3\ 967.62\text{ cm}^3$

折算应力验算：

$x=2.5$ m 处的剪力为

$$V=812.5+1.2\times g_k(l/2-x)=812.5+1.2\times3.03\times(15/2-2.5)=830.7\text{ kN}$$

$x=2.5$ m 处截面上翼缘与腹板交接处的弯曲正应力为

$$\sigma_1=\frac{M}{I'_x}y_1=\frac{2\ 088\times10^6}{830\ 514.3\times10^4}\times\frac{1\ 500}{2}=189\text{ N/mm}^2$$

剪应力为

$$\tau_1=\frac{VS'_1}{I'_x t_w}=\frac{830.7\times10^3\times3\ 967.62\times10^3}{830\ 514.3\times10^4\times8}=49.6\text{ N/mm}^2$$

折算应力

$$\sqrt{\sigma_1^2+3\tau_1^2}=\sqrt{189^2+3\times49.6^2}=207.6\text{ N/mm}^2<1.1\times205=225.5\text{ N/mm}^2$$

5.6 组合梁的局部稳定和腹板加劲肋的设计

设计钢梁时,为了提高梁的强度和刚度,常选用高而薄的腹板;为了增加梁的整体稳定,选用宽而薄的翼缘板。因此,组合梁的翼缘和腹板都是薄板,在外力作用下如果设计不当,则在梁中最大应力还未达到屈服强度及全梁尚未整体失稳之前,其翼缘或腹板有可能偏离其平面位置,出现局部翘曲(如图5—18所示),这种现象称为梁丧失局部稳定或梁的局部失稳。翼缘板产生局部失稳后退出工作,使截面的有效部分减小,从而降低了梁的抗弯强度、整体稳定和刚度,导致梁丧失承载能力;腹板产生局部失稳后,通常会引起腹板内力重分布,梁还能继续承受更大的荷载,但会使梁容易发生扭转并侧向失稳。影响梁局部稳定的因素有板的受力情况、板边的支承条件及材料性能等。

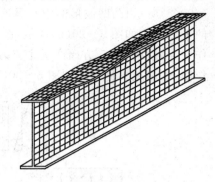

图 5—18　梁的局部失稳

以下分别讨论梁的翼缘和腹板的局部稳定问题以及如何保证其局部稳定的措施。

5.6.1　受压翼缘板的局部稳定

梁的受压翼缘被腹板分成两个长条矩形板,与腹板焊连的一长边及与竖向加劲肋焊连短边均可看成为简支边,另一长边为自由边(如图5—19所示)。忽略应力沿翼缘板厚度的变化,板视为均匀受压。这种情况与 H 形轴心压杆的翼缘板的局部稳定基本相同,因此,《规范》规定对梁的受压翼缘板仍采取限制板伸出肢宽厚比的办法来保证其局部稳定性。

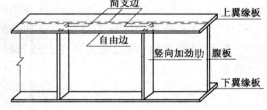

图 5—19　梁受压翼缘的支承情况

根据单向均匀受压板的临界应力公式[见第4章式(4—53)],考虑到残余应力的影响,板实际上已进入弹塑性阶段,弹性模量已经降低,取 $0.7E$ 代替 E 计算临界应力,并要求 σ_{cr} 不低于屈服点 f_y,即要求梁达到强度极限状态之前,翼缘不会局部失稳。这样,就有

$$\sigma_{cr} = 0.425 \frac{\pi^2 \times 0.7E}{12(1-\nu^2)} \left(\frac{t}{b_1}\right)^2 \geqslant f_y$$

式中 b_1 为翼缘板的自由外伸宽度,对于工字形梁,取 $b_1 = b/2$,将 $E = 206\,000\ \text{N/mm}^2$ 及 $\nu = 0.3$ 代入上式可得保证梁翼缘板局部稳定的条件:

$$\frac{b_1}{t} \leqslant 15\sqrt{\frac{235}{f_y}} \tag{5—32}$$

若考虑塑性发展,弹性模量降低更多,取 $0.5E$ 代替 E,同理可得

$$\frac{b_1}{t} \leqslant 13\sqrt{\frac{235}{f_y}} \tag{5—33}$$

5.6.2　腹板的局部稳定

1.腹板局部失稳的形态

组合梁腹板的受力比较复杂,主要受有梁弯曲产生的剪应力、弯曲正应力和翼缘上集中力产生的局部压应力等。腹板上通常布置有加劲肋,因而,腹板被加劲肋分成若干个矩形板件。为简化计算,各板件的边界条件可假设为四边简支。

图 5—20 所示的是四边简支矩形板在分别受到弯曲应力、局部压应力及剪应力作用下,当应力达到临界值时发生凹凸变形的情况。在弯曲正应力单独作用下,腹板的失稳形式如图 5—20(a)所示,凸凹波形的中心靠近其压应力合力的作用线。在局部压应力单独作用下,腹板的失稳形式如图 5—20(b)所示,产生一个靠近横向压应力作用边缘的鼓曲面。在剪应力单独作用下,腹板在 45°方向产生主应力,主拉应力和主压应力数值上都等于剪应力。在主压应力作用下,腹板失稳形式如图 5—20(c)所示,为大约 45°方向倾斜的凸凹波形。

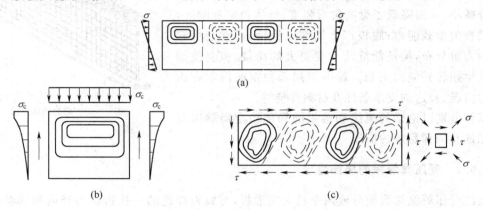

图 5—20　四边简支矩形板的局部失稳现象

2.腹板局部失稳时的临界应力及加劲肋的布置

按照薄板理论,四边简支板在上述三种应力单独作用下发生局部失稳时的临界应力可统一表示为:

$$\sigma_{cr}(\text{或}\ \tau_{cr}) = k\frac{\pi^2 E}{12(1-\nu^2)}\left(\frac{t}{b}\right)^2 \tag{5—34}$$

式中 k 为板的屈曲系数,与板的应力状态和支承情况有关。各种情况下的 k 值如表 5—6 所列。

为了提高腹板的局部稳定性,就是要提高其屈曲临界应力。由上式可见,在板的支承条件一定时,增加板的厚度、减小板的边长是提高临界应力的有效措施。在腹板厚度不变的情况下,合理地布置加劲肋就能够保证腹板的局部稳定。

加劲肋有横向加劲肋(有时称竖向加劲肋)、纵向加劲肋(有时称水平加劲肋)和短加劲肋。横向加劲肋主要防止由剪应力和局部压应力可能引起的腹板失稳,纵向加劲肋主要防止由弯曲压应力可能引起的腹板失稳,短加劲肋主要防止由局部压应力可能引起的腹板失稳。

表 5—6　各种情况下板的屈曲系数 k

项　次	应力状态	k	注
1	两平行边受弯	$k_{\min} = 23.9$	
2	一边局部受压	当 $a/b \leqslant 1.5$,$k = (7.4+4.5b/a)(b/a)$ 当 $a/b > 1.5$,$k = (11-0.9b/a)(b/a)$	a、b 为板边长,a 为与压应力方向垂直的边长
3	四边均匀受剪	当 $a/b \leqslant 1$,$k = 4.0+5.34(b/a)^2$ 当 $a/b > 1$,$k = 5.34+4.0(b/a)^2$	a、b 为板边长,b 为短边长

组合梁腹板配置加劲肋应符合下列规定：

(1)当腹板的高厚比 $h_w/t_w \leqslant 80\sqrt{235/f_y}$ 时，对有局部压应力 ($\sigma_c \neq 0$) 的梁，应按构造配置横向加劲肋；但对无局部压应力 ($\sigma_c = 0$) 的梁，可不配置加劲肋。

(2)当腹板的高厚比 $h_w/t_w > 80\sqrt{235/f_y}$ 时，应配置横向加劲肋。其中，当 $h_w/t_w > 170\sqrt{235/f_y}$ (受压翼缘扭转受到约束，如连有刚性铺板、制动板或焊有钢轨时)或 $h_w/t_w > 150\sqrt{235/f_y}$ (受压翼缘扭转未受到约束时)，或按计算需要时，应在弯曲应力较大区格的受压区增加配置纵向加劲肋。局部压应力很大的梁，必要时尚宜在受压区配置短加劲肋。

任何情况下，h_w/t_w 均不应超过 250。

此处 h_w 为腹板的计算高度(对单轴对称梁，当确定是否要配置纵向加劲肋时，h_w 应取腹板受压区高度 h_c 的 2 倍)，t_w 为腹板的厚度。

(3)梁的支座处和上翼缘受有较大固定集中荷载处，宜设置支撑加劲肋。

3.腹板局部稳定的计算

计算腹板的局部稳定时，通常先初步布置加劲肋，再计算各区格板的平均作用应力和相应的临界应力，使其满足稳定条件。若不满足(不足或太富裕)，再调整加劲肋间距，重新计算。以下介绍各种加劲肋配置时的腹板稳定计算方法。

(1)仅配置横向加劲肋

在相邻两个横向加劲肋之间的腹板区格，同时受有弯曲正应力 σ、剪应力 τ 和一个边缘压应力 σ_c 的共同作用(如图 5—21)，稳定条件可采用下式计算：

$$\left(\frac{\sigma}{\sigma_{cr}}\right)^2 + \frac{\sigma_c}{\sigma_{c,cr}} + \left(\frac{\tau}{\tau_{cr}}\right)^2 \leqslant 1 \qquad (5-35)$$

式中 σ——所计算腹板区格内，由平均弯矩产生的腹板计算高度边缘的弯曲压应力；

        τ——所计算腹板区格内，由平均剪力产生的腹板平均剪应力；

       σ_c——腹板边缘的局部压应力，应按式(5—7)"$\leqslant$"号左端计算，但一律取 $\psi = 1.0$。

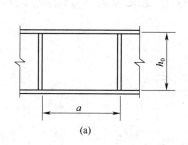
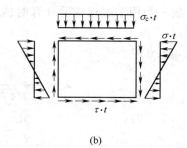

(a)   (b)

图 5—21 仅配置横向加劲肋的腹板

σ_{cr}、$\sigma_{c,cr}$ 和 τ_{cr} (N/mm²) 分别为在 σ、σ_c 和 τ 单独作用下板的临界应力。按下列方法计算：

①σ_{cr} 的计算

当 $\lambda_b \leqslant 0.85$ 时， $\sigma_{cr} = f$ (5—36a)

当 $0.85 < \lambda_b \leqslant 1.25$ 时， $\sigma_{cr} = [1 - 0.75(\lambda_b - 0.85)]f$ (5—36b)

当 $\lambda_b > 1.25$ 时， $\sigma_{cr} = 1.1f / \lambda_b^2$ (5—36c)

其中参数 λ_b 为用于腹板受弯计算时的通用高厚比，定义为 $\lambda_b = \sqrt{f_y/\sigma_{cr}}$，经理论分析，计算方法如下：

当梁受压翼缘扭转受到完全约束时：

$$\lambda_b = \frac{2h_c/t_w}{177}\sqrt{\frac{f_y}{235}}$$ （5—37a）

当梁受压翼缘扭转未受到完全约束时：

$$\lambda_b = \frac{2h_c/t_w}{153}\sqrt{\frac{f_y}{235}}$$ （5—37b）

其中 h_c 为腹板受压区高度。

② $\sigma_{c,cr}$ 的计算

当 $\lambda_c \leqslant 0.9$ 时， $\sigma_{c,cr} = f$ （5—38a）

当 $0.9 < \lambda_c \leqslant 1.2$ 时， $\sigma_{c,cr} = \lfloor 1 - 0.79(\lambda_c - 0.9) \rfloor f$ （5—38b）

当 $\lambda_c > 1.2$ 时， $\sigma_{c,cr} = 1.1f / \lambda_c^2$ （5—38c）

其中参数 λ_c 为用于腹板受局部压力计算时的通用高厚比，定义为 $\lambda_b = \sqrt{f_y/\sigma_{c,cr}}$ ，经理论分析，计算方法如下：

当 $0.5 \leqslant a/h_0 \leqslant 1.5$ 时：

$$\lambda_c = \frac{h_0/t_w}{28\sqrt{10.9 + 13.4(1.83 - a/h_0)^3}}\sqrt{\frac{f_y}{235}}$$ （5—39a）

当 $1.5 < a/h_0 \leqslant 2.0$ 时：

$$\lambda_c = \frac{h_0/t_w}{28\sqrt{18.9 - 5a/h_0}}\sqrt{\frac{f_y}{235}}$$ （5—39b）

③ τ_{cr} 的计算

当 $\lambda_s \leqslant 0.8$ 时， $\tau_{cr} = f_V$ （5—40a）

当 $0.8 < \lambda_s \leqslant 1.2$ 时， $\tau_{cr} = \lfloor 1 - 0.59(\lambda_s - 0.8) \rfloor f_V$ （5—40b）

当 $\lambda_s > 1.2$ 时， $\tau_{cr} = 1.1f_V / \lambda_s^2$ （5—40c）

其中参数 λ_s 为用于腹板受剪计算时的通用高厚比，定义为 $\lambda_s = \sqrt{f_{Vy}/\tau_{cr}}$ ，经理论分析，计算方法如下：

当 $a/h_0 \leqslant 1.0$ 时：

$$\lambda_s = \frac{h_0/t_w}{41\sqrt{4 + 5.34(h_0/a)^2}}\sqrt{\frac{f_y}{235}}$$ （5—41a）

当 $a/h_0 > 1.0$ 时：

$$\lambda_s = \frac{h_0/t_w}{41\sqrt{5.34 + 4(h_0/a)^2}}\sqrt{\frac{f_y}{235}}$$ （5—41b）

（2）同时配置横向加劲肋和纵向加劲肋

同时配置横向加劲肋和纵向加劲肋时，腹板将被分隔成区格Ⅰ和Ⅱ（如图5—22），应分别计算这两个区格的局部稳定性。

区格Ⅰ：受有均布剪应力、两侧几乎均匀分布的压应力，还有上下两边的压应力共同作用，其稳定条件可用下式表达：

$$\frac{\sigma}{\sigma_{cr1}} + \left(\frac{\sigma_c}{\sigma_{c,cr1}}\right)^2 + \left(\frac{\tau}{\tau_{cr1}}\right)^2 \leqslant 1$$ （5—42）

式中 σ_{cr1} 、 $\sigma_{c,cr1}$ 和 τ_{cr1} （N/mm²）分别为在 σ 、 σ_c 和 τ 单独作用下板的临界应力。按下列方法计算：

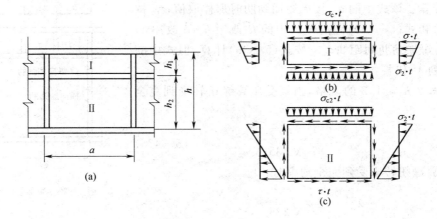

图 5—22　同时配置横向加劲肋和纵向加劲肋时的腹板

①σ_{cr1} 按式(5—36)计算,但式中的 λ_b 改用 λ_{b1} 代替:

当梁受压翼缘扭转受到完全约束时:

$$\lambda_{b1}=\frac{h_1/t_w}{75}\sqrt{\frac{f_y}{235}}$$　　　　　(5—43a)

当梁受压翼缘扭转未受到完全约束时:

$$\lambda_{b1}=\frac{h_1/t_w}{64}\sqrt{\frac{f_y}{235}}$$　　　　　(5—43b)

②$\sigma_{c,cr1}$ 按式(5—38)计算,但式中的 λ_c 改用 λ_{c1} 代替:

当梁受压翼缘扭转受到完全约束时:

$$\lambda_{c1}=\frac{h_1/t_w}{56}\sqrt{\frac{f_y}{235}}$$　　　　　(5—44a)

当梁受压翼缘扭转未受到完全约束时:

$$\lambda_{c1}=\frac{h_1/t_w}{40}\sqrt{\frac{f_y}{235}}$$　　　　　(5—44b)

③τ_{cr1} 按式(5—40)和式(5—41)计算,但式中的 h_0 改用 h_1 代替。

区格Ⅱ:受力状态与仅有横向加劲肋的腹板近似,所以可用式(5—35)的形式进行稳定计算:

$$\left(\frac{\sigma_2}{\sigma_{cr2}}\right)^2+\frac{\sigma_{c2}}{\sigma_{c,cr2}}+\left(\frac{\tau}{\tau_{cr2}}\right)^2\leqslant1$$　　　　　(5—45)

式中　σ_2——所计算区格内由平均弯矩产生的腹板在纵向加劲肋处的弯曲压应力;

　　　σ_{c2}——腹板在纵向加劲肋处的横向压应力,取 $0.3\sigma_c$;

　　　τ——与式(5—35)中的 τ 相同。

σ_{cr2} 按式(5—36)计算,但式中的 λ_b 改用 λ_{b2} 代替:

$$\lambda_{b2}=\frac{h_2/t_w}{194}\sqrt{\frac{f_y}{235}}$$　　　　　(5—46)

$\sigma_{c,cr2}$ 按式(5—38)式(5—39)计算,但式中的 h_0 改用 h_2 代替,当 $a/h_2>2$ 时,取 $a/h_2=2$;
τ_{cr2} 按式(5—40)和式(5—41)计算,但式中的 h_0 改用 h_2 代替。

(3)在受压翼缘和纵向加劲肋之间配制短加劲肋

当受压翼缘和纵向加劲肋之间配制短加劲肋时(如图5—23),区格Ⅰ的局部稳定性应按式

(5—42)计算。该式中的 σ_{cr1} 按无短加劲肋时那样取值；τ_{cr1} 按式(5—40)和式(5—41)计算，但式中的 h_0 改用 h_1，a 改用 a_1 代替（a_1 为短加劲肋间距）；$\sigma_{c,cr1}$ 按式(5—36)计算，但式中的 λ_b 改用下列 λ_{c1} 代替：

①对 $a_1/h_1 \leqslant 1.2$ 的区格，当梁受压翼缘扭转受到完全约束时：

$$\lambda_{c1} = \frac{a_1/t_w}{87}\sqrt{\frac{f_y}{235}} \qquad (5-47a)$$

当梁受压翼缘扭转未受到完全约束时：

$$\lambda_{c1} = \frac{a_1/t_w}{73}\sqrt{\frac{f_y}{235}} \qquad (5-47b)$$

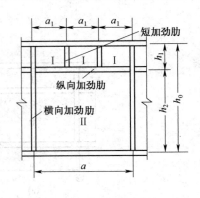

图5—23　短加劲肋的布置

②对 $a_1/h_1 > 1.2$ 的区格，式(5—47)右侧应乘以 $1/\sqrt{0.4+0.5a_1/h_1}$。

受拉翼缘与纵向加劲肋之间的区格Ⅱ，仍按式(5—45)计算。

4. 加劲肋的构造要求

加劲肋应具有足够的刚度才能支承腹板，使其在加劲肋处不发生翘曲。为此，《规范》对加劲肋的构造做了规定。

加劲肋一般用钢板作成，但有时也可采用型钢。

加劲肋宜在腹板两侧成对配置，也可单侧配置，但支撑加劲肋、重级工作制吊车梁的加劲肋不应单侧配置。

横向加劲肋的最小间距应为 $0.5h_0$，最大间距应为 $2h_0$（对无局部压应力的梁，当 $h_0/t_w \leqslant 100$ 时，可采用 $2.5h_0$）。纵向加劲肋至腹板计算高度受压边缘的距离应在 $(1/2.5 \sim 1/2)h_c$ 范围内。

在腹板两侧成对配置的钢板横向加劲肋，其截面尺寸应符合下列公式要求（图5—24）：

外伸宽度：

$$b_s \geqslant \frac{h_0}{30} + 40 \quad (\text{mm}) \qquad (5-48)$$

厚度 t_s 不应小于其外伸宽度 b_s 的 $1/15$。

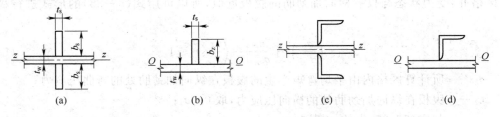

图5—24　加劲肋的截面

在腹板一侧配置的钢板横向加劲肋，其外伸宽度应大于按公式(5—48)算得的 1.2 倍，厚度不应小于其外伸宽度的 $1/15$。

在同时用横向加劲肋和纵向加劲肋加强的腹板中，横向加劲肋的截面尺寸除应符合上述规定外，其截面惯性矩 I_z 尚应符合下式要求：

$$I_z \geqslant 3h_0 t_w^3 \qquad (5-49)$$

纵向加劲肋的截面惯性矩 I_y 应符合下列公式要求：

当 $a/h_0 \leqslant 0.85$ 时：

$$I_y \geqslant 1.5 h_0 t_w^3 \qquad (5-50)$$

当 $a/h_0 > 0.85$ 时：

$$I_y \geqslant \left(2.5 - 0.45 \frac{a}{h_0}\right)\left(\frac{a}{h_0}\right)^2 h_0 t_w^3 \qquad (5-51)$$

短加劲肋的最小间距为 $0.75h_1$。短加劲肋外伸宽度应取横向加劲肋外伸宽度的 $0.7\sim$ 1.0 倍,厚度不应小于短加劲肋外伸宽度的 1/15。

注意:①用型钢(H 形钢、工字钢、槽钢、肢尖焊于腹板的角钢)做成的加劲肋,其截面惯性矩不得小于相应钢板加劲肋的惯性矩。②在腹板两侧成对配置的加劲肋,其截面惯性矩应按梁腹板中心线为轴线进行计算。③在腹板一侧配置的加劲肋,其截面惯性矩应按与加劲肋相连的腹边缘为轴线进行计算。

纵向加劲肋支承在横向加劲肋上,因此纵向加劲肋应在横向加劲肋处切断,并与横肋及梁腹板焊接相连。横向加劲肋则保持连续,与梁上下翼缘及腹板焊接相连。横向加劲肋与梁翼缘相连处应切去宽约 $b_s/3$(但不大于 40 mm)、高约 $b_s/2$(但不大于 60 mm)的斜角,以避免焊缝相交(图 5—25)。对直接承受动力荷载的梁(如吊车梁、铁路桥梁等)中间横向加劲肋的下端不应与受拉翼缘焊接,一般在距受拉翼缘 $50\sim100$ mm 处断开。

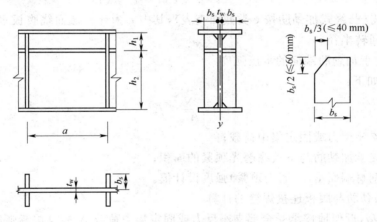

图 5—25　加劲肋的构造

5.支承加劲肋的计算

布置在梁的端部或跨间固定集中荷载作用处的加劲肋,除保证腹板的局部稳定性外,还要将支反力或固定集中荷载传递到支座或梁截面内,因而称为支承加劲肋(位于梁端的也叫端加劲肋)。支承加劲肋一般可用一对或两对较厚的板条做成,并与支承翼缘磨光顶紧(图 5—26)。梁的端部也可采用凸缘式加劲肋,其凸缘长度不得大于其厚度的 2 倍。支承加劲肋伸出肢的宽厚比不应大于 12。支承加劲肋的截面往往比普通加劲肋稍大一些,并且要进行以下三项验算:

(1)按轴心受压杆件验算支承加劲肋在腹板平面外的整体稳定性

这种验算是近似的,验算公式如下

$$\frac{N}{\varphi_1 A} \leqslant f \qquad (5-52)$$

式中　N——支座反力或固定集中荷载;

A——支承加劲肋的全部截面积加每侧不大于 15 倍板厚的腹板截面积;

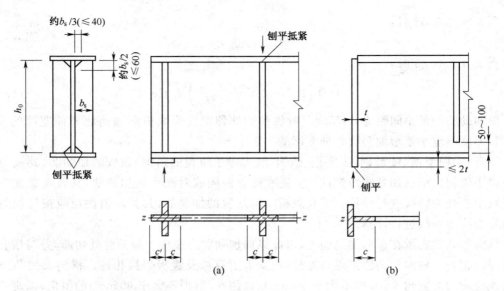

图 5—26　支承加劲肋的构造

φ_1——压杆整体稳定系数,由长细比 $\lambda\sqrt{\dfrac{f_y}{235}}=\dfrac{h_0}{i_z}\sqrt{\dfrac{f_y}{235}}$ 按 b 类截面查表(附表 2.2)求

得(凸缘式加劲肋按 c 类截面查表),其中 i_z 为计算截面绕腹板水平轴 z—z 轴的

回转半径。

(2)验算支承加劲肋端面的承压强度

验算公式如下:

$$\sigma=\frac{N}{A_{cr}}\leqslant f_{ce} \tag{5—53}$$

式中　N——支座反力或固定集中荷载;

A_{ce}——支承加劲肋与下翼缘磨光顶紧的面积;

f_{ce}——钢材端面承压(磨光顶紧)强度设计值。

(3)支承加劲肋与腹板连接焊缝的计算

首先设定 h_f,近似地按承受全部支座反力或固定集中荷载 N 验算焊缝强度

$$\frac{N}{4h_e l_w}\leqslant f_f^w \tag{5—54}$$

式中　h_e——焊缝高度(亦称焊缝的计算厚度)$h_e=0.7h_f$;

l_w——焊缝长度;

f_f^w——角焊缝抗剪强度设计值。

6.腹板上横向加劲肋下端疲劳强度的验算

在腹板横向加劲肋的下端(如图 5—27 中 a 点),组合梁腹板兼

受法向拉应力和剪应力。在动力荷载作用下,由于该处具有较高的

应力集中,极易出现疲劳裂纹,故应验算该处腹板的疲劳强度。验算

采用容许应力幅法,即要求该处的疲劳应力幅不超过容许应力幅:

$$\Delta\sigma=\sigma_{max}-\sigma_{min}\leqslant[\Delta\sigma] \tag{5—55}$$

疲劳应力幅取该处腹板的主拉应力幅。主拉应力按下式计算:

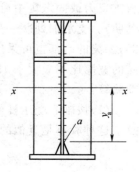

图 5—27　疲劳强度的
　　　　　验算位置

$$\sigma = \frac{\sigma_x}{2} + \sqrt{\left(\frac{\sigma_x}{2}\right)^2 + \tau^2}$$

式中　σ_x——加劲肋焊缝端部处腹板所受的法向应力，$\sigma_x = \dfrac{M y_a}{I_x}$；

　　　τ——加劲肋焊缝端部处腹板所受的剪应力，$\tau = \dfrac{Q S_a}{I_x \delta_f}$，其中 y_a 为 a 点至中性轴 x—x 的

距离（图 5—27），S_a 为验算部位以下部分的主梁截面对 x—x 轴的面积矩。

5.7　考虑腹板局部失稳后强度的设计

5.7.1　腹板局部失稳后的性能

　　板件的局部失稳和压杆或梁的整体失稳在性能上有一个很大的不同，就是压杆或梁一旦失稳（屈曲），则意味着构件不能继续承载，而四边支承的薄板发生局部凹凸变形后，板件并不立即破坏，还可以继续承受荷载。以图 5—28 所示的四边简支矩形薄板为例，该矩形薄板受均匀分布纵向压力的作用，当压应力 σ 达到临界应力 σ_{cr} 时，薄板产生局部的凹凸翘曲变形。如果继续使 σ 增大，由于板的四边有支承，板中部的凹凸变形会受到两长纵边支承的牵制，产生横向拉应力（即产生薄膜张力场），这种牵制作用可提高板的纵向承载力。随着压应力 σ 的增加，板两侧部分纵向应力 σ 就会达到材料屈服强度 f_y，板的应力由图 5—28(a) 的均匀分布变成如图 5—28(b) 的马鞍形分布。这种现象说明了为什么四边支承的板具有屈曲后强度。屈曲后继续增加的荷载大部分由板边缘部分承受。如果将图 5—28(b) 中的马鞍形应力分布按总压力相等的条件等效成如图 5—28(c) 中的两块矩形分布，将图中分布于两边的 c 段称为有效截面，经分析，$c = 20 t_w \sqrt{235/f_y}$。

　　对于组合梁的腹板，可视为支承于上下翼缘和左右两侧横向加劲肋之间的四边支承板。如果支承较强，当腹板屈曲发生凹凸变形时，同样会受到四边支承的牵制产生拉应力，使梁能继续承受更大的荷载，直至腹板屈服或四边支承破坏，这就是腹板的屈曲后强度。利用腹板屈曲后强度可放宽梁腹板高厚比的限制，从而获得经济效益。我国现行钢结构设计规范规定，对于承受静力荷载和间接承受动力荷载的组合梁可以按腹板屈曲后强度进行设计。

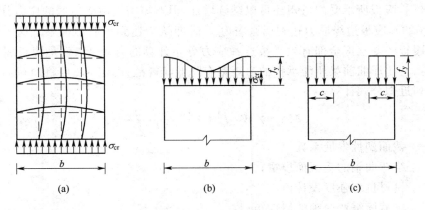

图 5—28　受压板件的屈曲后强度

5.7.2 腹板屈曲后的强度计算公式

1. 腹板屈曲后抗剪承载力 V_u

在设有横向加劲肋的板梁中,腹板在剪力作用下会引起斜方向受压,因此发生受剪屈曲时,会在受压斜方向产生波浪鼓曲,不能继续承受斜向压力。但在另一斜方向则因鼓曲受到四边支承(翼缘及横向加劲肋)的牵制产生受拉,此时板梁犹如一个桁架(图5—29),翼缘板相当于上、下弦杆,横向加劲肋相当于竖腹杆,腹板张力场则相当于斜腹杆。腹板的薄膜张力场作用将提高腹板抗剪强度,我国《规范》对 V_u 的计算规定如下:

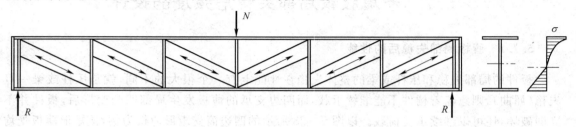

图5—29 腹板的张力场作用

当 $\lambda_s \leqslant 0.8$ 时:

$$V_u = h_w t_w f_V \qquad (5-56a)$$

当 $0.8 < \lambda_s \leqslant 1.2$ 时:

$$V_u = h_w t_w f_V \backslash [1 - 0.5(\lambda_s - 0.8)\backslash] \qquad (5-56b)$$

当 $\lambda_s > 1.2$ 时:

$$V_u = h_w t_w f_V / \lambda_s^{1.2} \qquad (5-56c)$$

式中 h_w, t_w ——分别为腹板的高度和厚度;

　　　f_V ——钢材抗剪强度设计值;

　　　λ_s ——用于抗剪计算的腹板通用高厚比,按式(5—41a)、式(5—41b)计算。当组合梁仅配置支座加劲肋时,式(5—41b)中的 h_0/a 取为0。

2. 腹板屈曲后抗弯承载力 M_{eu}

腹板高厚比较大且不设纵向加劲肋时,在弯矩作用下腹板受压区可能屈曲,屈曲后同样由于张力场作用,腹板所承受的弯矩还可以继续增加,但弯矩增加后受压区的应力分布不再是线性的(图5—29),腹板边缘应力达到屈服应力 f_y 时即认为达到承载力极限。这时梁的中和轴略有下降,腹板的受拉区全部有效。按这种应力分布计算的弯矩 M_{eu} 就是腹板屈曲后梁所能承担的弯矩,它比屈曲前梁所能承担的弯矩略有降低,《规范》规定 M_{eu} 可将原截面折算成有效截面,按下列近似公式计算。

$$M_{eu} = \gamma_x W_x f \left[1 - \frac{(1-\rho)h_c^3 t_w}{2I_x} \right] \qquad (5-57)$$

式中 γ_x ——截面塑性发展系数;

　　　W_x ——绕弯曲轴的毛截面模量;

　　　f ——钢材抗弯强度设计值;

　　　I_x ——梁截面绕弯曲轴的惯性矩;

　　　ρ ——腹板受压区有效高度系数,按下式计算:

当 $\lambda_b \leqslant 0.85$ 时:

$$\rho = 1.0 \tag{5—58a}$$

当 $0.85 < \lambda_b \leqslant 1.25$ 时：

$$\rho = 1.0 - 0.82(\lambda_b - 0.85) \tag{5—58b}$$

当 $\lambda_b > 1.25$ 时：

$$\rho = \frac{1}{\lambda_b}\left(1 - \frac{0.2}{\lambda_b}\right) \tag{5—58c}$$

式中　λ_s——用于抗弯计算的腹板通用高厚比，按式(5—37a)、式(5—37b)计算。

3.考虑腹板屈曲后强度的组合梁设计公式

实际组合梁腹板通常承受弯矩和剪力共同作用，屈曲后的承载力分析非常复杂，《规范》采用如下相关公式来表达屈曲后的承载力：

当 $M \leqslant M_f$ 时 $\qquad\qquad\qquad\qquad V \leqslant V_u$ $\qquad\qquad\qquad\qquad\qquad$ (5—59a)

当 $V \leqslant 0.5V_u$ 时 $\qquad\qquad\qquad M \leqslant M_{eu}$ $\qquad\qquad\qquad\qquad$ (5—59b)

其他情况 $\qquad\qquad\qquad \left(\dfrac{V}{0.5V_u} - 1\right)^2 + \dfrac{M - M_f}{M_{eu} - M_f} \leqslant 1$ $\qquad\qquad$ (5—59c)

式中　M、V——所计算区格内梁同一截面的弯矩和剪力设计值；

$\qquad M_f$——梁两翼缘所承担的弯矩设计值，$M_f = \left(A_{f1}\dfrac{h_1^2}{h_2} + A_{f2}h_2\right)f$，此处 A_{f1}、h_1 为较大翼缘的截面积及其形心至梁中性轴的距离，A_{f2}、h_2 为较小翼缘的截面积及其形心至梁中性轴的距离；

$\qquad V_u$、M_{eu}——梁屈曲后抗剪和抗弯承载力，按式(5—56)和式(5—57)计算。

式(5—59)中 M 和 V 的关系如图 5—30 所示。由式(5—59)和图 5—30 可以看出：

①当弯矩较小，达到 $M \leqslant M_f$ 时，取 $V \leqslant V_u$，即假定弯矩全部由翼缘承担，腹板不承担弯矩，屈曲后的承载力按只承受剪力计算；

②当剪力较小，达到 $V \leqslant 0.5V_u$ 时，取 $M \leqslant M_{eu}$，即忽略剪力的影响，屈曲后的承载力按只承受弯矩计算；

③当弯矩和剪力均较大，达到 $M > M_f$ 且 $V > 0.5V_u$ 时，M 和 V 的关系为一抛物线，即图中的 ab 线段。

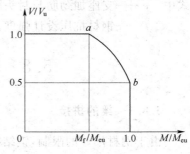

图 5—30　$\dfrac{V}{V_u} \sim \dfrac{M}{M_{eu}}$ 相关曲线

5.7.3　考虑腹板屈曲后强度组合梁加劲肋设计特点

与不考虑屈曲后强度设计的梁相比，考虑屈曲后强度设计的梁，腹板一般不需布置纵向加劲肋，可以只在支座处及上翼缘有较大固定集中荷载处布置支承加劲肋，或按计算要求在支承加劲肋之间增设中间横向加劲肋。腹板的高厚比仍然控制在 $h_0/t_w \leqslant 250\sqrt{235/f_y}$ 以内。另外还考虑到这时的加劲肋不仅要能阻止腹板凹凸变形或(和)承受集中荷载，还要能承受薄膜张力场的竖向分力作用(如图 5—29 中桁架竖杆的受力)，因此不论是支承加劲肋还是中间横向加劲肋，均需按轴心压杆或压弯构件进行计算。其设计特点如下：

(1)如果组合梁仅配置支承加劲肋不能满足式(5—59)要求时，应在腹板两侧成对配置中间横向加劲肋，其间距一般为 $a = (1 \sim 2)h_0$。

(2)中间横向加劲肋及上翼缘集中荷载作用下的支承加劲肋，应按轴心压杆计算在其腹板

平面外的稳定性,其轴心压力 N_s 为:

$$N_s = V_u - \tau_{cr} h_w t_w + N \qquad (5-60)$$

式中　V_u——腹板的抗剪承载力,按式(5—56)计算;

　　　τ_{cr}——临界剪应力,按式(5—40)计算;

　　　N——固定集中荷载,对中间横向加劲肋 $N=0$。

扣除 N 以后的式(5—60)所计算的轴力比实际薄腹张力场的竖向分力要大,这里《规范》考虑到张力场的水平分力的影响,偏安全地将横向加劲肋所受轴心压力适当加大。

(3)由于支座旁的区格不能像中间区格那样左右区格拉力场的水平分力可以互相抵消,支座旁的区格的拉力场水平分力必须由支座处的支承加劲肋承受,因此当该区格利用了屈曲后强度,即 $\lambda_s > 0.8$ 时,支座处的支承加劲肋除承受支座反力外,还要承受拉力场水平分力,

$$H = (V_u - \tau_{cr} h_w t_w) \sqrt{1 + (a/h_0)^2} \qquad (5-61)$$

H 的作用点在距腹板计算高度上边缘 $h_0/4$ 处。按压弯构件计算其在腹板平面外的稳定。此压弯构件的截面和计算长度与一般支座加劲肋相同。

如果支座加劲肋采用图5—31的构造形式时,可按下述简化方法计算:图中加劲肋 1 作为承受支座反力 R 的轴心压杆计算,封头肋板 2 的截面积 A_e 应满足下列条件:

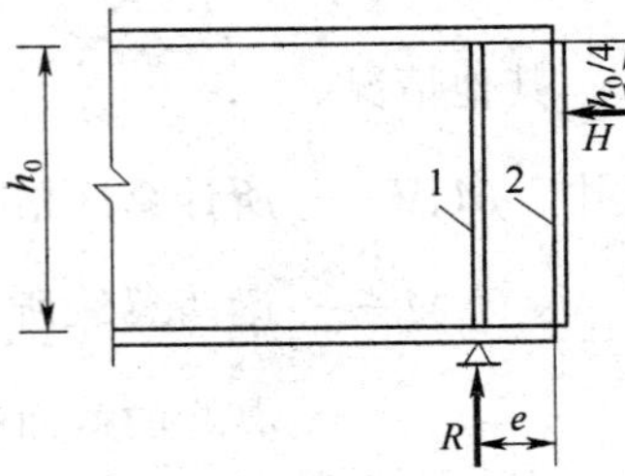

$$A_e = \frac{3 h_0 H}{16 e f} \qquad (5-62)$$

图 5—31　设置封头肋板的梁端构造

式中　e——支座加劲肋与封头肋板的间距;

　　　f——钢材抗压设计强度。

5.8　梁的拼接和主次梁的连接

5.8.1　梁的拼接

由于钢材尺寸的限制,钢结构构件制造时常常在工厂中将钢板接长或加宽。同时,由于运输或安装条件的限制,钢梁必须分段运输,然后在工地进行拼装。

型钢梁的拼接可直接采用对接焊缝连接[图 5—32(a)],也可采用拼接板拼接[图 5—32(b)]。拼接位置宜放在弯矩较小处。

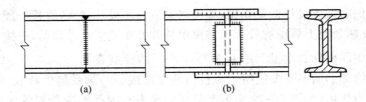

图 5—32　型钢梁的拼接

焊接组合梁在工厂中拼接时,翼缘和腹板的拼接位置最好错开并用直对接焊缝相连,另外,腹板的拼接焊缝与横向加劲肋之间至少相距 $10 t_w$(图 5—33)。对接焊缝施焊时宜加引弧板,并采用 1 级或 2 级焊缝,这样焊缝可与基本金属等强。

梁的工地拼接应使翼缘和腹板基本上在同一截面处断开,以便分段运输。高大的梁在工地施焊时不便翻身,应将上、下翼缘的拼接边缘均做成向上开口的 V 形坡口,以便俯焊[图 5—34(a)]。有时将翼缘和腹板的接头略为错开一些[图 5—34(b)],这样受力情况较好,但运输单元突出部分应特别保护,以免碰损。

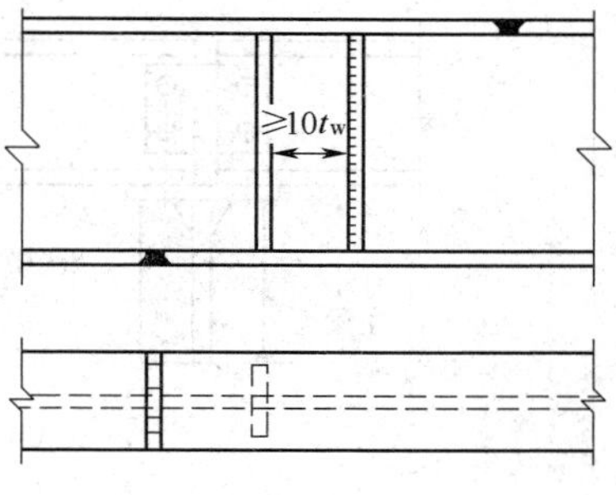

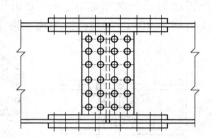

图 5—33　组合梁的工厂拼接

图 5—34 中,将翼缘焊缝留一段不在工厂施焊,是为了减少焊缝收缩应力。注明的数字是工地施焊的适宜顺序。

由于现场施焊条件较差,焊缝质量难以保证,所以较重要或受动力荷载的大型梁,其工地拼接宜采用高强度螺栓(图 5—35)。

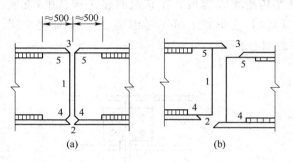

图 5—34　组合梁的工地拼接

图 5—35　采用高强螺栓的工地拼接

当梁拼接处的对接焊缝不能与基本金属等强时,例如采用 3 级焊缝时,应对受拉区翼缘焊缝进行计算,使拼接处弯曲拉应力不超过焊缝抗拉强度设计值。

对翼缘拼接板及其连接所承受的最大内力 N_1 按下式计算:

$$N_1 = A_{fn} \cdot f \tag{5—63}$$

式中　A_{fn}——被拼接的翼缘板净截面积。

对腹板拼接板及其连接,主要承受梁截面上的全部剪力 V,以及按刚度分配到腹板上的弯矩 $M_w = M \cdot I_w / I$。此式中 I_w 为腹板截面惯性矩;I 为整个梁截面的惯性矩。

5.8.2　次梁与主梁的连接

次梁与主梁的连接型式有叠接和平接两种。叠接(图 5—36)是将次梁直接搁在主梁上面,用螺栓或焊缝连接,构造简单,但结构的高度大,其使用常受到限制。图 5—36(a)是次梁为简支梁时与主梁连接的构造,而图 5—36(b)是次梁为连续梁时与主梁连接的构造示例。如次梁截面较大时,应另采取构造措施防止支承处截面发生扭转。

平接是使次梁顶面与主梁相平或略高、略低于主梁顶面,从侧面与主梁的加劲肋或在腹板上专设的短角钢或支托相连接。图 5—37(a)~(c)是次梁为简支梁时与主梁连接的构造,图 5—37(d)是次梁为连续梁时与主梁连接的构造。平接虽构造复杂,但可降低结构高度,故在实际工程中应用较广泛。

每一种连接构造都要将次梁支座的压力传给主梁,实质上这些支座压力就是梁的剪力。而梁腹板的主要作用是抗剪,所以应将次梁腹板连于主梁的腹板上,或连于与主梁腹板相连的铅垂方向抗剪刚度较大的加劲肋上或支托的竖直板上。在次梁支座压力作用下,按传力的大小计算连接焊缝或螺栓的强度。由于主、次梁翼缘及支托水平板的外伸部分在铅垂方向的抗

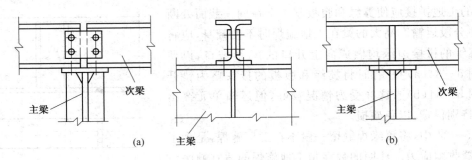

图 5—36　次梁与主梁的叠接

剪强度较小,分析受力时不考虑它们传次梁的支座压力。在图 5—37(c)、(d)中,次梁支座压力 V 先由焊缝①传给支托竖直板,然后由焊缝②传给主梁腹板。在其他的连接构造中,支座压力的传递途径与此相似,不一一分析。具体计算时,在形式上可不考虑偏心作用,而将次梁支座压力增大 20%～30%,以考虑实际上存在的偏心影响。

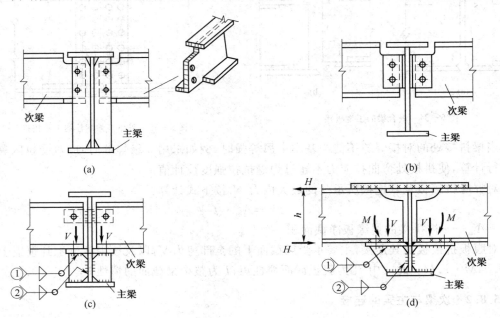

图 5—37　次梁与主梁的连接构造

　　对于刚接构造,次梁与次梁之间还要传递支座弯矩。图 5—36(b)的次梁本身是连续的,支座弯矩可以直接传递,不必计算。图 5—37(d)中,主梁两侧的次梁是断开的,支座弯矩靠焊缝连接的次梁上翼缘盖板、下翼缘支托水平顶板传递。由于梁的翼缘承受弯矩的大部分,所以连接盖板的截面及其焊缝可按承受水平力 $H = M/h$ 计算(M 为次梁支座弯矩,h 为次梁高度)。支托顶板与主梁腹板的连接焊缝也按力 H 计算。

5.8.3　梁的支座

　　梁通过在砌体、钢筋混凝土柱或钢柱上的支座,将荷载传给柱或墙体,再传给基础和地基。梁支于钢柱的支座或连接已在第 4 章中讨论过,这里主要介绍支于砌体或钢筋混凝土上的支座。支于砌体或钢筋混凝土上的支座有三种传统形式,即平板支座、弧形支座、铰轴式支座(图

5—38)。

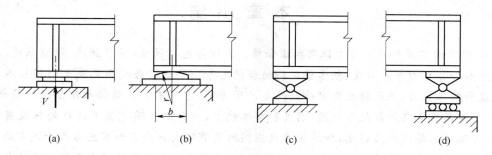

图 5—38 梁的支座

平板支座[图 5—38(a)]系在梁端下面垫上钢板做成,使梁的端部不能自由移动和转动,一般用于跨度小于 20 m 的梁中。弧形支座[也叫切线式支座,图 5—38(b)],由厚约 40～50 mm 顶面切削成圆弧形的钢垫板制成,使梁能自由转动并可产生适量的移动(摩阻系数约为 0.2),并使下部结构在支承面上的受力较均匀,常用于跨度为 20～40 m,支反力不超过 750 kN (设计值)的梁中。铰轴式支座[图 5—38(c)]完全符合梁简支的力学模型,可以自由转动,下面设置滚轴时称为滚轴支座[图 5—38(d)]。滚轴支座能自由转动和移动,只能安装在简支梁的一端。铰轴式支座用于跨度大于 40 m 的梁中。

为了防止支承材料被压坏,支座板与支承结构顶面的接触面积按下式确定:

$$A = a \times b \geqslant V / f_c \tag{5—64}$$

式中 V——支座反力;

f_c——支承材料的承压强度设计值;

a、b——支座垫板的长和宽;

A——支座板的平面面积。

支座底板的厚度,按均布支反力产生的最大弯矩进行计算。

为了防止弧形支座的弧形垫块和滚轴支座的滚轴被劈裂,其圆弧面与钢板接触面(系切线接触)的承压力(劈裂应力),应满足下式的要求:

$$V \leqslant 40 n d a_1 / E \tag{5—65}$$

式中 d——弧形支座板表面半径 r 的 2 倍或滚轴支座的滚轴直径。对弧形支座 $r \approx 3b$;

a_1——弧形表面或滚轴与平板的接触长度;

n——滚轴个数,对于弧形支座 $n=1$。

铰轴式支座的圆柱形枢轴,当接触面中心角 $\theta \geqslant 90°$ 时,其承压应力应满足下式要求:

$$\sigma = \frac{2V}{dl} \leqslant f \tag{5—66}$$

式中 d——枢轴直径;

l——枢轴纵向接触长度。

在设计梁的支座时,除了保证梁端可靠传递支反力并符合梁的力学计算模型外,还应与整个梁格的设计一道,采取必要的构造措施使支座有足够的水平抗震能力和防止梁端截面的侧移和扭转。图 5—38 所示支座仅为力学意义上的形式,具体详图可参见钢结构或钢桥设计手册。

本 章 小 结

1. 钢结构中常用的梁有型钢梁和组合梁。其计算包括强度(抗弯强度、抗剪强度、局部承压强度和折算应力等)、刚度、整体稳定和局部稳定等。型钢梁若截面无太大削弱可不计算抗剪强度和折算应力,若无较大集中荷载或支座反力时,也可不计算局部承压强度和局部稳定。因此,型钢梁通常只计算抗弯强度、刚度和整体稳定;组合梁在固定集中荷载处如设有支承加劲肋,可不计算局部承压强度,折算应力只在同时受有较大正应力和剪应力或者还有局部应力的部位(如截面改变处的腹板计算高度边缘处)才作计算。除此之外其余各项均需计算。

2. 梁的抗弯强度计算中,引入系数 γ_x 用以考虑截面塑性的发展,以充分利用材料的强度。但对于直接承受动力荷载且须计算疲劳的梁,或者翼缘宽厚比值较大的梁,不考虑这一影响。

3. 验算梁的刚度时,挠度计算要采用荷载的标准值,并与《规范》规定的容许挠度值相对应。

4. 梁的整体稳定计算是以临界弯矩为依据导出公式(5—15)和式(5—19),式中 $\varphi_b \le 1.0$ 为梁的整体稳定系数,不同形式的梁 φ_b 的计算方法不同。

5. 提高梁的整体稳定性的关键是增强梁的抵抗侧向弯曲和扭转变形的能力。梁的侧向抗弯刚度、抗扭刚度愈高、梁的受压翼缘自由长度(即梁的侧向支承间距)愈小,则梁的临界弯矩愈大。此外,临界弯矩的大小还与梁所受荷载类型和荷载作用位置等因素有关。因此梁的整体稳定计算中所涉及的各种系数将与上述各项因素有关。

6. 组合梁的翼缘板局部稳定由控制翼缘板宽厚比来保证;腹板的局部稳定通常由设置加劲肋来保证。加劲肋的尺寸和刚度要满足规范要求。支承加劲肋除应满足横向加劲肋尺寸和刚度要求外,还应计算其整体稳定性、端面承压强度以及与腹板的连接焊缝强度。

7. 对于承受静荷载或间接承受动荷载的组合梁,考虑腹板屈曲后强度可进一步利用钢材的强度,使设计更加经济合理。

思 考 题

5.1 什么是梁的弹性设计?什么是梁的弹塑性设计?钢梁的强度计算包括哪些内容?什么情况下须计算梁的局部压应力和折算应力?如何计算?

5.2 截面形状系数 F 和塑性发展系数 γ 有何区别?

5.3 规定梁的计算挠度小于梁的容许挠度的原因是什么?

5.4 梁发生强度破坏与丧失整体稳定有何区别?影响钢梁整体稳定的主要因素有哪些?提高钢梁整体稳定性的有效措施有哪些?

5.5 试比较型钢梁和组合梁在截面选择方法上的异同。

5.6 梁的整体稳定系数 φ_b 是如何确定的?当 $\varphi_b > 0.6$ 时为什么要用 φ_b' 代替?

5.7 组合梁的腹板和翼缘可能发生哪些形式的局部失稳?《规范》采取哪些措施防止发生这些形式的局部失稳?

5.8 为什么组合梁的翼缘设计不考虑屈曲后强度?

5.9 钢梁的拼接、主次梁连接各有哪些方式?其主要设计原则是什么?

习　题

5.1　有一简支梁,计算跨度 7 m,焊接组合截面,尺寸如图 5-39 所示(单位:mm),梁上作用均布恒载(未含梁自重)17.1 kN/m,均布活载 6.8 kN/m,距一端 2.5 m 处,尚有集中恒荷载 60 kN,支撑长度 0.2 m,荷载作用面距钢梁顶面 12 cm。此外,梁两端的支撑长度各 0.1 m。钢材抗拉设计强度为 215 N/mm²,抗剪设计强度为 125 N/mm²。恒载分项系数取 1.2,活载分项系数取 1.4。试计算钢梁截面的强度。

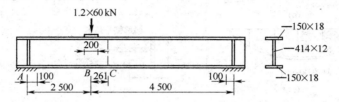

图 5-39　习题 5.1 图

5.2　如图 5-40 所示的简支梁,其截面为不对称工字形,材料为 Q235-B,钢梁的中点和两端均有侧向支撑,在集中荷载(未包括梁自重)$F=160$ kN(设计值)的作用下,梁能否保证整体稳定性? 强度是否满足?

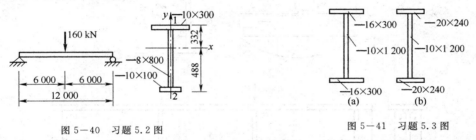

图 5-40　习题 5.2 图

图 5-41　习题 5.3 图

5.3　如图 5-41 所示的两种简支梁截面,其截面面积大小相同,跨度均为 12 m,跨间无侧向支撑点,均布荷载大小亦相同,均作用在梁的上翼缘,钢材 Q235-B,试比较梁的整体稳定系数 φ_b,说明何者的稳定性更好?

5.4　有一平台梁格,荷载标准值为恒载(不包括梁自重)1.5 kN/m²,活荷载 9 kN/m²;次梁跨度为 5 m,间距为 2.5 m,钢材为 Q235 钢。假如平台铺板不与次梁连接牢固,试选择次梁截面。

5.5　有一梁的受力如图 5-42(a)所示(设计值),梁截面尺寸和加劲肋布置如图 5-42(d)和(e)所示,在离支座 1.5 m 处梁翼缘的宽度改变一次(280 mm 变为 140 mm)。试进行梁腹板稳定的计算和加劲肋的设计,钢材为 Q235。

5.6　如图 5-43 所示一工作平台主梁的计算简图,次梁传来的集中荷载的标准值 $F_k=253$ kN,设计值 $F_d=323$ kN。主梁采用组合工字形截面,初选截面如图所示,钢材采用 Q235-B,焊条为 E43 型。主梁加劲肋的布置如图所示。试进行主梁的计算(包括强度、刚度、整体稳定、局部稳定和加劲肋设计等)。

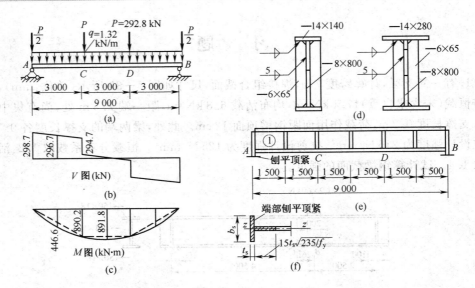

图 5—42　习题 5.5 图

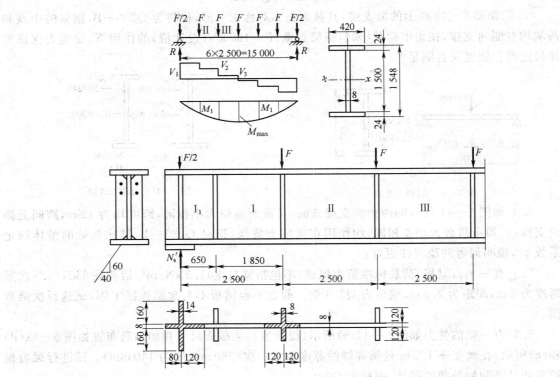

图 5—43　习题 5.6 图

6

偏心受力构件

6.1 概　述

6.1.1 偏心受力构件的特点

偏心受力构件是指构件内力同时存在轴心力和弯矩的构件。根据受力性质可分为偏心受拉构件(或称拉弯构件)和偏心受压构件(或称压弯构件),如图 6—1 所示。弯矩可能由轴向力的偏心作用、端弯矩作用或横向荷载作用等三种因素形成。当弯矩作用在截面的一个主轴平面内时称为单向偏心受力构件,作用在两个主轴平面内时称为双向偏心受力构件。

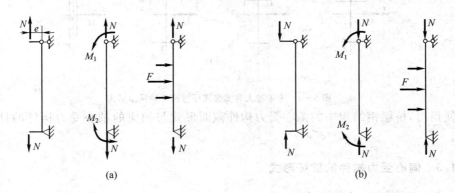

图 6—1　偏心受力构件

在钢结构中压弯和拉弯构件的应用十分广泛,例如有节间荷载作用的桁架上、下弦杆(图6—2),受风荷载作用的墙架柱以及天窗架的侧立柱,铁路钢桁架桥的端斜杆和竖杆等。压弯构件也广泛用作柱子,如工业建筑中的厂房框架柱(图 6—3)、多层(或高层)建筑中的框架柱(图 6—4)以及海洋平台的立柱等等。它们不仅要承受上部结构传下来的轴向压力,同时还受有弯矩和剪力。

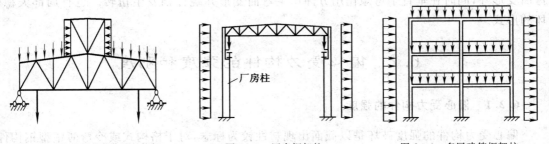

图 6—2　有节间荷载作用的桁架　　　图 6—3　厂房框架柱　　　图 6—4　多层建筑框架柱

与轴心受力构件一样,设计拉弯和压弯构件时,应同时满足承载能力极限状态和正常使用极限状态的要求。拉弯构件需要计算其强度和刚度;压弯构件则需要计算强度、整体稳定、局部稳定和刚度。

6.1.2　偏心受力构件的截面形式

建筑钢结构中,对偏心受拉构件,当弯矩较小时,其截面形式与轴心受拉构件相同;当弯矩较大时,应采用在弯矩作用方向惯性矩较大的截面,如矩形管、角钢组合截面。对偏心受压构件,当弯矩较小时,其截面形式与轴心受压构件相同;当弯矩较大时,应采用单轴对称截面,且使受力较大的一侧具有较大的翼缘,如图6—5所示。

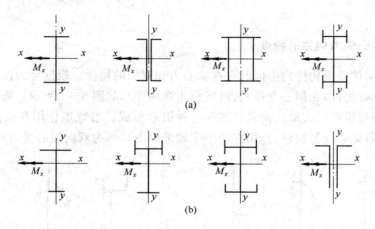

图6—5　弯矩较大时实腹式压弯构件的截面形式

顺便指出,桥梁钢结构中的偏心受力构件截面形式与相应的轴心受力构件的杆件截面形式相同。

6.1.3　偏心受力构件的破坏形式

偏心拉杆的破坏形式有强度破坏和失稳破坏,强度破坏是以截面出现塑性铰为标志,对于格构式或冷弯薄壁型钢构件,通常以截面边缘发生屈服作为强度破坏的标志。当弯矩很大、轴心拉力较小时,还可能会出现类似于梁的弯扭失稳破坏形式和局部失稳破坏形式。

偏心压杆的破坏形式除强度破坏以外,更主要的是失稳破坏。失稳破坏既可能在弯矩作用的平面内发生弯曲失稳破坏,发生这种破坏时,构件的变形形式没有改变,仍为弯矩作用平面内的弯曲变形;也可能在弯矩作用平面外发生失稳破坏,这种破坏除了在弯矩作用方向存在弯曲变形外,同时在垂直于弯矩作用方向产生弯曲变形并绕杆轴发生扭转。也有局部失稳破坏的形式。

6.2　偏心受力构件的强度和刚度

6.2.1　偏心受力构件的强度

偏心受力构件的强度破坏是以截面出现塑性铰为标志,对于格构式或冷弯薄壁型钢构件,则以截面边缘发生屈服作为强度破坏的标志。

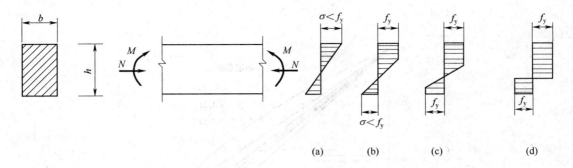

图6—6　压弯构件截面的工作状态

图6—6所示是一承受轴心压力 N 和弯矩 M 共同作用的矩形截面构件,假如轴向力不变,而弯矩不断增加,当弯矩较小,截面边缘纤维的压应力还小于钢材的屈服强度时,整个截面都处于弹性状态,如图6—6(a)。若增加弯矩,截面受压区进入塑性状态,如图6—6(b)。弯矩继续增加,使截面的另一边纤维的拉应力也达到屈服强度时,部分受拉区的材料也进入塑性状态,如图6—6(c)。进一步增加弯矩,整个截面进入塑性状态,形成塑性铰,达到承载能力极限状态,如图6—6(d)。

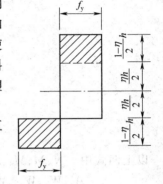

由全塑性应力图形(图6—7),将图中应力分布分解为有斜线区和无斜线区两个部分,则根据力的平衡条件可得:

$$N=f_y\eta hb=N_p\eta$$

$$M=f_y\frac{1-\eta}{2}hb\frac{1+\eta}{2}h=f_y\frac{bh^2}{4}(1-\eta^2)=M_p(1-\eta^2)$$

图6—7　全塑性应力图形

以上两式消去 η 就得到矩形截面形成塑性铰时轴心压力 N 与弯矩 M 的相关公式:

$$\left(\frac{N}{N_p}\right)^2+\frac{M}{M_p}=1 \tag{6—1}$$

式中　　N——轴心力;

　　　　M——弯矩;

　　　　N_p——无弯矩作用时全部净截面屈服的承载力, $N_p=f_yhb$;

　　　　M_p——无轴心力作用时全部净截面的塑性弯矩, $M_p=f_ybh^2/4$。

图6—8给出了矩形截面及绕强轴弯曲的工字形截面出现塑性铰时,截面所受轴力与弯矩的相关曲线。这些曲线均为凸曲线,随截面形式及尺寸变化各不相同,为计算简便,且偏于安全,取图中直线为计算依据,其表达式为:

$$\frac{N}{N_p}+\frac{M}{M_p}=1 \tag{6—2}$$

如果构件截面上形成塑性铰,就会产生很大的变形以致不能正常使用。因此,《规范》在采用式(6—2)作计算依据的同时,又考虑限制截面塑性发展,并考虑截面削弱,将式(6—2)中的 N_p 以 A_nf 代替, M_p 以 γW_nf 代替,规定偏心受力构件的强度计算均采用下列相关公式:

(1)当在一个主平面内受弯曲时

$$\frac{N}{A_n}\pm\frac{M}{\gamma W_n}\leq f \tag{6—3}$$

(2)双向弯曲时

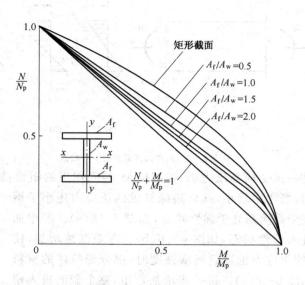

图 6—8　压弯构件截面出现塑性铰时轴力与弯矩的相关曲线

$$\frac{N}{A_n} \pm \frac{M_x}{\gamma_x W_{nx}} \pm \frac{M_y}{\gamma_y W_{ny}} \leqslant f \tag{6—4}$$

以上两式中　N、M、M_x、M_y——计算截面的轴心力和弯矩；

$\qquad A_n$、W_n、W_{nx}、W_{ny}——计算截面的净截面积和对主轴的抵抗矩；

$\qquad\qquad \gamma_x$、γ_y——截面塑性发展系数；

$\qquad\qquad f$——强度设计值。

对直接承受动力荷载作用且需计算疲劳的实腹式拉弯或压弯构件，也可以采用式(6—3)和式(6—4)计算强度，但不考虑塑性发展，取 $\gamma_x = \gamma_y = 1.0$。

6.2.2　偏心受力构件的刚度

偏心受力构件的刚度通常以长细比来控制，即要求

$$\lambda_{max} \leqslant [\lambda] \tag{6—5}$$

式中　$[\lambda]$——容许长细比。拉弯构件的容许长细比与轴心拉杆相同，压弯构件的容许长细比与轴心压杆相同。当轴力较小，以弯矩为主或有其他需要时，也须计算挠度或变形，使其不超过容许值。

例题 6.1　验算如图 6—9 所示拉弯构件的强度和刚度。轴心拉力设计值 $N = 100$ kN，横向集中荷载设计值 $F = 8$ kN，均为静力荷载。构件的截面为 $2 \llcorner 100 \times 10$，钢材为 Q235，$[\lambda] = 350$。

解：(1)构件的最大弯矩

$$M_x = Fa = 8 \times 1.5 = 12 \text{ kN} \cdot \text{m}$$

(2)截面几何特性

由附录 7 中附表 7.4 查得：

$$A_n = 2 \times 19.26 = 38.52 \text{ cm}^2$$

$$W_{1x} = 2 \times 63.29 = 126.58 \text{ cm}^3$$

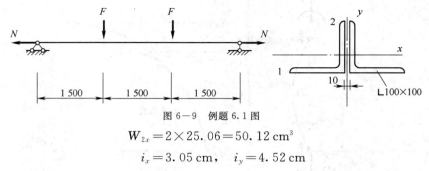

图 6-9 例题 6.1 图

$$W_{2x} = 2 \times 25.06 = 50.12 \text{ cm}^3$$

$$i_x = 3.05 \text{ cm}, \quad i_y = 4.52 \text{ cm}$$

(3)验算强度和刚度

查附录中附表 1.1 得 $f = 215 \text{ N/mm}^2$。查表 5.1 得 $\gamma_{x1} = 1.05, \gamma_{x2} = 1.2$。

①强度验算

对边缘 1,由式(6-3)得

$$\frac{N}{A_n} + \frac{M_x}{\gamma_{1x} W_{1x}} = \frac{100 \times 10^3}{38.52 \times 10^2} + \frac{12 \times 10^6}{1.05 \times 126.58 \times 10^3} = 116.2 \text{ N/mm}^2 < f = 215 \text{ N/mm}^2$$

对边缘 2,由式(6-3)得

$$\frac{N}{A_n} - \frac{M_x}{\gamma_{1x} W_{1x}} = \frac{100 \times 10^3}{38.52 \times 10^2} - \frac{12 \times 10^6}{1.2 \times 50.12 \times 10^3} = -173.5 \text{ N/mm}^2 (压应力)$$

绝对值小于 215 N/mm^2,强度满足要求。

②刚度验算

$$\lambda_{0x} = \frac{l_{0x}}{i_x} = \frac{450}{3.05} = 147.5 < [\lambda] = 350$$

$$\lambda_{0y} = \frac{l_{0y}}{i_y} = \frac{450}{4.52} = 99.6 < [\lambda] = 350$$

刚度满足要求。

6.3 实腹式压弯构件的整体稳定

压弯构件在轴心压力和弯矩共同作用下可能在弯矩作用平面内产生弯曲屈曲,也可能在弯矩作用平面外产生弯扭屈曲。对这两个方向的稳定问题,设计时均应加以考虑。

6.3.1 实腹式压弯构件在弯矩作用平面内的稳定性

图 6-10(a)为一承受等端弯矩 M 及轴心压力 N 作用的实腹式压弯杆件。它的受力及变形情况与第 4 章 4.3.3 节所述的有初弯曲的轴心受压杆件十分相似,即杆件在荷载作用一开始就会产生挠度,同样挠度又引起附加弯矩。其总弯矩为 $M + Ny$。

用二阶弹性分析方法对该杆可写出平衡微分方程如下:

$$EI \frac{d^2 y}{dx^2} + Ny + M = 0$$

假定杆件的挠度曲线为正弦曲线,则

$$y = v_m \sin \frac{\pi x}{l}$$

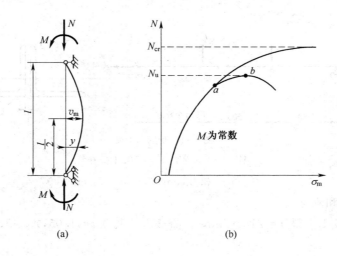

图 6−10　压弯杆件的 $N—v_m$ 曲线

式中　v_m——杆件中点截面处的最大位移。

由以上两式可得

$$v_m = \frac{M}{N_{Er}\left(1-\dfrac{N}{N_{Er}}\right)} \tag{6−6}$$

计入二阶弯矩后,杆件中点截面处的最大弯矩为

$$M_{max} = M + Nv_m = \frac{M}{1-\dfrac{N}{N_{Er}}} \tag{6−7}$$

式中 $N_{Er} = \dfrac{\pi^2 EI}{l^2}$ 为欧拉临界力。

图 6−10(b)是该杆 $N—v_m$ 曲线示意图(假定杆端弯矩不变),由于附加弯矩的影响,曲线从加载开始即呈非线性关系。如全部曲线按式(6−6)计算(即按无限弹性体计算),则当 N 趋近欧拉临界力时,挠度将达到无穷大,杆件达到承载力极限状态。如考虑材料弹塑性,当荷载增大到杆件弯曲凹侧边缘应力达到屈服点时,杆件进入弹塑性工作状态,随着 N 的继续增大,曲线将呈现上升段和下降段,其中上升段的上升趋势较弹性段缓慢,曲线最高点处的荷载 N_u 为压弯杆件的极限荷载。

图 6−10(b)曲线 a 点以前的线段为弹性阶段,该段可按(6−6)计算,但超过 a 点以后的 ab 段以及下降段,要按二阶弹塑性分析方法计算,且不能直接导出计算公式,只能针对具体例题用计算机算出数值结果。杆件达到临界平衡状态(b 点)时,截面上的应力分布可能因截面形式或弯矩、轴力不同有如图 6−11 所示的各种情况:有的受压区进入塑性,有的受拉区进入塑性,也有的受压区和受拉区同时进入塑性。

从上述分析可以看出,第 4 章讲述的有初弯曲和初偏心的轴心压杆实际上就是压弯杆件,只是其中弯矩由偶然的初弯曲和初偏心引起,其主要内力为轴心压力。

根据压弯杆件的实际工作性能,对压弯杆件在弯矩作用平面内的稳定性有 3 种设计计算方法:

1. 极限荷载法

这种方法以 $N—v_m$ 曲线上的顶点 b 处的荷载 N_u 为压弯杆件在弯矩作用平面内的稳定性

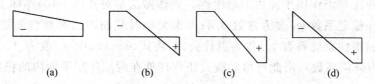

图 6—11 压弯杆件达到临界平衡状态时截面应力的分布形式

设计极限,由此制定设计公式。《规范》的轴心受压杆件设计公式就是采用这种方法制定的,其中轴心压杆稳定系数 φ 是根据大量数值计算结果经分析归类确定的。

2. 边缘强度计算准则

这种方法以 $N—v_m$ 曲线上的 a 点为依据,即以截面边缘应力达到屈服点作为压弯杆件在弯矩作用平面内的稳定性设计极限。其中还考虑杆件与轴心压杆一样有各种初始缺陷,并将这种初始缺陷等效成压力的偏心距 e_0。另外又考虑到式(6—7)是针对等端弯矩受力情况导出的,对于其他类型弯矩作用的压弯杆件,通过等效弯矩将其转化为等端弯矩受力情况,则仍可用式(6—7)计算其最大弯矩。只是其中的 M 项用等效弯矩 $\beta_m M$ 来替代,β_m 称为等效弯矩系数。这样计入二阶弯矩后,杆件中点截面处的最大弯矩为:

$$M_{max}=\frac{\beta_m M+Ne_0}{1-\dfrac{N}{N_{Ex}}} \tag{6—8}$$

根据边缘强度计算准则,截面的最大应力应满足下列条件

$$\sigma=\frac{N}{A}+\frac{\beta_m M+Ne_0}{W_x\left(1-\dfrac{N}{N_{Ex}}\right)}=f_y \tag{6—9}$$

下面的问题是如何确定 e_0,由第 4 章可知,《规范》对轴心受压杆件设计公式是按有初弯曲 y_0 及残余应力的杆件计算的,如果对式(6—9)取 $M=0$,该式就退化为有初偏心距的受压杆件,将这个初偏心距 e_0 视为初始缺陷,再取该杆与《规范》的轴心受压杆件设计公式(4—34)等效,即可由轴心受压杆件承载力反求得 e_0,即由式(6—9),并取 $M=0,N=Af_y\varphi_x$ 可得

$$\sigma=\frac{Af_y\varphi_x}{A}+\frac{Af_y\varphi_x e_0}{W_x\left(1-\dfrac{Af_y\varphi_x}{N_{Ex}}\right)}=f_y$$

解出

$$e_0=\frac{(Af_y-Af_y\varphi_x)(N_{cr}-Af_y\varphi_x)}{Af_y\varphi_x N_{Ex}}\cdot\frac{W_x}{A}$$

这个 e_0 即反映了初弯曲 y_0 及残余应力等初始缺陷的影响,因此称为等效偏心距。再将 e_0 代入式(6—9)经整理后即可得到边缘强度计算公式如下:

$$\frac{N}{\varphi_x A}+\frac{\beta_{mx}M_x}{W_x\left(1-\varphi_x\dfrac{N}{N_{Ex}}\right)}\leqslant f \tag{6—10}$$

由上述分析可知,边缘强度计算准则实际上是用强度计算代替稳定计算,并且只适用于弹性范围。《规范》对格构式杆件绕虚轴弯曲的稳定计算就采用了这一准则。

3. 相关公式

这种方法是将杆件的轴力项与弯矩项组成一个相关公式,式中许多参数根据上述极限荷载所得结果进行验证后确定,是一种半经验半理论公式。我国《规范》就采用这种方法来计算

实腹式压弯杆件在弯矩作用平面内的稳定性。具体做法是对式(6−10)作如下修改:将该式第二项的轴心压杆稳定系数 φ_x 改为常数 0.8;考虑失稳时截面内已有塑性发展,在该式第二项分母中引入截面塑性发展系数 γ_x;作为设计公式,将式(6−10)中 f_y 改为 f。N_{Ex} 改为 $N'_{Ex} = N_{Ex}/1.1$(1.1 为分项系数),由此可得实腹式压弯杆件在弯矩作用平面内的稳定性设计公式:

$$\frac{N}{\varphi_x A} + \frac{\beta_{mx} M_x}{\gamma_x W_{1x}\left(1 - 0.8\dfrac{N}{N'_{Ex}}\right)} \leqslant f \tag{6−11}$$

式中　N——压弯构件的轴心压力设计值;

　　　φ_x——在弯矩作用平面内,不计弯矩作用时,轴心受压构件的稳定系数,由附录中附表 2 查取;

　　　M_x——所计算构件段范围内的最大弯矩设计值;

　　　W_{1x}——弯矩作用平面内较大受压纤维的毛截面模量。

　　　γ_{1x}——与相应的截面塑性发展系数,按表 5−1 选用;

　　　β_{mx}——弯矩作用平面内等效弯矩系数,《规范》规定按下列情况取值:

(1)框架柱和两端支承的构件。

①无横向荷载作用时:$\beta_{mx} = 0.65 + 0.35 M_2/M_1$。此处 M_1 和 M_2 为端弯矩,使杆件产生同向曲率时取同号,使杆件产生反向曲率时取异号,$|M_1| \geqslant |M_2|$。

②有端弯矩和横向荷载同时作用时:使杆件产生同向曲率时 $\beta_{mx} = 1.0$;使杆件产生反向曲率时 $\beta_{mx} = 0.85$。

③无端弯矩但有横向荷载作用时 $\beta_{mx} = 1.0$。

(2)悬臂构件和分析内力时未考虑二阶效应的无支撑纯框架和弱支撑框架柱:$\beta_{mx} = 1.0$。

对于单轴对称截面的压弯构件,当弯矩绕非对称轴作用,并且使较大翼缘受压时,可能在较小翼缘一侧因受拉区塑性发展过大而导致构件破坏。对于这类构件,除应按式(6−11)计算弯矩平面内的稳定性外,还应作下列补充计算:

$$\left| \frac{N}{A} - \frac{\beta_{mx} M_x}{\gamma_{2x} W_{2x}\left(1 - 1.25\dfrac{N}{N'_{Ex}}\right)} \right| \leqslant f \tag{6−12}$$

式中　W_{2x}——对较小翼缘的毛截面模量;

　　1.25——修正系数;

　　　γ_{2x}——与 W_{2x} 相应的截面塑性发展系数,按表 5−1 选用。

其余符号同前。

例题 6.2　如图 6−12 所示 Q235−C 钢焊接工形截面压弯构件,两端铰接,构件长 15 m,翼缘为火焰切割边,承受的轴心压力设计值为 $N = 900$ kN,跨中集中横向荷载设计值 $F = 100$ kN,横向荷载作用处有一侧向支撑。验算此构件在弯矩作用平面内的整体稳定性。

解:(1)截面几何特性

$$A = 2 \times 32 \times 1.2 + 64 \times 1.0 = 140.8 \text{ cm}^2$$

$$I_x = (32 \times 66.4^3 - 31 \times 64^3)/12 = 1.03 \times 10^5 \text{ cm}^4$$

$$W_{1x} = \frac{1.03 \times 10^5}{33.2} = 3\,117 \text{ cm}^3$$

$$I_y = 2 \times \frac{1}{12} \times 1.2 \times 32^3 = 6.55 \times 10^3 \text{ cm}^4$$

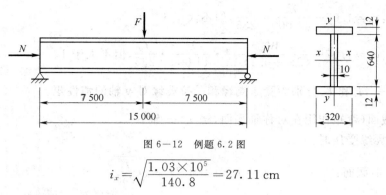

图 6-12　例题 6.2 图

$$i_x=\sqrt{\frac{1.03\times10^5}{140.8}}=27.11\ \text{cm}$$

（2）弯矩作用平面内的整体稳定性

$$M_x=\frac{1}{4}\times100\times15=375\ \text{kN·m}$$

$\lambda_x=\dfrac{1\ 500}{27.11}=55.3$，按 b 类截面查附表 2.2 得 $\varphi_x=0.831$。

$$N'_{\text{E}x}=\frac{\pi^2EA}{1.1\lambda_x^2}=\frac{3.14^2\times206\ 000\times10^{-3}\times140.8\times10^2}{1.1\times55.3^2}=8\ 510\ \text{kN}$$

$$\beta_{\text{m}x}=1.0$$

$$\frac{N}{\varphi_xA}+\frac{\beta_{\text{m}x}M_x}{\gamma_xW_{1x}\left(1-0.8\dfrac{N}{N'_{\text{E}x}}\right)}=\frac{900\times10^3}{0.831\times14\ 080}+\frac{1.0\times375\times10^6}{1.05\times3\ 117\times10^3\times(1-0.8\times900/8\ 510)}$$

$$=202.1\ \text{N/mm}^2<f=215\ \text{N/mm}^2$$

该构件在弯矩作用平面内的整体稳定性满足要求。

6.3.2　实腹式压弯构件在弯矩作用平面外的稳定性

1.《规范》采用的相关公式

当压弯构件的弯矩作用在截面最大刚度平面内时，由于弯矩作用平面外截面的刚度较小，构件就有可能向弯矩作用平面外发生侧向弯扭屈曲而破坏，其破坏形式与梁的弯扭屈曲类似，但应另计入轴心压力的影响。为简化计算，并与轴心受压和梁的稳定计算公式相协调，各国大多采用轴心力和弯矩叠加的相关公式，我国《规范》采用的相关公式为：

$$\frac{N}{\varphi_yA}+\eta\frac{\beta_{\text{t}x}M_x}{\varphi_bW_{1x}}\leqslant f \tag{6-13}$$

式中　M_x——所计算构件段范围内的最大弯矩设计值；

　　　φ_y——弯矩作用平面外的轴心受压构件的稳定系数；

　　　$\beta_{\text{t}x}$——弯矩作用平面外等效弯矩系数，应根据计算段内弯矩作用平面外方向的支承情况及荷载和内力情况确定，取值方法与弯矩作用平面内等效弯矩系数相同；

　　　η——调整系数，闭口截面 $\eta=0.7$，其他截面 $\eta=1.0$；

　　　φ_b——均匀弯曲的受弯构件整体稳定系数，对于闭口截面取 $\varphi_b=1.0$，其余情况按第5章所述计算，但对于非悬臂的工字形（包括 H 形钢）和 T 形截面构件，当 $\lambda_y\leqslant120\sqrt{235/f_y}$ 时，可按下面的近似公式计算。

2.φ_b 的计算公式

（1）工字形截面（包括 H 形钢）

双轴对称：$\varphi_b = 1.07 - \dfrac{\lambda_y^2}{44\,000} \cdot \dfrac{f_y}{235}$，但不大于 1。

单轴对称：$\varphi_b = 1.07 - \dfrac{W_{1x}}{(2\alpha_b + 0.1)Ah} \cdot \dfrac{\lambda_y^2}{14\,000} \cdot \dfrac{f_y}{235}$，但不大于 1。

式中：$\alpha_b = \dfrac{I_1}{I_1 + I_2}$，$I_1$ 和 I_2 分别为受压翼缘和受拉翼缘对 y 轴的惯性矩。

（2）T 形截面（弯矩作用在对称轴平面，绕 $x—x$ 轴）

①弯矩使翼缘受压时：

双角钢 T 形截面：$\qquad\qquad \varphi_b = 1 - 0.001\,7\lambda_y \cdot \sqrt{\dfrac{f_y}{235}}$

剖分 T 形钢和组合 T 形截面：$\qquad \varphi_b = 1 - 0.002\,2\lambda_y \cdot \sqrt{\dfrac{f_y}{235}}$

②弯矩使翼缘受拉时：$\qquad\qquad\qquad \varphi_b = 1.0$

（3）箱形截面

取 $\varphi_b = 1.0$。

上述计算公式是针对 $\lambda_y \leqslant 120\sqrt{235/f_y}$ 的构件，失稳时均处于弹塑性范围，根据这种情况，《规范》将第 5 章导出的 φ_b 公式作了进一步简化，得出上述各式以方便设计使用，也不再作 φ_b' 的换算。

例题 6.3　如图 6—13 所示 Q235 钢焊接工字形压弯构件，翼缘为焰切边，承受的轴心压力设计值为 $N = 800$ kN，构件一端承受 $M_x = 450$ kN·m 的弯矩，另一端弯矩为零。构件两端铰接，长 12 m，在侧向三分点处各有一侧向支承点。试验算构件在弯矩作用平面外的整体稳定性。

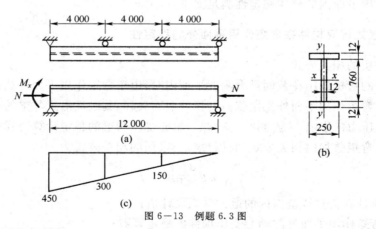

图 6—13　例题 6.3 图

解：（1）截面几何特性

$$A = 2 \times 25 \times 1.2 + 76 \times 1.2 = 151.2 \text{ cm}^2$$

$$I_x = (25 \times 78.4^3 - 23.8 \times 76^3)/12 = 1.33 \times 10^5 \text{ cm}^4$$

$$W_{1x} = \frac{1.33 \times 10^5}{39.2} = 3\,993 \text{ cm}^3$$

$$I_y = 2 \times \frac{1}{12} \times 1.2 \times 25^3 = 312\,5 \text{ cm}^4$$

$$i_y = \sqrt{\frac{3\,125}{151.2}} = 4.55 \text{ cm}$$

（2）弯矩作用平面外的整体稳定性

$\lambda_y = \dfrac{400}{4.55} = 87.9$，按 b 类截面查附表 2.2 得 $\varphi_y = 0.635$。

因最大弯矩在左端，而且左边第一段 β_{tx} 又最大，故只需验算该段。

$$N'_{Er} = \frac{\pi^2 EA}{1.1\lambda_x^2} = \frac{3.14^2 \times 206\,000 \times 10^{-3} \times 140.8 \times 10^2}{1.1 \times 55.3^2} = 8\,510\,\text{kN}$$

$$\beta_{tx} = 0.65 + 0.35 \times 300/450 = 0.883$$

$$\varphi_b = 1.07 - \frac{\lambda_y^2}{44\,000} \cdot \frac{f_y}{235} = 1.07 - \frac{87.9^2}{44\,000} \times \frac{235}{235} = 0.894, \quad \eta = 1.0$$

$$\frac{N}{\varphi_y A} + \eta \frac{\beta_{tx} M_x}{\varphi_b W_{1x}} = \frac{800 \times 10^3}{0.635 \times 151.2 \times 10^2} + 1.0 \times \frac{0.883 \times 450 \times 10^6}{0.894 \times 3\,993 \times 10^3}$$

$$= 194.4\,\text{N/mm}^2 < f = 215\,\text{N/mm}^2$$

该构件在弯矩作用平面外的整体稳定性满足要求。

6.4 实腹式压弯构件的局部稳定

6.4.1 腹板的局部稳定

压弯构件腹板的应力分布是不均匀的，如图 6－14 所示的四边简支、二对边受非均匀分布压力、同时四边受剪应力作用的板，其弹性屈曲临界应力为：

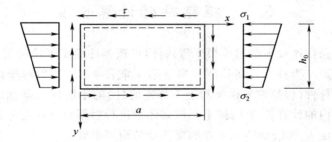

图 6－14 压弯构件腹板弹性状态受力情况

$$\sigma_{cr} = k_e \frac{\pi^2 E}{12(1-v^2)} \left(\frac{t_w}{h_0}\right)^2 \tag{6-14}$$

k_e 为板的弹性屈曲系数。考虑到压弯构件工作时，腹板都不同程度地发展了塑性，所以用塑性屈曲系数 k_p 代替 k_e，则

$$\sigma_{cr} = k_p \frac{\pi^2 E}{12(1-v^2)} \left(\frac{t_w}{h_0}\right)^2 \tag{6-15}$$

k_p 与腹板的剪应力与正应力比值 τ/σ_1、正应力梯度 $\alpha_0 = (\sigma_1 - \sigma_2)/\sigma_1$ 以及截面上的塑性发展深度有关。

按照 $\sigma_{cr} \geqslant f_y$ 的原则，可导出保证压弯构件腹板局部稳定所需要的高厚比限制条件如下：

1. 对工字形或 H 形截面

当 $0 \leqslant \alpha_0 \leqslant 1.6$ 时，$h_0/t_w \leqslant (16\alpha_0 + 25 + 0.5\lambda)\sqrt{235/f_y}$

当 $1.6 < \alpha_0 \leqslant 2.0$ 时，$h_0/t_w \leqslant (48\alpha_0 - 26.2 + 0.5\lambda)\sqrt{235/f_y}$

式中　　α_0——应力梯度，$\alpha_0 = \dfrac{\sigma_{\max} - \sigma_{\min}}{\sigma_{\max}}$，$\sigma_{\max}$ 为腹板计算高度边缘的最大压应力，计算时不考

虑构件的稳定系数和截面塑性发展系数；$\sigma_{\min}$ 为腹板计算高度另一边缘的应力，
压应力取正值，拉应力取负值；

λ——构件在弯矩作用平面内的长细比。当 $\lambda < 30$ 时，取 $\lambda = 30$；$\lambda > 100$ 时，取 $\lambda = 100$。

2. 箱形截面

$$h_0/t_w \leqslant 40 \sqrt{235/f_y}$$

3. T 形截面

(1) 弯矩使腹板自由边受压时：

当 $\alpha_0 \leqslant 1.0$ 时　　　　　　　　$h_0/t_w \leqslant 15 \sqrt{235/f_y}$

当 $\alpha_0 > 1.0$ 时　　　　　　　　$h_0/t_w \leqslant 18 \sqrt{235/f_y}$

(2) 弯矩使腹板自由边受拉时，腹板宽厚比的限值与轴心压杆情况相同。

对于十分宽大的工字形、H 形或箱形压弯杆件，当腹板宽厚比不满足上述要求时，也可向中心受压柱一样，设置纵向加劲肋或按截面有效宽度计算。

6.4.2　翼缘板的局部稳定

压弯杆件受压翼缘自由外伸宽厚比的规定与受弯构件相同。对箱形压弯杆件两腹板之间的受压翼缘，其宽厚比的限值与轴心压杆情况相同。

6.5　框架柱的计算长度

对于端部约束条件比较简单的单根压弯构件，可按弹性稳定理论确定其计算长度 l_0 或计算长度系数 μ（$l_0 = \mu l$，l 为杆件几何长度）（参看第 4 章表 4—3）。但对于框架柱，其约束情况与各柱两端相连的杆件（包括左右横梁和上下相连的柱）的刚度以及基础的情况有关。通常，框架柱在框架平面内的计算长度 l_{0x} 按平面框架体系进行框架整体稳定分析得到，框架柱在框架平面外的计算长度 l_{0y} 则按框架平面外的支承点的距离来确定。

6.5.1　框架柱在框架平面内的计算长度

1. 单层等截面框架柱

在进行框架的整体稳定分析时，一般取平面框架作为计算模型，不考虑空间作用。按框架的失稳形态将框架柱分为两类：无侧移框架柱和有侧移框架柱。无侧移框架柱是指框架中由于设有支撑架、剪力墙、电梯井等横向支撑结构，且其抗侧移刚度足够大，致使失稳时柱顶无侧向位移者，如图 6—15(a)、(b) 所示。有侧移框架柱是指框架中未设上述横向支撑结构，框架失稳时柱顶有侧向位移者，如图 6—15(c)、(d) 所示。有侧移失稳的框架，其临界力比无侧移失稳的框架低得多。因此，除非有阻止框架侧移的支撑体系（包括支撑架、剪力墙等），框架的承载能力一般以有侧移失稳时的临界力确定。

框架柱的上端与横梁刚性连接时，横梁对柱的约束作用取决于横梁的线刚度 I_0/l 与柱的线刚度 I/H 的比值 K_1，即：

$$K_1 = \frac{I_0/l}{I/H} \tag{6—16}$$

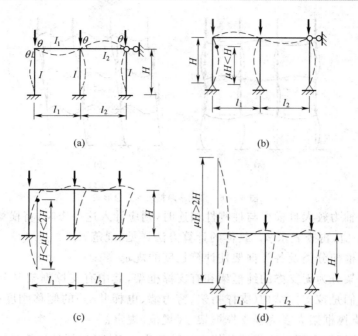

图6-15 单层框架的失稳形式

对于单层多跨框架,K_1值为与柱相邻的两根横梁的线刚度之和$I_1/l_1+I_2/l_2$与柱线刚度I/H之比:

$$K_1 = \frac{I_1/l_1+I_2/l_2}{I/H}$$
(6-17)

确定框架柱的计算长度通常根据弹性稳定理论,并作了如下近似假定:

(1)框架只承受作用于节点的竖向荷载,忽略横梁荷载和水平荷载产生梁端弯矩的影响。分析比较表明,在弹性工作范围内,此种假定带来的误差不大,可以满足设计工作的要求。但需注意,此假定只能用于确定计算长度,在计算柱的截面尺寸时必须同时考虑弯矩和轴心力。

(2)所有框架柱同时丧失稳定,即所有框架柱同时达到临界荷载。

(3)失稳时横梁两端的转角相等。

框架柱在框架平面内的计算长度H_0可用下式表达:

$$H_0 = \mu H$$

式中　H——柱的几何长度;

　　　μ——计算长度系数。

μ值与框架柱柱脚与基础的连接形式及K_1值有关。《规范》在上述近似假定的基础上用弹性稳定理论求出柱的计算长度系数,见附录5。

2. 多层多跨框架等截面柱

多层多跨等截面柱的框架也有两种失稳形式,即有侧移失稳和无侧移失稳,如图6-16。因此这类框架柱的计算长度也要按两种情况分别确定。确定时采用的基本假定与单层多跨框架基本相同。柱的计算长度系数μ将与相连的各横梁的约束程度有关。而相交于每一节点的横梁对该节点所连柱的约束程度,又取决于相交于该节点各横梁线刚度之和与柱线刚度之和的比。因此柱的计算长度系数就要由该柱上端及下端节点处的梁、柱线刚度比确定,其值见附录5中附表5.1与附表5.2。

一般情况下,框架中横梁所受轴力较小,附录中附表5中的μ值未计入横梁轴力的影响。

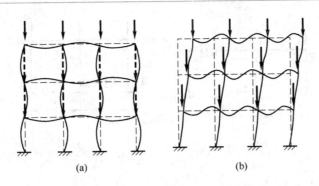

图 6—16　多层多跨框架的失稳形式

但是当横梁所受轴力较大且横梁与柱刚性相连时，则应计入这一影响，将横梁线刚度给以适当折减后来计算 K 值，再查表求 μ。具体的计算方法详见《规范》。

3.《规范》对框架分类及各类框架柱计算长度的规定

《规范》将框架分为无支撑的纯框架和有支撑框架，其中有支撑框架又分为强支撑框架和弱支撑框架。它们是按支撑结构（支撑桁架、剪力墙、电梯井等）的侧移刚度的大小来区分，但实际工程中，有支撑框架大多为强支撑框架。《规范》规定：

（1）无支撑纯框架采用一阶弹性分析方法计算内力时，框架柱的计算长度系数 μ 按附录中附表 5.1 有侧移框架柱的计算长度系数确定。

（2）强支撑框架柱的计算长度系数按附录中附表 5.2 无侧移框架柱的计算长度系数确定。

（3）弱支撑框架的失稳形态介于前述有侧移失稳和无侧移失稳形态之间，因此其框架柱的轴心压杆稳定系数 φ 也介于有侧移和无侧移的框架柱的 φ 值之间。具体计算方法见《规范》。

6.5.2　框架柱在框架平面外的计算长度

在框架平面外，柱与纵梁或纵向支撑构件一般是铰接，当框架在框架平面外失稳时，可假定侧向支承点是其变形曲线的反弯点。这样柱在框架平面外的计算长度等于侧向支承点之间的距离，若无侧向支承，则为柱的全长 H，如图 6—17。对于多层框架柱，在框架平面外的计算长度可能就是该柱的全长。

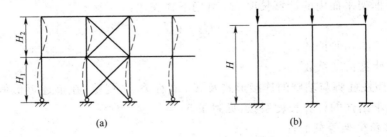

图 6—17　框架柱在框架平面外的计算长度

例题 6.4　图 6—18 所示为双跨等截面框架，柱与基础刚接。试将该框架分别按无支撑纯框架和强支撑框架确定其框架柱（边柱和中柱）在框架平面内的计算长度。

解：
$$I_0 = \frac{1}{12} \times 1 \times 76^3 + 2 \times 38 \times 2 \times 39^2 = 267\,770\ \text{cm}^4$$

$$I_1 = \frac{1}{12} \times 1 \times 36^3 + 2 \times 30 \times 1.2 \times 18.6^2 = 28\,800\ \text{cm}^4$$

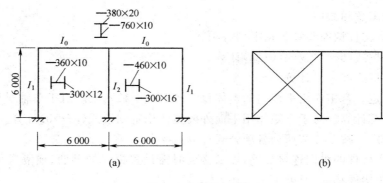

图 6-18 例题 6.4 图

$$I_2 = \frac{1}{12} \times 1 \times 46^3 + 2 \times 30 \times 1.6 \times 23.8^2 = 62\ 500\ \text{cm}^4$$

边柱:
$$K_1 = \frac{I_0/L}{I_1/H} = \frac{2\ 677\ 700/6}{28\ 800/6} = 9.3$$

中柱:
$$K_1 = \frac{2I_0/L}{I_2/H} = \frac{2 \times 2\ 677\ 700/6}{62\ 500/6} = 8.6$$

1. 按无支撑纯框架计算

边柱:柱下端为刚接,取 $K_2 = 10$,由 K_1 和 K_2 查附表 5.1 得 $\mu_1 = 1.033$。

边柱的计算长度为:
$$H_{01} = 1.033 \times 6 = 6.198\ \text{m}$$

中柱:柱下端为刚接,取 $K_2 = 10$,由 K_1 和 K_2 查附表 5.1 得 $\mu_1 = 1.036$。

中柱的计算长度为:
$$H_{02} = 1.036 \times 6 = 6.216\ \text{m}$$

2. 按强支撑框架计算

边柱:由 K_1 和 $K_2 = 10$ 查附表 5.2 得 $\mu_1 = 0.552$。

边柱的计算长度为:
$$H_{01} = 0.552 \times 6 = 3.312\ \text{m}$$

中柱:由 K_1 和 $K_2 = 10$ 查附表 5.2 得 $\mu_1 = 0.555$。

中柱的计算长度为:
$$H_{02} = 0.555 \times 6 = 3.33\ \text{m}$$

显然,设支撑后,框架柱的计算长度大大减小,承载力提高。

6.6 实腹式压弯杆件的截面设计

实腹式压弯构件与轴心受压构件一样,其截面设计也要遵循等稳定性(即弯矩作用平面内和平面外的整体稳定承载能力尽量接近)、肢宽壁薄、制造省工和连接简便等设计原则。其截面形式可根据弯矩的大小及方向,选用双轴对称或单轴对称的截面。

当压弯构件无较大截面削弱时,其截面尺寸通常受弯矩平面内、外两个方向的整体稳定计算控制。由于稳定计算公式涉及截面多项几何特性,很难直接由公式算出截面尺寸。实际设计时,大多参照已有设计资料的数据及设计经验,先假定出截面尺寸,然后进行验算,如果验算不满足要求,或有较大富裕,则对假定尺寸进行调整,再进行验算。一般都要经过多次试算调整,才能设计出满意的截面。

实腹式压弯构件截面验算包括下列各项:

(1)强度。按式(6—3)或式(6—4)计算。

(2)刚度。按式(6—5)计算。

(3)整体稳定。弯矩作用平面内的整体稳定按式(6—11)计算,对于单轴对称截面,还须按式(6—12)作补充计算。对于弯矩作用平面外的整体稳定则按式(6—13)计算。

(4)局部稳定。按6.4节所列各项公式计算。

实腹式压弯构件的纵向连接焊缝,以及必要时需设置横向加劲肋、横隔等构造规定,均与实腹式轴心受压构件相同,此处不再赘述。

例题 6.5 图 6—19 所示为一双轴对称工字形截面压弯构件,跨中集中横向荷载设计值 $F=150\,\text{kN}$,轴心压力设计值 $N=1\,200\,\text{kN}$。构件在弯矩作用平面内计算长度为 12 m,弯矩作用平面外方向有侧向支撑,其间距为 4 m。构件截面尺寸如图中所示,截面无削弱,翼缘板为火焰切割边,钢材为 Q235。构件容许长细比$[\lambda]=150$。试对该构件截面进行验算。

解:1. 截面几何特性

$$A=2\times30\times2+50\times1.2=180\,\text{cm}^2$$

$$I_x=(30\times54^3-28.8\times50^3)/12=93\,660\,\text{cm}^4$$

$$W_{1x}=\frac{93\,660}{27}=3\,469\,\text{cm}^3$$

腹板计算高度边缘处 $$W'_{1x}=\frac{93\,660}{25}=374\,6.4\,\text{cm}^3$$

$$I_y=2\times\frac{1}{12}\times2\times30^3=9\,000\,\text{cm}^4$$

$$i_x=\sqrt{\frac{93\,660}{180}}=22.8\,\text{cm} \qquad i_y=\sqrt{\frac{9\,000}{180}}=7.07\,\text{cm}$$

$$\lambda_x=\frac{l_{0x}}{i_x}=\frac{1\,200}{22.8}=52.6<[\lambda]=150, \qquad \lambda_y=\frac{l_{0y}}{i_y}=\frac{400}{7.07}=56.6<[\lambda]=150\,(\text{刚度满足要求})$$

按 b 类截面查附表 2.2 得 $\varphi_x=0.844$,$\varphi_y=0.825$。

2. 弯矩作用平面内的整体稳定性

$$M_x=Fl/4=150\times12/4=450\,\text{kN}\cdot\text{m}$$

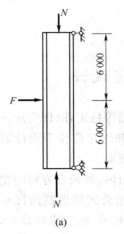
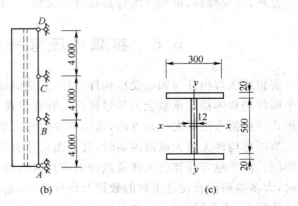

图 6—19 例题 6.5 图(单位:cm)

$$N'_{Er} = \frac{\pi^2 EA}{1.1\lambda_x^2} = \frac{3.14^2 \times 206\ 000 \times 10^{-3} \times 180 \times 10^2}{1.1 \times 52.6^2} = 12\ 012.5\ kN$$

$$\beta_{mx} = 1.0$$

$$\frac{N}{\varphi_x A} + \frac{\beta_{mx} M_x}{\gamma_x W_{1x}\left(1 - 0.8\dfrac{N}{N'_{Er}}\right)} = \frac{1\ 200 \times 10^3}{0.844 \times 18\ 000} + \frac{1.0 \times 450 \times 10^6}{1.05 \times 3\ 469 \times 10^3 \times (1 - 0.8 \times 1\ 200/12\ 012.5)}$$

$$= 213.3\ N/mm^2 < f = 215\ N/mm^2$$

该构件在弯矩作用平面内的整体稳定性满足要求。

3. 弯矩作用平面外的整体稳定性

取跨中 BC 段验算：

$$\varphi_b = 1.07 - \frac{\lambda_y^2}{44\ 000} \cdot \frac{f_y}{235} = 1.07 - \frac{56.6^2}{44\ 000} \times \frac{235}{235} = 0.997, \quad \beta_{tx} = 1.0, \quad \eta = 1.0$$

$$\frac{N}{\varphi_y A} + \eta \frac{\beta_{tx} M_x}{\varphi_b W_{1x}} = \frac{1\ 200 \times 10^3}{0.825 \times 180 \times 10^2} + 1.0 \times \frac{1.0 \times 450 \times 10^6}{0.997 \times 3\ 469 \times 10^3}$$

$$= 211.1\ N/mm^2 < f = 215\ N/mm^2$$

该构件在弯矩作用平面外的整体稳定性满足要求。

4. 局部稳定

翼缘：
$$\frac{b_1}{t} = \frac{(300-12)}{2 \times 20} = 7.2 < 13\sqrt{\frac{235}{f_y}} = 13$$

腹板：
$$\sigma_{max} = \frac{N}{A} + \frac{M_x}{W'_{1x}} = \frac{1\ 200 \times 10^3}{180 \times 10^2} + \frac{450 \times 10^6}{3\ 746.4 \times 10^3} = 186.8\ N/mm^2$$

$$\sigma_{min} = \frac{N}{A} - \frac{M_x}{W'_{2x}} = \frac{1\ 200 \times 10^3}{180 \times 10^2} - \frac{450 \times 10^6}{3\ 746.4 \times 10^3} = -53.4\ N/mm^2$$

$$\alpha_0 = \frac{\sigma_{max} - \sigma_{min}}{\sigma_{max}} = \frac{186.8 + 53.4}{186.8} = 1.286 < 1.6$$

$$h_0/t_w = 500/12 = 41.7 \leqslant (16\alpha_0 + 25 + 0.5\lambda)\sqrt{235/f_y}$$
$$= (16 \times 1.286 + 25 + 0.5 \times 56.6) \times 1.0 = 73.88$$

局部稳定满足要求。

6.7　格构式压弯构件

　　为了节约材料，对于比较高大的压弯构件，如厂房框架柱和独立柱，可采用格构式压弯构件。根据作用于构件的弯矩和压力以及使用要求，压弯构件可设计成双轴对称或单轴对称的截面，如图 6−20。图中(a)所示为弯矩绕实轴作用，(b)、(c)、(d)为弯矩绕虚轴作用。

　　格构式压弯构件由于构件肢件间距一般较大，常常采用缀条连接。

6.7.1　格构式压弯构件的整体稳定

1. 当弯矩绕实轴作用时

　　对于如图 6−20(a)所示的弯矩绕实轴作用的格构式压弯构件，在弯矩作用平面内的整体稳定与实腹柱相同，同样采用式(6−11)计算。但是式中的 x 轴是指格构式截面的实轴，即图 6−20(a)中的 y 轴。

　　在弯矩作用平面外的稳定性仍可采用式(6−13)计算，但式中 φ_y 应按虚轴换算长细比 λ_{0x}

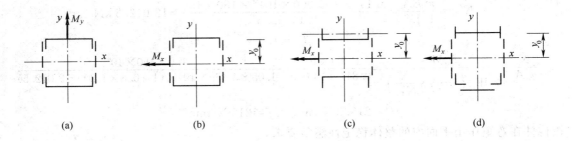

图 6—20　格构式压弯构件的截面形式

查表确定，λ_{0x} 的计算与格构式轴心受压构件相同。此外，式中取 $\varphi_b=1.0$。

2. 当弯矩绕虚轴作用时

当弯矩作用在与缀材面平行的平面内[图 6—20(b)]，构件绕虚轴弯曲失稳时，由于截面中部空心，不能考虑塑性深入发展，故采用以式(6—10)截面边缘纤维开始屈服作为设计准则。《规范》根据式(6—10)规定按下式计算：

$$\frac{N}{\varphi_x A}+\frac{\beta_{mx}M_x}{W_x\left(1-\varphi_x\dfrac{N}{N'_{Ex}}\right)}\leqslant f \qquad (6—18)$$

式中 $W_{1x}=I_x/y_0$，I_x 为 x 轴（虚轴）的毛截面惯性矩，y_0 为由 x 轴到压力较大分肢的轴线距离或者到压力较大分肢腹板边缘的距离，取二者中较大者；φ_x、N'_{Ex} 由虚轴换算长细比 λ_{0x} 确定，β_{mx} 同实腹式压弯构件。

由于组成压弯构件的两个肢件在弯矩作用平面外可以通过分肢稳定计算来加以保证，所以不必再计算整个构件在弯矩作用平面外的稳定性。

6.7.2　分肢的稳定性

当弯矩绕虚轴作用时，可将整个构件视为平行弦桁架，分肢视为弦杆，将压力和弯矩分配到分肢，按图 6—21 所示的计算简图确定分肢轴心压力为：

分肢 1：

$$N_1=N\frac{y_2}{a}+\frac{M}{a} \qquad (6—19)$$

分肢 2：

$$N_2=N-N_1 \qquad (6—20)$$

缀条式压弯构件的分肢按轴心受压构件计算，分肢的计算长度在缀材平面内取缀条体系的节间长度，在缀材平面外则取构件侧向支承点之间的距离。

计算缀板式压弯构件的分肢稳定时，除轴心压力外，还应计入由剪力引起的局部弯矩，其剪力取构件荷载引起的实际剪力和按第 4 章中式(4—82)的计算剪力两者中的较大值，因此它的分肢稳定按实腹式压弯构件进行验算。

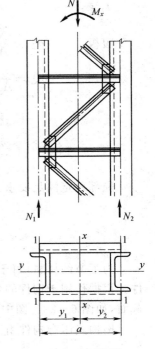

图 6—21　格构式压弯构件分肢计算简图

6.7.3 缀材计算

格构式压弯构件的缀材同样应按构件荷载引起的实际剪力和按第 4 章中式(4−82)的计算剪力取两者中较大值计算,计算方法与格构式轴心受压构件的缀材计算相同。

6.7.4 格构式压弯构件的强度计算

格构式压弯构件的强度按式(6−3)或式(6−4)计算,其中当弯矩绕虚轴(x 轴)作用时,不考虑塑性变形在截面上发展,取 $\gamma_x=1.0$。

例题 6.6 有一长度为 6 m 的格构式压弯构件,下端固定上端自由。所受轴心压力设计值 $N=550$ kN,弯矩为三角形分布,上端弯矩为 0,下端弯矩设计值 $M=220$ kN·m。构件截面及缀条布置如图 6−22 所示,截面由两个 I25a 组成,缀条为 ∟ $50\times50\times5$。构件侧向上、下端为铰接支座。钢材 Q235。试分别按弯矩绕虚轴作用和绕实轴作用验算该柱的承载力。

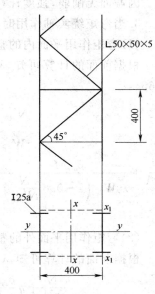

图 6−22 例题 6.6 图

解: 1. 计算构件的截面几何特性

由附录 7 中附表 7.1 可查得:

$A=2\times48.5=97$ cm²,$I_{x1}=280.4$ cm⁴,$i_x=2.4$ cm

$I_x=2\times(280.4+48.5\times20^2)$

$\qquad =39\,360.8$ cm⁴

$$i_x=\sqrt{\frac{39\,360.8}{97}}=20.14\text{ cm},i_y=10.17\text{ cm},W_y=401.4\text{ cm}^3$$

2. 当弯矩绕虚轴作用时

(1)弯矩作用平面内的整体稳定性

$$l_{0x}=2\times600=1\,200\text{ cm}$$

$$\lambda_x=\frac{l_{0x}}{i_x}=\frac{1\,200}{20.4}=59.6<[\lambda]=150$$

一个缀条的面积 $A_1=4.8$ cm²。换算长细比:

$$\lambda_{0x}=\sqrt{\lambda_x^2+27A/2A_1}=\sqrt{59.6^2+27\times\frac{97}{2\times48}}=61.8$$

按 b 类截面查附录中附表 2.2 得:$\varphi_x=0.798$。

$$W_{1x}=\frac{39\,360.8}{20}=1\,968\text{ cm}^3$$

$$N'_{Ex}=\frac{\pi^2EA}{1.1\lambda_x^2}=\frac{3.14^2\times206\,000\times10^{-3}\times97\times10^2}{1.1\times61.8^2}=4\,689.5\text{ kN}$$

$$\beta_{mx}=1.0$$

$$\frac{N}{\varphi_x A}+\frac{\beta_{mx}M_x}{W_{1x}\left(1-\varphi_x\dfrac{N}{N'_{Ex}}\right)}=\frac{550\times10^3}{0.798\times9\,700}+\frac{1.0\times220\times10^6}{1\,968\times10^3\times(1-0.798\times550/4\,689.5)}$$

$$=194.4\text{ N/mm}^2<f=215\text{ N/mm}^2$$

(2)分肢稳定性验算

$$N_1=N\frac{y_2}{a}+\frac{M}{a}=550\times\frac{20}{40}+\frac{220\times10^2}{40}=825\text{ kN}$$

$$N_2 = N - N_1 = 550 - 825 = -275\,\text{kN(拉力)}$$

$$l_{0x1} = 40\,\text{cm}, \quad i_{x1} = 2.4\,\text{cm}, \quad l_{0y1} = 600\,\text{cm}, \quad i_{y1} = 10.18\,\text{cm}$$

$$\lambda_{x1} = \frac{l_{0x1}}{i_x} = \frac{40}{2.4} = 16.7, \quad \lambda_{y1} = \frac{l_{0y1}}{i_y} = \frac{600}{10.18} = 58.9$$

由 λ_{x1}、λ_{y1} 查附表 2 得(对 x_1 轴查 b 类截面,对 y_1 轴查 a 类截面):$\varphi_{x1} = 0.980$,$\varphi_{y1} = 0.814$

$$\frac{N_1}{\varphi A} = \frac{825 \times 10^3}{0.814 \times 48.5} = 209\,\text{N/mm}^2 < f = 215\,\text{N/mm}^2 \quad (\text{满足要求})$$

(3)强度计算

因截面无削弱,强度计算中弯矩取值与稳定计算相同,故无须计算强度。

3. 当弯矩绕实轴作用时

(1)弯矩作用平面内的整体稳定性

根据前面的计算可知,$\lambda_y = 58.9$,查附表 2.2 得 $\varphi_x = 0.814$,$\beta_{mx} = 0.65 + 0.35 M_2/M_1 = 0.65$。

$$N'_{Ex} = \frac{\pi^2 EA}{1.1\lambda_x^2} = \frac{3.14^2 \times 206\,000 \times 10^{-3} \times 97 \times 10^2}{1.1 \times 58.9^2} = 5\,162.6\,\text{kN}$$

$$W_{1x} = 2W_y = 2 \times 401.4 = 802.8\,\text{cm}^3$$

$$\frac{N}{\varphi_x A} + \frac{\beta_{mx} M_x}{\gamma_x W_{1x}\left(1 - 0.8\dfrac{N}{N'_{Ex}}\right)} = \frac{550 \times 10^3}{0.814 \times 9\,700} + \frac{0.65 \times 220 \times 10^6}{1.05 \times 802.8 \times 10^3 \times (1 - 0.8 \times 550/5\,162.6)}$$

$$= 255.1\,\text{N/mm}^2 > f = 215\,\text{N/mm}^2 \quad (\text{不满足要求})$$

(2)弯矩作用平面外的整体稳定性

根据前面的计算可知,$\lambda_{0x} = 61.8$,查附表 2.2 得 $\varphi_y = 0.798$,$\beta_{tx} = 1.0$,$\varphi_b = 1.0$,$\eta = 1.0$。

$$\frac{N}{\varphi_y A} + \eta \frac{\beta_{tx} M_x}{\varphi_b W_{1x}} = \frac{550 \times 10^3}{0.798 \times 97 \times 10^2} + 1.0 \times \frac{1.0 \times 220 \times 10^6}{1.0 \times 802.8 \times 10^3}$$

$$= 345.1\,\text{N/mm}^2 > f = 215\,\text{N/mm}^2 \quad (\text{不满足要求})$$

(3)强度计算

$$\frac{N}{A} + \frac{M_x}{\gamma_{1x} W_{1x}} = \frac{550 \times 10^3}{97 \times 10^2} = \frac{220 \times 10^6}{1.05 \times 802.8 \times 10^3} = 317.7\,\text{N/mm}^2 > f = 215\,\text{N/mm}^2 (\text{不满足要求})$$

根据上述验算可知,当弯矩绕虚轴作用时该构件承载力满足要求;当弯矩绕实轴作用时,承载力不满足要求。应当加大分肢截面或增加侧向支撑后再进行验算。

6.8 框架中梁与柱的连接

在框架结构中梁与柱大多采用刚性连接,这种连接要求能可靠地将梁端弯矩和剪力传给柱身。图 6-23 示出 3 种形式的梁柱刚性连接。

图 6-23(a)中,梁与柱连接前,事先在柱身侧面连接位置处焊上衬板(垫板),梁翼缘端部作成剖口,并在梁腹板端部留出槽口,上槽口是为了让出衬板位置,下槽口供焊缝通过。梁吊装就位后,梁腹板与柱翼缘用角焊缝相连,梁翼缘与柱翼缘用剖口对接焊缝相连。这种连接的优点是构造简单、省工省料,缺点是要求构件尺寸加工精确,且需高空施焊。

为了克服图 6-23(a)的缺点,可采用图 6-23(b)的连接形式。这种形式在梁与柱连接前,先在柱身侧面梁上下翼缘连接位置处分别焊上下两个支托,同时在梁端上翼缘及腹板处留

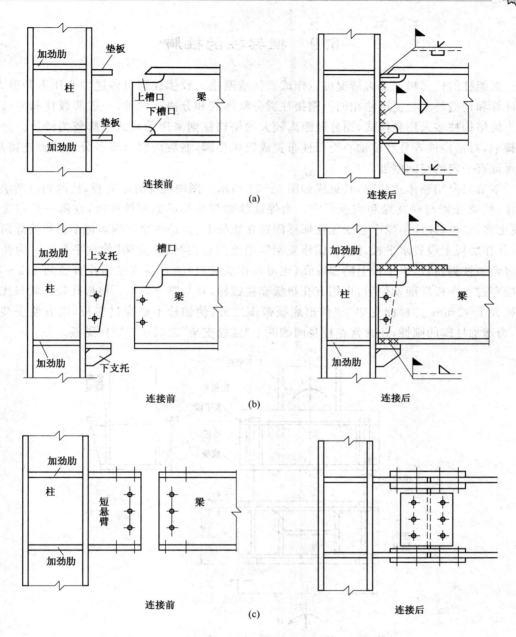

图 6—23 梁与柱的刚性连接形式

出槽口。梁吊装就位后,梁腹板与柱身上支托竖板用安装螺栓相连定位,梁下翼缘与柱身下支托水平板用角焊缝相连。梁上翼缘与上支托水平板则用另一块短板通过角焊缝连接起来。梁端弯矩所形成的上下拉压轴力由梁翼缘传给上下支托水平板,再传给柱身。梁端剪力通过下支托传给柱身。这种连接比图 6—23(a)构造稍微复杂一些,但安装时对中就位比较方便。图6—23(c)也是对图 6—23(a)的一种改进。这种连接将梁在跨间内力较小处断开,靠近柱的一段梁在工厂制造时即焊在柱上形成一悬臂短梁段。安装时将跨间一段梁吊装就位后,用摩擦型高强度螺栓将它与悬臂短梁段连接起来。这种连接的优点是连接处内力小,所需螺栓数相应较少,安装时对中就位比较方便,同时不需高空施焊。

6.9　框架柱的柱脚

　　框架柱的柱脚根据受力情况可以作成铰接或刚接。铰接柱脚只传递轴心压力和剪力,它的计算和构造与轴心受压柱相同。刚接柱脚分整体式和分离式两种,一般实腹柱和分肢距离较小的格构柱多采用整体式,而分肢距离较大的格构柱则采用分离式柱脚较为经济。分离式柱脚中,对格构柱各分肢按轴心受压柱布置成铰接柱脚,然后用缀材将各分肢柱脚连接起来,以保证有一定的空间刚度。

　　本节只介绍整体式柱脚,其组成如图6—24所示。图中柱身置于底板,柱两侧由两块靴梁夹住,靴梁分别与柱翼缘和底板焊牢。为保证柱脚与基础形成刚性连接,柱脚一般布置4个(或更多)锚栓,锚栓不像中心受压柱那样固定在底板上,而是在靴梁侧面每个锚栓处焊两块肋板,并在肋板上设置水平板,组成"锚栓支架",锚栓固定在"锚栓支架"的水平板上。为便于安装时调整柱脚位置,水平板上的锚栓孔(也可以作成缺口)的直径应是锚栓直径的1.5~2倍。锚栓穿过水平板准确就位后,再用有孔垫板套住锚栓,并与锚栓焊牢。垫板孔径一般只比锚栓直径大1~2 mm。"锚栓支架"应伸出底板范围之外,使锚栓不必穿过底板,以方便安装。此外,为增加柱脚的刚性,还常常在柱身两侧两个"锚栓支架"之间布置竖向隔板。

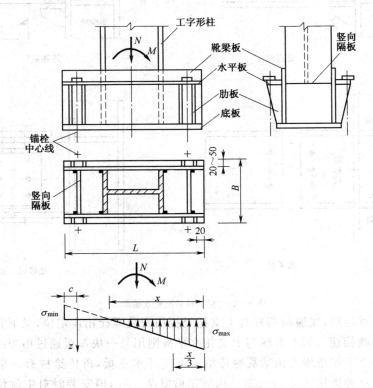

图6—24　整体式柱脚

　　整体式柱脚传力过程是:柱身通过焊缝将轴力和弯矩传给靴梁,靴梁再将力传给底板,最后再传给基础。柱端剪力则由底板与基础之间的摩擦力传递,当剪力较大时,应在底板下设置剪力键传递剪力。

　　整体式柱脚的计算,一般包括底板尺寸、锚栓直径、靴梁尺寸及焊缝。

底板宽度 B 由构造要求确定,其中悬臂宽度取 $2 \sim 5\,\mathrm{cm}$。底板的长度 L 则由底板下基础的压应力不超过混凝土抗压强度设计值的要求来确定。

$$\sigma_{\max} = \frac{N}{BL} + \frac{6M}{BL^2} \leqslant f_{ce} \tag{6-21}$$

式中　f_{ce}——混凝土抗压强度设计值。

底板的厚度的确定和轴心受压构件的柱脚中的方法类似,但由于压弯构件底板各区格所承受的压应力不均匀,可偏于安全地取该区格中的最大压应力值,作为全区格均匀分布压应力来计算其弯矩。

当柱的轴力及弯矩共同作用使柱底板出现拉应力,即底板最小应力 $\sigma_{\min}$ 出现负值时,由于底板和基础之间不能承受拉应力,它应由锚栓承担,计算锚栓受力的方法很多,下面介绍目前国内采用较多的一种方法。按这种方法,取图 $6-24$ 所示应力的分布图,算出图中的各项数据如下:

$$\sigma_{\min} = \frac{N}{BL} - \frac{6M}{BL^2} \leqslant f_{ce} \tag{6-22}$$

$$x = \frac{\sigma_{\max}}{\sigma_{\max} + |\sigma_{\min}|} L \tag{6-23}$$

式中　x——底板受压区长度。

对应力分布图受压区合力点取矩,得图中拉应力合力 Z 为:

$$Z = \frac{M - N(L/2 - x/3)}{L - c - x/3} \tag{6-24}$$

式中　c——锚栓中心到底板边缘的距离。

每个锚栓需要的有效面积为:

$$A_e = \frac{Z}{n f_t^a} \tag{6-25}$$

式中　n——柱身一侧柱脚锚栓的数目;

　　　f_t^a——锚栓的抗拉设计强度(见附录 8 中附表 8.2)。

由此选定锚栓的直径,锚栓直径不应小于 $20\,\mathrm{mm}$。

按上式计算锚栓拉力时,应选取使其产生最大拉力的内力组合,通常是 M 偏大、N 偏小的一组。

上述计算锚栓拉力的方法的缺点是理论上不够严密,计算中假定锚栓位于拉应力合力作用点,实际情况并不一定如此,一般说来该法偏于保守,算得的锚栓拉力偏大。当采用此法算得锚栓直径大于 $60\,\mathrm{mm}$ 时,应考虑采用其他方法重新计算。

靴梁计算与轴心受压柱柱脚相同,其高度根据靴梁与柱连接所需焊缝长度确定,靴梁按支于柱边缘的悬伸梁来验算截面强度,靴梁与底板的连接焊缝布置要注意因柱身范围内不便施焊,此处焊缝仅布置在柱身及靴梁外侧。该焊缝偏保守地按最大地基反力计算。

隔板计算与轴心受压柱柱脚相同。它所承受的基础反力偏安全地按该计算段内最大值计算。

本 章 小 结

1. 与受弯构件一样,拉弯、压弯构件的强度计算不以塑性铰为极限,而是以截面仅有部分区域发展成塑性区为极限来进行计算。但对于承受动力荷载且须计算疲劳的构件,则按弹性计算,即不允许塑性发展。

2. 与轴心受压构件一样,拉弯、压弯构件的刚度要求是以长细比来控制,必要时还应控制挠度。

3. 现行《规范》对压弯构件,不论是实腹式还是格构式构件,亦不论是弯矩平面内还是弯矩平面外的稳定承载力,其公式均采用半经验半理论的相关公式。这些公式通过各种系数反映各种因素对稳定承载力的影响,它们虽然是近似的,但能满足工程精度要求,且使用方便,同时它们也分别与受弯和轴心受压构件相应的稳定计算公式相衔接。

4. 构件的计算长度 $l_0 = \mu l$,反映构件端部受约束的程度。其物理意义是:将不同支承情况的杆件等效为长度等于 l_0 的两端铰接杆件,使该杆件按 l_0 算得的欧拉临界力即为该杆件理想轴心受压临界力。其几何意义是:它代表任意支承情况杆件轴心受压弯曲屈曲后挠度曲线中两反弯点间的长度。端部为理想约束情况的独立柱,其 l_0 或 μ 值可查表 4—3 求得,框架柱的 l_0 或 μ 值见附录 5。

5. 实腹式压弯杆件的局部稳定是以限制翼缘和腹板的宽(高)厚比来控制的。其中翼缘的限值与受弯杆件相同,腹板的高厚比限值则与截面形式(工字形、箱形、T 形)、板上的应力梯度 α_0 以及杆件的长细比 λ 有关。

6. 压弯(拉弯)杆件与梁的连接或与柱的连接(柱脚),视杆端内力情况分为刚性连接和铰接。铰接与轴心受压柱的连接相同。刚性连接除传递轴力和剪力之外,还要传递弯矩,因此其构造布置和计算方面比铰接复杂一些,其设计同样要求传力明确,构造简单,便于制造安装。

思 考 题

6.1 拉弯及压弯构件的破坏形式有哪些?各有什么特点?

6.2 计算长度的几何意义、物理意义是什么?一个构件的计算长度与该构件所受荷载是否有关?

6.3 梁与柱的刚性连接应能传递哪些内力?图 6—23 中 3 种梁柱刚性连接中,这些内力是如何传递的?

6.4 刚性连接的柱脚应能传递哪些内力?图 6—24 中的整体式刚性柱脚是如何传递这些内力的?

6.5 铰接柱脚与刚接柱脚中锚栓的作用有何区别?

习 题

6.1 图 6—25 所示 I20a 工字钢构件,承受轴心拉力设计值 $N = 500\ \text{kN}$,长 4.5 m,两端铰接,在跨中 $l/3$ 处作用着集中荷载 F,钢材为 Q235,试问该构件能承受的最大横向荷载 F 为多少?

6.2 图 6—26 所示压弯构件长 12 m,承受轴心压力设计值 $N = 1800\ \text{kN}$,构件的中央作用横向荷载设计值 $F = 540\ \text{kN}$,弯矩作用平面外有 2 个侧向支撑(在构件的三分点处),钢材采用 Q235,翼缘为火焰切割边,验算该构件在弯矩作用平面内的整体稳定。

6.3 验算习题 6.2 构件在弯矩作用平面外的整体稳定性。

6.4 一格构式压弯构件,两端铰接,计算长度 $l_{0x} = l_{0y} = 600\ \text{cm}$。构件截面及缀条布置如图 6—27 所示。缀条采用角钢 ∟ 70×70×4,缀条倾角为 45°。构件承受轴心压力设计值 $N =$

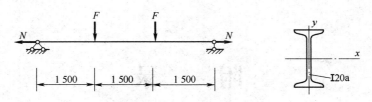

图6-25 习题6.1图(尺寸单位:mm)

450 kN,弯矩绕虚轴作用,钢材采用Q235。试计算该构件所能承受的最大弯矩设计值。

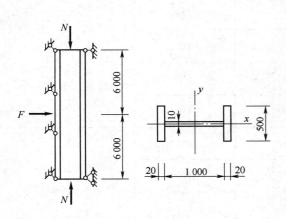

图6-26 习题6.2图(尺寸单位:mm)

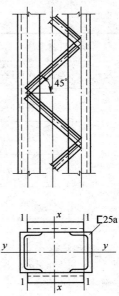

图6-27 习题6.4图

附　　录

附录 1　钢材和连接的强度设计值

附表 1.1　钢材的强度设计值（N/mm²）

钢　材		抗拉、抗压和抗弯	抗　剪	端面承压（刨平顶紧）
牌　号	厚度 t 或直径 d（mm）	f	f_V	f_{ce}
Q235 钢	t（或 d）≤16	215	125	325
	16＜t（或 d）≤40	205	120	
	40＜t（或 d）≤60	200	115	
	60＜t（或 d）≤100	190	110	
Q345 钢	t（或 d）≤16	310	180	400
	16＜t（或 d）≤35	295	170	
	35＜t（或 d）≤50	265	155	
	50＜t（或 d）≤100	250	145	
Q390 钢	t（或 d）≤16	350	205	415
	16＜t（或 d）≤35	335	190	
	35＜t（或 d）≤50	315	180	
	50＜t（或 d）≤100	295	170	
Q420 钢	t（或 d）≤16	380	220	440
	16＜t（或 d）≤35	360	210	
	35＜t（或 d）≤50	340	195	
	50＜t（或 d）≤100	325	185	

注：表中厚度系指计算点的厚度，对轴心受压构件系指较厚板件的厚度。

附表 1.2　焊缝的强度设计值（N/mm²）

焊接方法和焊条型号	构件钢材		对 接 焊 缝				角焊缝
	牌　号	厚度 t 或直径 d (mm)	抗压 f_c^w	焊缝质量为下列等级时,抗拉 f_t^w		抗剪 f_V^w	抗拉、抗压和抗剪 f_f^w
				一级、二级	三级		
自动焊、半自动焊和 E43 型焊条的手工焊	Q235 钢	t(或 d)≤16	215	215	185	125	160
		16<t(或 d)≤40	205	205	175	120	
		40<t(或 d)≤60	200	200	170	115	
		60<t(或 d)≤100	190	190	160	110	
自动焊、半自动焊和 E50 型焊条的手工焊	Q345 钢	t(或 d)≤16	310	310	265	180	200
		16<t(或 d)≤35	295	295	250	170	
		35<t(或 d)≤50	265	265	225	155	
		50<t(或 d)≤100	250	250	210	145	
自动焊、半自动焊和 E55 型焊条的手工焊	Q390 钢	t(或 d)≤16	350	350	300	205	220
		16<t(或 d)≤35	335	335	285	190	
		35<t(或 d)≤50	315	315	270	180	
		50<t(或 d)≤100	295	295	250	170	
自动焊、半自动焊和 E55 型焊条的手工焊	Q420 钢	t(或 d)≤16	380	380	320	220	220
		16<t(或 d)≤35	360	360	305	210	
		35<t(或 d)≤50	340	340	290	195	
		50<t(或 d)≤100	325	325	275	185	

注:1.自动焊和半自动焊所采用的焊丝和焊剂,应保证其熔敷金属抗拉强度不低于相应手工焊条的数值。

2.焊缝质量等级应符合现行国家标准《钢结构工程施工质量验收规范》的规定。其中厚度小于 8 mm 钢材的对接焊缝,不宜用超声波探伤确定焊缝质量等级。

3.对接焊缝抗弯受压区强度设计值取 f_c^w,抗弯受拉区强度设计值取 f_t^w。

4.同附表 1.1 注。

附表 1.3　螺栓连接的强度设计值(N/mm²)

螺栓的钢材牌号(或性能等级)和构件的钢材牌号		普通螺栓						锚栓	承压型连接高强度螺栓		
		C级螺栓			A级、B级螺栓						
		抗拉 f_t^b	抗剪 f_v^b	承压 f_c^b	抗拉 f_t^b	抗剪 f_v^b	承压 f_c^b	抗拉 f_t^b	抗拉 f_t^b	抗剪 f_v^b	承压 f_c^b
普通螺栓	4.6级、4.8级	170	140	—	—	—	—	—	—	—	—
	5.6级	—	—	—	210	190	—	—	—	—	—
	8.8级	—	—	—	400	320	—	—	—	—	—
锚栓	Q235钢	—	—	—	—	—	—	140	—	—	—
	Q345钢	—	—	—	—	—	—	180	—	—	—
承压型连接高强度螺栓	8.8级	—	—	—	—	—	—	—	400	250	—
	10.9级	—	—	—	—	—	—	—	500	310	—
构件	Q235钢	—	—	305	—	—	405	—	—	—	470
	Q345钢	—	—	385	—	—	510	—	—	—	590
	Q390钢	—	—	400	—	—	530	—	—	—	615
	Q420钢	—	—	425	—	—	560	—	—	—	655

注:1. A级螺栓用于 $d \leqslant 24$ mm 和 $l \leqslant 10d$ 或 $l \leqslant 150$ mm(按较小值)的螺栓;B级螺栓用于 $d > 24$ mm 和 $l > 10d$ 或 $l >$ 150 mm(按较小值)的螺栓,d 为公称直径,l 为螺栓公称长度。

2. A、B级螺栓孔的精度和孔壁表面粗糙度,C级螺栓孔的允许偏差和孔壁表面粗糙度,均应符合现行国家标准《钢结构工程施工质量验收规范》(GB 50205)的要求。

附表 1.4　结构构件或连接设计强度的折减系数

项　次	情　　　况	折　减　系　数
1	单面连接的单角钢 (1)按轴心受力计算强度和连接	0.85
	(2)按轴心受压计算稳定性 等边角钢	$0.6 + 0.0015\lambda$,但不大于 1.0
	短边相连的不等边角钢	$0.5 + 0.0025\lambda$,但不大于 1.0
	长边相连的不等边角钢	0.70
2	跨度 $\geqslant 60$ m 桁架的受压弦杆和端部受压腹杆	0.95
3	无垫板的单面施焊对接焊缝	0.85
4	施工条件较差的高空安装焊缝和铆钉连接	0.90
5	沉头和半沉头铆钉连接	0.80

注:1. λ 为长细比,对中间无连系的单角钢压杆,应按最小回转半径计算;当 $\lambda < 20$ 时,取 $\lambda = 20$。

2. 当几种情况同时存在时,其折减系数应连乘。

附录 2　轴心受压构件的整体稳定系数

附表 2.1　a 类截面轴心受压构件的稳定系数 φ

$\lambda\sqrt{\dfrac{f_y}{235}}$	0	1	2	3	4	5	6	7	8	9
0	1.000	1.000	1.000	1.000	0.999	0.999	0.998	0.998	0.997	0.996
10	0.995	0.994	0.993	0.992	0.991	0.989	0.988	0.986	0.985	0.983
20	0.981	0.979	0.977	0.976	0.974	0.972	0.970	0.968	0.966	0.964
30	0.963	0.961	0.959	0.957	0.955	0.952	0.950	0.948	0.946	0.944
40	0.941	0.939	0.937	0.934	0.932	0.929	0.927	0.924	0.921	0.919
50	0.916	0.913	0.910	0.907	0.904	0.900	0.897	0.894	0.890	0.886
60	0.883	0.879	0.875	0.871	0.867	0.863	0.858	0.854	0.849	0.844
70	0.839	0.834	0.829	0.824	0.818	0.813	0.807	0.801	0.795	0.789
80	0.783	0.776	0.770	0.763	0.757	0.750	0.743	0.736	0.728	0.721
90	0.714	0.706	0.699	0.691	0.684	0.676	0.668	0.661	0.653	0.645
100	0.638	0.630	0.622	0.615	0.607	0.600	0.592	0.585	0.577	0.570
110	0.563	0.555	0.548	0.541	0.534	0.527	0.520	0.514	0.507	0.500
120	0.494	0.488	0.481	0.475	0.469	0.463	0.457	0.451	0.445	0.440
130	0.434	0.429	0.423	0.418	0.412	0.407	0.402	0.397	0.392	0.387
140	0.383	0.378	0.373	0.369	0.364	0.360	0.356	0.351	0.347	0.343
150	0.339	0.335	0.331	0.327	0.323	0.320	0.316	0.312	0.309	0.305
160	0.302	0.298	0.295	0.292	0.289	0.285	0.282	0.279	0.276	0.273
170	0.270	0.267	0.264	0.262	0.259	0.256	0.253	0.251	0.248	0.246
180	0.243	0.241	0.238	0.236	0.233	0.231	0.229	0.226	0.224	0.222
190	0.220	0.218	0.215	0.213	0.211	0.209	0.207	0.205	0.203	0.201
200	0.199	0.198	0.196	0.194	0.192	0.190	0.189	0.187	0.185	0.183
210	0.182	0.180	0.179	0.177	0.175	0.174	0.172	0.171	0.169	0.168
220	0.166	0.165	0.164	0.162	0.161	0.159	0.158	0.157	0.155	0.154
230	0.153	0.152	0.150	0.149	0.148	0.147	0.146	0.144	0.143	0.142
240	0.141	0.140	0.139	0.138	0.136	0.135	0.134	0.133	0.132	0.131
250	0.130									

附表 2.2　b 类截面轴心受压构件的稳定系数 φ

$\lambda\sqrt{\dfrac{f_y}{235}}$	0	1	2	3	4	5	6	7	8	9
0	1.000	1.000	1.000	0.999	0.999	0.998	0.997	0.996	0.995	0.994
10	0.992	0.991	0.989	0.987	0.985	0.983	0.981	0.978	0.976	0.973
20	0.970	0.967	0.963	0.960	0.957	0.953	0.950	0.946	0.943	0.939
30	0.936	0.932	0.929	0.925	0.922	0.918	0.914	0.910	0.906	0.903
40	0.899	0.895	0.891	0.887	0.882	0.878	0.874	0.870	0.865	0.861
50	0.856	0.852	0.847	0.842	0.838	0.833	0.828	0.823	0.818	0.813
60	0.807	0.802	0.797	0.791	0.786	0.780	0.774	0.769	0.763	0.757
70	0.751	0.745	0.739	0.732	0.726	0.720	0.714	0.707	0.701	0.694
80	0.688	0.681	0.675	0.668	0.661	0.655	0.648	0.641	0.635	0.628
90	0.621	0.614	0.608	0.601	0.594	0.588	0.581	0.575	0.568	0.561
100	0.555	0.549	0.542	0.536	0.529	0.523	0.517	0.511	0.505	0.499
110	0.493	0.487	0.481	0.475	0.470	0.464	0.458	0.453	0.447	0.442
120	0.437	0.432	0.426	0.421	0.416	0.411	0.406	0.402	0.397	0.392
130	0.387	0.383	0.378	0.374	0.370	0.365	0.361	0.357	0.353	0.349
140	0.345	0.341	0.337	0.333	0.329	0.326	0.322	0.318	0.315	0.311
150	0.308	0.304	0.301	0.298	0.295	0.291	0.288	0.285	0.282	0.279
160	0.276	0.273	0.270	0.267	0.265	0.262	0.259	0.256	0.254	0.251
170	0.249	0.246	0.244	0.241	0.239	0.236	0.234	0.232	0.229	0.227
180	0.225	0.223	0.220	0.218	0.216	0.214	0.212	0.210	0.208	0.206
190	0.204	0.202	0.200	0.198	0.197	0.195	0.193	0.191	0.190	0.188
200	0.186	0.184	0.183	0.181	0.180	0.178	0.176	0.175	0.173	0.172
210	0.170	0.169	0.167	0.166	0.165	0.163	0.162	0.160	0.159	0.158
220	0.156	0.155	0.154	0.153	0.151	0.150	0.149	0.148	0.146	0.145
230	0.144	0.143	0.142	0.141	0.140	0.138	0.137	0.136	0.135	0.134
240	0.133	0.132	0.131	0.130	0.129	0.128	0.127	0.126	0.125	0.124
250	0.123									

附表 2.3 c 类截面轴心受压构件的稳定系数 φ

$\lambda\sqrt{\dfrac{f_y}{235}}$	0	1	2	3	4	5	6	7	8	9
0	1.000	1.000	1.000	0.999	0.999	0.998	0.997	0.996	0.995	0.993
10	0.992	0.990	0.988	0.986	0.983	0.981	0.978	0.976	0.973	0.970
20	0.966	0.959	0.953	0.947	0.940	0.934	0.928	0.921	0.915	0.909
30	0.902	0.896	0.890	0.884	0.877	0.871	0.865	0.858	0.852	0.846
40	0.839	0.833	0.826	0.820	0.814	0.807	0.801	0.794	0.788	0.781
50	0.775	0.768	0.762	0.755	0.748	0.742	0.735	0.729	0.722	0.715
60	0.709	0.702	0.695	0.689	0.682	0.676	0.669	0.662	0.656	0.649
70	0.643	0.636	0.629	0.623	0.616	0.610	0.604	0.597	0.591	0.584
80	0.578	0.572	0.566	0.559	0.553	0.547	0.541	0.535	0.529	0.523
90	0.517	0.511	0.505	0.500	0.494	0.488	0.483	0.477	0.472	0.467
100	0.463	0.458	0.454	0.449	0.445	0.441	0.436	0.432	0.428	0.423
110	0.419	0.415	0.411	0.407	0.403	0.399	0.395	0.391	0.387	0.383
120	0.379	0.375	0.371	0.367	0.364	0.360	0.356	0.353	0.349	0.346
130	0.342	0.339	0.335	0.332	0.328	0.325	0.322	0.319	0.315	0.312
140	0.309	0.306	0.303	0.300	0.297	0.294	0.291	0.288	0.285	0.282
150	0.280	0.277	0.274	0.271	0.269	0.266	0.264	0.261	0.258	0.256
160	0.254	0.251	0.249	0.246	0.244	0.242	0.239	0.237	0.235	0.233
170	0.230	0.228	0.226	0.224	0.222	0.220	0.218	0.216	0.214	0.212
180	0.210	0.208	0.206	0.205	0.203	0.201	0.199	0.197	0.196	0.194
190	0.192	0.190	0.189	0.187	0.186	0.184	0.182	0.181	0.179	0.178
200	0.176	0.175	0.173	0.172	0.170	0.169	0.168	0.166	0.165	0.163
210	0.162	0.161	0.159	0.158	0.157	0.156	0.154	0.153	0.152	0.151
220	0.150	0.148	0.147	0.146	0.145	0.144	0.143	0.142	0.140	0.139
230	0.138	0.137	0.136	0.135	0.134	0.133	0.132	0.131	0.130	0.129
240	0.128	0.127	0.126	0.125	0.124	0.124	0.123	0.123	0.122	0.121	0.120
250	0.119									

附表 2.4 d 类截面轴心受压构件的稳定系数 φ

$\lambda\sqrt{\dfrac{f_y}{235}}$	0	1	2	3	4	5	6	7	8	9
0	1.000	1.000	0.999	0.999	0.998	0.996	0.994	0.992	0.990	0.987
10	0.984	0.981	0.978	0.974	0.969	0.965	0.960	0.955	0.949	0.944
20	0.937	0.927	0.918	0.909	0.900	0.891	0.883	0.874	0.865	0.857
30	0.848	0.840	0.831	0.823	0.815	0.807	0.799	0.790	0.782	0.774
40	0.766	0.759	0.751	0.743	0.735	0.728	0.720	0.712	0.705	0.697
50	0.690	0.683	0.675	0.668	0.661	0.654	0.646	0.639	0.632	0.625
60	0.618	0.612	0.605	0.598	0.591	0.585	0.578	0.572	0.565	0.559
70	0.552	0.546	0.540	0.534	0.528	0.522	0.516	0.510	0.504	0.498
80	0.493	0.487	0.481	0.476	0.470	0.465	0.460	0.454	0.449	0.444
90	0.439	0.434	0.429	0.424	0.419	0.414	0.410	0.405	0.401	0.397
100	0.394	0.390	0.387	0.383	0.380	0.376	0.373	0.370	0.366	0.363
110	0.359	0.356	0.353	0.350	0.346	0.343	0.340	0.337	0.334	0.331
120	0.328	0.325	0.322	0.319	0.316	0.313	0.310	0.307	0.304	0.301
130	0.299	0.296	0.293	0.290	0.288	0.285	0.282	0.280	0.277	0.275
140	0.272	0.270	0.267	0.265	0.262	0.260	0.258	0.255	0.253	0.251
150	0.248	0.246	0.244	0.242	0.240	0.237	0.235	0.233	0.231	0.229
160	0.227	0.225	0.223	0.221	0.219	0.217	0.215	0.213	0.212	0.210
170	0.208	0.206	0.204	0.203	0.201	0.199	0.197	0.196	0.194	0.192
180	0.191	0.189	0.188	0.186	0.184	0.183	0.181	0.180	0.178	0.177
190	0.176	0.174	0.173	0.171	0.170	0.168	0.167	0.166	0.164	0.163
200	0.162									

附录 3　梁的整体稳定系数

附 3.1　焊接工字形等截面简支梁

焊接工字形等截面(附图 3.1)简支梁的整体稳定系数 φ_b 应按下式计算：

$$\varphi_b = \beta_b \frac{4\,320}{\lambda_y^2} \cdot \frac{Ah}{W_x}\left[\sqrt{1+\left(\frac{\lambda_y t_1}{4.4h}\right)^2}+\eta_b\right]\frac{235}{f_y} \qquad 附(3.1)$$

式中　β_b——梁整体稳定的等效弯矩系数,按附表 3.1 采用;

$\lambda_y = l_1/i_y$——梁在侧向支承点间对截面弱轴 y—y 的长细比;i_y 为梁毛截面对 y 轴的截面回转
半径;

　　　A——梁的毛截面面积;

　　h、t_1——梁截面的全高和受压翼缘厚度;

　　　η_b——截面不对称影响系数。

附表 3.1　工字形截面简支梁的等效弯矩系数 β_b

项次	侧 向 支 承	荷　　载		$\xi=\dfrac{l_1 t_1}{b_1 h}$		适 用 范 围
				$\xi \leqslant 2.0$	$\xi > 2.0$	
1	跨中无侧向支承	均布荷载作用在	上翼缘	$0.69+0.13\xi$	0.95	附图 3.1(a)、(b) 的截面
2			下翼缘	$1.73-0.20\xi$	1.33	
3		集中荷载作用在	上翼缘	$0.73+0.18\xi$	1.09	
4			下翼缘	$2.23-0.28\xi$	1.67	
5	跨度中点有一个侧向支承点	均布荷载作用在	上翼缘	1.15		附图 3.1 中的所有截面
6			下翼缘	1.40		
7		集中荷载作用在截面高度上任意位置		1.75		
8	跨中点有不少于两个等距离侧向支承点	任意荷载作用在	上翼缘	1.20		
9			下翼缘	1.40		
10	梁端有弯矩,但跨中无荷载作用			$1.75-1.05\left(\dfrac{M_2}{M_1}\right)+0.3\left(\dfrac{M_2}{M_1}\right)^2$,但 $\leqslant 2.3$		

注:1. ξ 为参数,$\xi=\dfrac{l_1 t_1}{b_1 h}$,其中 b_1 和 l_1 见第 5 章 5.3.2 节。

2. M_1 和 M_2 为梁的端弯矩,使梁产生同向曲率时,M_1 和 M_2 取同号,产生反向曲率时取异号,$|M_1| \geqslant |M_2|$。

3. 表中项次 3、4 和 7 的集中荷载是指一个或少数几个集中荷载位于跨中央附近的情况,对其他情况的集中荷载,应
按表中项次 1、2、5、6 内的数值采用。

4. 表中项次 8、9 的 β_b,当集中荷载作用在侧向支承点处时,取 $\beta_b=1.20$。

5. 荷载作用在上翼缘系指荷载作用点在翼缘表面,方向指向截面形心;荷载作用在下翼缘系指荷载作用点在翼缘表
面,方向背向截面形心。

6. 对 $\alpha_b > 0.8$ 的加强受压翼缘工字形截面,下列情况的 β_b 值应乘以相应的系数:

　　　　　　　　项次 1　　当 $\xi \leqslant 1.0$ 时　　　　　　0.95

　　　　　　　　项次 3　　当 $\xi \leqslant 0.5$ 时　　　　　　0.90

$$当\ 0.5<\xi\leqslant1.0\ 时\qquad0.95$$

对双轴对称工字形截面[附图 3.1(a)]：

$$\eta_b=0$$

对单轴对称工字形截面[附图 3.1(b)、(c)]：

$$加强受压翼缘，\eta_b=0.8(2\alpha_b-1)$$

$$加强受拉翼缘，\eta_b=2\alpha_b-1$$

式中　$\alpha_b=\dfrac{I_1}{I_1+I_2}$，$I_1$ 和 I_2 分别为受压翼缘和受拉翼缘对 y 轴的惯性矩。

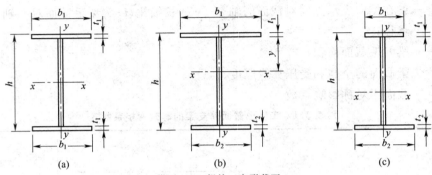

附图 3.1　焊接工字形截面

(a)双轴对称工字形截面；(b)加强受压翼缘的单轴对称工字形截面；

(c)加强受拉翼缘的单轴对称工字形截面。

当按附式(3.1)算得的 φ_b 值大于 0.60 时，应按下式计算的 φ'_b 代替 φ_b 值：

$$\varphi'_b=1.07-\frac{0.282}{\varphi_b}\leqslant1.0\qquad\qquad附(3.2)$$

注：附式(3.1)亦适用于等截面铆接(或高强度螺栓连接)简支梁，其受压翼缘厚度 t_1 包括翼缘角钢厚度在内。

附 3.2　轧制 H 形钢简支梁

轧制 H 形钢简支梁整体稳定系数 φ_b 应按附式(3.1)计算，取 η_b 等于零，当所得的 φ_b 值大于 0.6 时，应按附式(3.2)算得相应的 φ'_b 代替 φ_b 值。

附 3.3　轧制普通工字钢简支梁

轧制普通工字钢简支梁的整体稳定系数 φ_b 应按附表 3.2 采用，当所得的 φ_b 值大于 0.60 时，应按附式(3.2)算得相应的 φ'_b 代替 φ_b 值。

附 3.4　轧制槽钢简支梁

轧制槽钢简支梁的整体稳定系数，不论荷载形式和荷载作用点在截面高度上的位置均可按下式计算：

$$\varphi_b=\frac{570bt}{l_1h}\cdot\frac{235}{f_y}\qquad\qquad附(3.3)$$

式中 h、b、t 分别为槽钢截面的高度、翼缘宽度和平均厚度。

按附式(3.3)算得的 φ_b 值大于 0.6 时，应按附式(3.2)算得相应的 φ'_b 代替 φ_b 值。

附表 3.2　轧制普通工字钢简支梁的 φ_b

项次	荷 载 情 况		工字钢型号	自 由 长 度 l_1（m）								
				2	3	4	5	6	7	8	9	10
1	跨中无侧向支承点的梁	集中荷载作用于　上翼缘	10～20	2.00	1.30	0.99	0.80	0.68	0.58	0.53	0.48	0.43
			22～32	2.40	1.48	1.09	0.86	0.72	0.62	0.54	0.49	0.45
			36～63	2.80	1.60	1.07	0.83	0.68	0.56	0.50	0.45	0.40
2		集中荷载作用于　下翼缘	10～20	3.10	1.95	1.34	1.01	0.82	0.69	0.63	0.57	0.52
			22～40	5.50	2.80	1.84	1.37	1.07	0.86	0.73	0.64	0.56
			45～63	7.30	3.60	2.30	1.62	1.20	0.96	0.80	0.69	0.60
3		均布荷载作用于　上翼缘	10～20	1.70	1.12	0.84	0.68	0.57	0.50	0.45	0.41	0.37
			22～40	2.10	1.30	0.93	0.73	0.60	0.51	0.45	0.40	0.36
			45～63	2.60	1.45	0.97	0.73	0.59	0.50	0.44	0.38	0.35
4		均布荷载作用于　下翼缘	10～20	2.50	1.55	1.08	0.83	0.68	0.56	0.52	0.47	0.42
			22～63	4.00	2.20	1.45	1.10	0.85	0.70	0.60	0.52	0.46
			45～63	5.60	2.80	1.80	1.25	0.95	0.78	0.65	0.55	0.49
5	跨中有侧向支承点的梁（不论荷载作用点在截面高度上的位置）		10～20	2.20	1.39	1.01	0.79	0.66	0.57	0.52	0.47	0.42
			22～40	3.00	1.80	1.24	0.96	0.76	0.65	0.56	0.49	0.43
			45～63	4.00	2.20	1.38	1.01	0.80	0.66	0.56	0.49	0.43

注：1. 同附表 3.1 的注 3、注 5。

　　2. 表中的 φ_b 适用于 Q235 钢。对其他钢号，表中数值应乘以 $235/f_y$。

附 3.5　双轴对称工字形等截面（含 H 形钢）悬臂梁

　　双轴对称工字形等截面（含 H 形钢）悬臂梁的整体稳定系数，可按附式（3.1）计算，但式中系数 β_b 应按附表 3.3 查得，$\lambda_y = l_1/i_y$（l_1 为悬臂梁的悬伸长度）。当求得的 φ_b 值大于 0.6 时，应按附式（3.2）算得相应的 φ'_b 值代替 φ_b 值。

附表 3.3　双轴对称工字形等截面（含 H 形钢）悬臂梁的系数 β_b

项次	荷 载 形 式		$\xi = \dfrac{l_1 t_1}{b_1 h}$		
			$0.60 \leqslant \xi \leqslant 1.24$	$1.24 < \xi \leqslant 1.96$	$1.96 < \xi \leqslant 3.10$
1	自由端一个集中荷载作用在	上翼缘	$0.21 + 0.67\xi$	$0.72 + 0.26\xi$	$1.17 + 0.03\xi$
2		下翼缘	$2.94 - 0.65\xi$	$2.64 - 0.40\xi$	$2.15 - 0.15\xi$
3	均布荷载作用在上翼缘		$0.62 + 0.82\xi$	$1.25 + 0.31\xi$	$1.66 + 0.10\xi$

注：本表是按支承端为固定的情况确定的，当用于由邻跨延伸出来的伸臂梁时，应在构造上采取措施加强支承处的抗扭能力。

附录 4 疲劳计算的构件和连接分类

附表 4 构件和连接分类

项次	简　图	说　　明	类别
1		无连接处的主体金属 1. 轧制型钢 2. 钢板 　a. 两边为轧制边或刨边； 　b. 两侧为自动、半自动切割边（切割质量标准应符合《钢结构工程施工及验收规范》）	1 1 2
2		横向对接焊缝附近的主体金属 1. 符合《钢结构工程施工及验收规范》的一级焊缝 2. 经加工、磨平的一级焊缝	3 2
3		不同厚度（或宽度）横向对接焊缝附近的主体金属、焊缝加工成平滑过渡并符合一级焊缝标准	2
4		纵向对接焊缝附近的主体金属，焊缝符合二级焊缝标准	2
5		翼缘连接焊缝附近的主体金属 1. 翼缘板与腹板的连接焊缝 　a. 自动焊，二级焊缝 　b. 自动焊，三级焊缝，外观缺陷符合二级 　c. 手工焊，三级焊缝，外观缺陷符合二级 2. 双层翼缘板之间的连接焊缝 　a. 自动焊，三级焊缝，外观缺陷符合二级 　b. 手工焊，三级焊缝，外观缺陷符合二级	2 3 4 3 4
6		横向加劲肋端部附近的主体金属 1. 肋端不断弧（采用回焊） 2. 肋端断弧	4 5
7		梯形节点板用对接焊缝焊于梁翼缘、腹板以及桁架构件处的主体金属，过渡处在焊后铲平、磨光、圆滑过渡，不得有焊接起弧、灭弧缺陷	5
8		矩形节点板焊接于构件翼缘或腹板处的主体金属，$l>150\,mm$	7
9		翼缘板中断处的主体金属（板端有正面焊缝）	7

续附表 4

项次	简　图	说　明	类别
10		向正面角焊缝过渡处的主体金属	6
11		两侧面角焊缝连接端部的主体金属	8
12		三面围焊的角焊缝端部主体金属	7
13		三面围焊或两侧面角焊缝连接的节点板主体金属（节点板计算宽度按应力扩散角 $\theta = 30°$ 考虑）	7
14		K 形对接焊缝处的主体金属，两板轴线偏离小于 $0.15\,t$，焊缝为二级，焊趾角 $\alpha \leqslant 45°$。	5
15		十字接头角焊缝处的主体金属，两板轴线偏离小于 $0.15\,t$	7
16	角焊缝	按有效截面确定的剪应力幅计算	8
17		铆钉连接处的主体金属	3
18		连系螺栓和虚孔处的主体金属	3
19		高强度螺栓摩擦型连接处的主体金属	2

注：1. 所有对接焊缝均需焊透。所有焊缝的外形尺寸均应符合现行国家标准《钢结构焊缝外形尺寸》的规定。

2. 角焊缝应符合现行《钢结构设计规范》第 8.2.7 条和 8.2.8 条的要求。

3. 项次 16 中的剪应力幅 $\Delta\tau = \tau_{max} - \tau_{min}$，其中 τ_{min} 的正负值为：与 τ_{max} 同方向时，取正值；与 τ_{max} 反方向时，取负值。

4. 第 17、18 项中的应力应以净截面面积计算，第 19 项应以毛截面面积计算。

附录 5　柱的计算长度系数

附表 5.1　有侧移框架柱的计算长度系数 μ

K_2 \ K_1	0	0.05	0.1	0.2	0.3	0.4	0.5	1	2	3	4	5	≥10
0	∞	6.02	4.46	3.42	3.01	2.78	2.64	2.33	2.17	2.11	2.08	2.07	2.03
0.05	6.02	4.16	3.47	2.86	2.58	2.42	2.31	2.07	1.94	1.90	1.87	1.86	1.83
0.1	4.46	3.47	3.01	2.56	2.33	2.20	2.11	1.90	1.79	1.75	1.73	1.72	1.70
0.2	3.42	2.86	2.56	2.23	2.05	1.94	1.87	1.70	1.60	1.57	1.55	1.54	1.52
0.3	3.01	2.58	2.33	2.05	1.90	1.80	1.74	1.58	1.49	1.46	1.45	1.44	1.42
0.4	2.78	2.42	2.20	1.94	1.80	1.71	1.65	1.50	1.42	1.39	1.37	1.37	1.35
0.5	2.64	2.31	2.11	1.87	1.74	1.65	1.59	1.45	1.37	1.34	1.32	1.32	1.30
1	2.33	2.07	1.90	1.70	1.58	1.50	1.45	1.32	1.24	1.21	1.20	1.19	1.17
2	2.17	1.94	1.79	1.60	1.49	1.42	1.37	1.24	1.16	1.14	1.12	1.12	1.10
3	2.11	1.90	1.75	1.57	1.46	1.39	1.34	1.21	1.14	1.11	1.10	1.09	1.07
4	2.08	1.87	1.73	1.55	1.45	1.37	1.32	1.20	1.12	1.10	1.08	1.08	1.06
5	2.07	1.86	1.72	1.54	1.44	1.37	1.32	1.19	1.12	1.09	1.08	1.07	1.05
≥10	2.03	1.83	1.70	1.52	1.42	1.35	1.30	1.17	1.10	1.07	1.06	1.05	1.03

注:1.表中的计算长度系数 μ 值按下式算得:

$$\left[36K_1K_2-\left(\frac{\pi}{\mu}\right)^2\right]\sin\frac{\pi}{\mu}+6(K_1+K_2)\frac{\pi}{\mu}\cdot\cos\frac{\pi}{\mu}=0$$

K_1、K_2 分别为相交于柱上端、柱下端的横梁线刚度之和与柱线刚度之和的比值。当横梁远端为铰接时,应将横梁线刚度乘以 0.5;当横梁远端为嵌固时,则应乘以 2/3。

2.当横梁与柱铰接时,取横梁线刚度为零。

3.对底层框架柱,当柱与基础铰接时,取 $K_2=0$(对平板支座可取 $K_2=0.1$);当柱与基础刚接时,取 $K_2=10$。

附表 5.2　无侧移框架柱的计算长度系数 μ

K_2 \ K_1	0	0.05	0.1	0.2	0.3	0.4	0.5	1	2	3	4	5	≥10
0	1.000	0.990	0.981	0.964	0.949	0.935	0.922	0.875	0.820	0.791	0.773	0.760	0.732
0.05	0.990	0.981	0.971	0.955	0.940	0.926	0.914	0.867	0.814	0.784	0.766	0.754	0.726
0.1	0.981	0.971	0.962	0.946	0.931	0.918	0.906	0.860	0.807	0.778	0.760	0.748	0.721
0.2	0.964	0.955	0.946	0.930	0.916	0.903	0.891	0.846	0.795	0.767	0.749	0.737	0.711
0.3	0.949	0.940	0.931	0.916	0.902	0.889	0.878	0.834	0.784	0.756	0.739	0.728	0.701
0.4	0.935	0.926	0.918	0.903	0.889	0.877	0.866	0.823	0.774	0.747	0.730	0.719	0.693
0.5	0.922	0.914	0.906	0.891	0.878	0.866	0.855	0.813	0.765	0.738	0.721	0.710	0.685
1	0.875	0.867	0.860	0.846	0.834	0.823	0.813	0.774	0.729	0.704	0.688	0.677	0.654
2	0.820	0.814	0.807	0.795	0.784	0.774	0.765	0.729	0.686	0.663	0.648	0.638	0.615
3	0.791	0.784	0.778	0.767	0.756	0.747	0.738	0.704	0.663	0.640	0.625	0.616	0.593
4	0.773	0.766	0.760	0.749	0.739	0.730	0.721	0.688	0.648	0.625	0.611	0.601	0.580
5	0.760	0.754	0.748	0.737	0.728	0.719	0.710	0.677	0.638	0.616	0.601	0.592	0.570
≥10	0.732	0.726	0.721	0.711	0.701	0.693	0.685	0.654	0.615	0.593	0.580	0.570	0.549

注:1.表中的计算长度系数 μ 值按下式算得:

$$\left[\left(\frac{\pi}{\mu}\right)^2+2(K_1+K_2)-4K_1K_2\right]\frac{\pi}{\mu}\cdot\sin\frac{\pi}{\mu}-2\left[(K_1+K_2)\left(\frac{\pi}{\mu}\right)^2+4K_1K_2\right]\cos\frac{\pi}{\mu}+8K_1K_2=0$$

K_1、K_2 分别为相交于柱上端、柱下端的横梁线刚度之和与柱线刚度之和的比值。当横梁远端为铰接时,应将横梁线刚度乘以 1.5;当横梁远端为嵌固时,则应乘以 2.0。

2.当横梁与柱铰接时,取横梁线刚度为零。

3.对底层框架柱,当柱与基础铰接时,取 $K_2=0$(对平板支座可取 $K_2=0.1$);当柱与基础刚接时,取 $K_2=10$。

附表5.3　柱上端为自由的单阶柱下段的计算长度系数 μ

$$K_1 = \frac{I_1}{I_2} \cdot \frac{H_2}{H_1}$$

$$\eta_1 = \frac{H_1}{H_2}\sqrt{\frac{N_1}{N_2} \cdot \frac{I_2}{I_1}}$$

N_1—上段柱的轴心力；
N_2—下段柱的轴心力。

η_1 \ K_1	0.06	0.08	0.10	0.12	0.14	0.16	0.18	0.20	0.22	0.24	0.26	0.28	0.3	0.4	0.5	0.6	0.7	0.8
0.2	2.00	2.01	2.01	2.01	2.01	2.01	2.01	2.02	2.02	2.02	2.02	2.02	2.02	2.03	2.04	2.05	2.06	2.07
0.3	2.01	2.02	2.02	2.02	2.03	2.03	2.03	2.04	2.04	2.05	2.05	2.05	2.06	2.08	2.10	2.12	2.13	2.15
0.4	2.02	2.03	2.04	2.04	2.05	2.06	2.07	2.07	2.08	2.09	2.09	2.10	2.11	2.14	2.18	2.21	2.25	2.28
0.5	2.04	2.05	2.06	2.07	2.09	2.10	2.11	2.12	2.13	2.15	2.16	2.17	2.18	2.24	2.29	2.35	2.40	2.45
0.6	2.06	2.08	2.10	2.12	2.14	2.16	2.18	2.19	2.21	2.23	2.25	2.26	2.28	2.36	2.44	2.52	2.59	2.66
0.7	2.10	2.13	2.16	2.18	2.21	2.24	2.26	2.29	2.31	2.34	2.36	2.38	2.41	2.52	2.62	2.72	2.81	2.90
0.8	2.15	2.20	2.24	2.27	2.31	2.34	2.38	2.41	2.44	2.47	2.50	2.53	2.56	2.70	2.82	2.94	3.06	3.16
0.9	2.24	2.29	2.35	2.39	2.44	2.48	2.52	2.56	2.60	2.63	2.67	2.71	2.74	2.90	3.05	3.19	3.32	3.44
1.0	2.36	2.43	2.48	2.54	2.59	2.64	2.69	2.73	2.77	2.82	2.86	2.90	2.95	3.12	3.29	3.45	3.59	3.74
1.2	2.69	2.76	2.83	2.89	2.95	3.01	3.07	3.12	3.17	3.22	3.27	3.32	3.37	3.59	3.80	3.99	4.17	4.34
1.4	3.07	3.14	3.22	3.29	3.36	3.42	3.48	3.55	3.61	3.66	3.72	3.78	3.83	4.09	4.33	4.56	4.77	4.97
1.6	3.47	3.55	3.63	3.71	3.78	3.85	3.92	3.99	4.07	4.12	4.18	4.25	4.31	4.61	4.88	5.14	5.38	5.62
1.8	3.88	3.97	4.05	4.13	4.21	4.29	4.37	4.44	4.52	4.59	4.66	4.73	4.80	5.13	5.44	5.73	6.00	6.26
2.0	4.29	4.39	4.48	4.57	4.65	4.74	4.82	4.90	4.99	5.07	5.14	5.22	5.30	5.66	6.00	6.32	6.63	6.92
2.2	4.71	4.81	4.91	5.00	5.10	5.19	5.28	5.37	5.46	5.54	5.63	5.71	5.80	6.19	6.57	6.92	7.26	7.58
2.4	5.13	5.24	5.34	5.44	5.54	5.64	5.74	5.84	5.93	6.03	6.12	6.21	6.30	6.73	7.14	7.52	7.89	8.24
2.6	5.55	5.66	5.77	5.88	5.99	6.10	6.20	6.31	6.41	6.51	6.61	6.71	6.80	7.27	7.71	8.13	8.52	8.90
2.8	5.97	6.09	6.21	6.33	6.44	6.55	6.67	6.78	6.89	6.99	7.10	7.21	7.31	7.81	8.28	8.73	9.16	9.57
3.0	6.39	6.52	6.64	6.77	6.89	7.01	7.13	7.25	7.37	7.48	7.59	7.71	7.82	8.35	8.86	9.34	9.80	10.24

注：表中的计算长度系数 μ 值系按下式算得：

$$\eta_1 K_1 \cdot \tan\frac{\pi}{\mu} \cdot \tan\frac{\pi\eta_1}{\mu} - 1 = 0$$

附表5.4　柱上端可移动但不转动的单阶柱下段的计算长度系数 μ

$$K_1 = \frac{I_1}{I_2} \cdot \frac{H_2}{H_1}$$

$$\eta_1 = \frac{H_1}{H_2}\sqrt{\frac{N_1}{N_2} \cdot \frac{I_2}{I_1}}$$

N_1—上段柱的轴心力；
N_2—下段柱的轴心力。

η_1 \ K_1	0.06	0.08	0.10	0.12	0.14	0.16	0.18	0.20	0.22	0.24	0.26	0.28	0.3	0.4	0.5	0.6	0.7	0.8
0.2	1.96	1.94	1.93	1.91	1.90	1.89	1.88	1.86	1.85	1.84	1.83	1.82	1.81	1.76	1.72	1.68	1.65	1.62
0.3	1.96	1.94	1.93	1.92	1.91	1.89	1.88	1.87	1.86	1.85	1.84	1.83	1.82	1.77	1.73	1.70	1.66	1.63
0.4	1.96	1.95	1.94	1.92	1.91	1.90	1.89	1.88	1.87	1.86	1.85	1.84	1.83	1.79	1.75	1.72	1.68	1.66
0.5	1.96	1.95	1.94	1.93	1.92	1.91	1.90	1.89	1.88	1.87	1.86	1.85	1.85	1.81	1.77	1.74	1.71	1.69
0.6	1.97	1.96	1.95	1.94	1.93	1.92	1.91	1.90	1.89	1.88	1.87	1.87	1.86	1.83	1.80	1.78	1.75	1.73
0.7	1.97	1.97	1.96	1.95	1.94	1.94	1.93	1.92	1.92	1.91	1.90	1.90	1.89	1.86	1.84	1.82	1.80	1.78
0.8	1.98	1.98	1.97	1.96	1.96	1.95	1.95	1.94	1.94	1.93	1.93	1.93	1.92	1.90	1.88	1.87	1.86	1.84
0.9	1.99	1.99	1.98	1.98	1.98	1.97	1.97	1.97	1.97	1.96	1.96	1.96	1.96	1.95	1.94	1.93	1.92	1.92
1.0	2.00	2.00	2.00	2.00	2.00	2.00	2.00	2.00	2.00	2.00	2.00	2.00	2.00	2.00	2.00	2.00	2.00	2.00
1.2	2.03	2.04	2.04	2.05	2.06	2.07	2.07	2.08	2.09	2.09	2.10	2.11	2.12	2.13	2.15	2.17	2.18	2.20
1.4	2.07	2.09	2.11	2.12	2.14	2.15	2.17	2.18	2.20	2.21	2.22	2.24	2.26	2.29	2.33	2.37	2.40	2.42
1.6	2.13	2.16	2.19	2.22	2.25	2.27	2.30	2.32	2.34	2.36	2.37	2.39	2.41	2.48	2.54	2.59	2.63	2.67
1.8	2.22	2.27	2.31	2.35	2.39	2.42	2.45	2.48	2.50	2.53	2.55	2.57	2.59	2.69	2.76	2.83	2.88	2.93
2.0	2.35	2.41	2.46	2.50	2.55	2.59	2.62	2.66	2.69	2.72	2.75	2.77	2.80	2.91	3.00	3.08	3.14	3.20
2.2	2.51	2.57	2.63	2.68	2.73	2.77	2.81	2.85	2.89	2.92	2.95	2.98	3.01	3.14	3.25	3.33	3.41	3.47
2.4	2.68	2.75	2.81	2.87	2.92	2.97	3.01	3.05	3.09	3.13	3.17	3.20	3.24	3.38	3.50	3.59	3.68	3.75
2.6	2.87	2.94	3.00	3.06	3.12	3.17	3.22	3.27	3.31	3.35	3.39	3.43	3.46	3.62	3.75	3.86	3.95	4.03
2.8	3.06	3.14	3.20	3.27	3.33	3.38	3.43	3.48	3.53	3.58	3.62	3.66	3.70	3.87	4.01	4.13	4.23	4.32
3.0	3.26	3.34	3.41	3.47	3.54	3.60	3.65	3.70	3.75	3.80	3.85	3.89	3.93	4.12	4.27	4.40	4.51	4.61

注：表中的计算长度系数 μ 值系按下式算得：

$$\tan\frac{\pi\eta_1}{\mu} + \eta_1 K_1 \cdot \tan\frac{\pi}{\mu} = 0$$

附录6 各种截面回转半径的近似值

附表6 各种截面回转半径的近似值

$i_x=0.30h$ $i_y=0.30b$ $i_z=0.195h$	$i_x=0.40h$ $i_y=0.21b$	$i_x=0.38h$ $i_y=0.60b$	$i_x=0.41h$ $i_y=0.22b$
$i_x=0.32h$ $i_y=0.28b$ $i_z=0.18\frac{h+b}{2}$	$i_x=0.45h$ $i_y=0.235b$	$i_x=0.38h$ $i_y=0.44b$	$i_x=0.32h$ $i_y=0.49b$
$i_x=0.30h$ $i_y=0.215b$	$i_x=0.44h$ $i_y=0.28b$	$i_x=0.32h$ $i_y=0.58b$	$i_x=0.29h$ $i_y=0.50b$
$i_x=0.32h$ $i_y=0.20b$	$i_x=0.43h$ $i_y=0.43b$	$i_x=0.32h$ $i_y=0.40b$	$i_x=0.29h$ $i_y=0.45b$
$i_x=0.28h$ $i_y=0.24b$	$i_x=0.39h$ $i_y=0.20b$	$i_x=0.32h$ $i_y=0.12b$	$i_x=0.29h$ $i_y=0.29b$
$i_x=0.30h$ $i_y=0.17b$	$i_x=0.42h$ $i_y=0.22b$	$i_x=0.44h$ $i_y=0.32b$	$i_x=0.24h$ $i_y=0.41b$
$i_x=0.28h$ $i_y=0.21b$	$i_x=0.43h$ $i_y=0.24b$	$i_x=0.44h$ $i_y=0.38b$	$i=0.25d$
$i_x=0.21h$ $i_y=0.21b$ $i_z=0.185h$	$i_x=0.365h$ $i_y=0.275b$	$i_x=0.37h$ $i_y=0.54b$	$i=0.35d$
$i_x=0.21h$ $i_y=0.21b$	$i_x=0.35h$ $i_y=0.56b$	$i_x=0.37h$ $i_y=0.45b$	$i_x=0.39h$ $i_y=0.53b$
$i_x=0.45h$ $i_y=0.24b$	$i_x=0.39h$ $i_y=0.29b$	$i_x=0.40h$ $i_y=0.24b$	$i_x=0.40h$ $i_y=0.50b$

附录7　型　钢　表

附表7.1　普通工字钢

符号　h—高度；
　　　b—翼缘宽度；
　　　t_w—腹板厚；
　　　t—翼缘平均厚；
　　　I—惯性矩；
　　　W—截面模量。

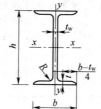

i—回转半径；
S—半截面的静力矩。
长度：
型号 10～18，长 5～19 m；
型号 20～63，长 6～19 m。

型号	尺寸					截面积	质量	$x-x$ 轴				$y-y$ 轴		
	h	b	t_w	t	R			I_x	W_x	i_x	I_x/S_x	I_y	W_y	i_y
	mm					cm²	kg/m	cm⁴	cm³	cm		cm⁴	cm³	cm
10	100	68	4.5	7.6	6.5	14.3	11.2	245	49	4.14	8.69	33	9.6	1.51
12.6	126	74	5.0	8.4	7.0	18.1	14.2	488	77	5.19	11.0	47	12.7	1.61
14	140	80	5.5	9.1	7.5	21.5	16.9	712	102	5.75	12.2	64	16.1	1.73
16	160	88	6.0	9.9	8.0	26.1	20.5	1 127	141	6.57	13.9	93	21.1	1.89
18	180	94	6.5	10.7	8.5	30.7	24.1	1 699	185	7.37	15.4	123	26.2	2.00
20 a	200	100	7.0	11.4	9.0	35.5	27.9	2 369	237	8.16	17.4	158	31.6	2.11
b		102	9.0			39.5	31.1	2 502	250	7.95	17.1	169	33.1	2.07
22 a	220	110	7.5	12.3	9.5	42.1	33.0	3 406	310	8.99	19.2	226	41.1	2.32
b		112	9.5			46.5	36.5	3 583	326	8.78	18.9	240	42.9	2.27
25 a	250	116	8.0	13.0	10.0	48.5	38.1	5 017	401	10.2	21.7	280	48.4	2.40
b		118	10.0			53.5	42.0	5 278	422	9.93	21.4	297	50.4	2.36
28 a	280	122	8.5	13.7	10.5	55.4	43.5	7 115	508	11.3	24.3	344	56.4	2.49
b		124	10.5			61.0	47.9	7 481	534	11.1	24.0	364	58.7	2.44
32 a	320	130	9.5	15.0	11.5	67.1	52.7	11 080	692	12.8	27.7	459	70.6	2.62
b		132	11.5			73.5	57.7	11 626	727	12.6	27.3	484	73.3	2.57
c		134	13.5			79.9	62.7	12 173	761	12.3	26.9	510	76.1	2.53
36 a	360	136	10.0	15.8	12.0	76.4	60.0	15 796	878	14.4	31.0	555	81.6	2.69
b		138	12.0			83.6	65.6	16 574	921	14.1	30.6	584	84.6	2.64
c		140	14.0			90.8	71.3	17 351	964	13.8	30.2	614	87.7	2.60
40 a	400	142	10.5	16.5	12.5	86.1	67.6	21 714	1 086	15.9	34.4	660	92.9	2.77
b		144	12.5			94.1	73.8	22 781	1 139	15.6	33.9	693	96.2	2.71
c		146	14.5			102	80.1	23 847	1 192	15.3	33.5	727	99.7	2.67
45 a	450	150	11.5	18.0	13.5	102	80.4	32 241	1 433	17.7	38.5	855	114	2.89
b		152	13.5			111	87.4	33 759	1 500	17.4	38.1	895	118	2.84
c		154	15.5			120	94.5	35 278	1 568	17.1	37.6	938	122	2.79
50 a	500	158	12.0	20	14	119	93.6	46 472	1 859	19.7	42.9	1 122	142	3.07
b		160	14.0			129	101	48 556	1 942	19.4	42.3	1 171	146	3.01
c		162	16.0			139	109	50 639	2 026	19.1	41.9	1 224	151	2.96
56 a	560	166	12.5	21	14.5	135	106	65 576	2 342	22.0	47.9	1 366	165	3.18
b		168	14.5			147	115	68 503	2 447	21.6	47.3	1 424	170	3.12
c		170	16.5			158	124	71 430	2 551	21.3	46.8	1 485	175	3.07
63 a	630	176	13.0	22	15	155	122	94 004	2 984	24.7	53.8	1 702	194	3.32
b		178	15.0			167	131	98 171	3 117	24.2	53.2	1 771	199	3.25
c		180	17.0			180	141	102 339	3 249	23.9	52.6	1 842	205	3.20

附表 7.2　H 形钢和 T 形钢

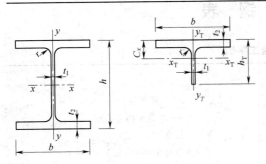

符号:h—H 形钢截面高度;b—翼缘宽度;t_1—腹板厚度;t_2—翼缘厚度;W—截面模量;i—回转半径;S—半截面的静力矩;I—惯性矩。

对 T 形钢:截面高度 h_T,截面面积 A_T,质量 q_T,惯性矩 I_{yT} 等于相应 H 形钢的 1/2;

HW、HM、HN 分别代表宽翼缘、中翼缘、窄翼缘 H 形钢;

TW、TM、TN 分别代表各自 H 形钢剖分的 T 形钢。

类别	H 形钢规格 ($h \times b \times t_1 \times t_2$)	截面积 A	质量 q	$x-x$ 轴			$y-y$ 轴			重心 C_x	x_T-x_T 轴		T 形钢规格 ($h_T \times b \times t_1 \times t_2$)	类别
				I_x	W_x	i_x	I_y	W_y	i_y, i_{yT}		I_{xT}	i_{xT}		
		cm²	kg/m	cm⁴	cm³	cm	cm⁴	cm³	cm	cm	cm⁴	cm		
HW	100×100×6×8	21.90	17.2	383	76.5	4.18	134	26.7	2.47	1.00	16.1	1.21	50×100×6×8	TW
	125×125×6.5×9	30.31	23.8	847	136	5.29	294	47.0	3.11	1.19	35.0	1.52	62.5×125×6.5×9	
	150×150×7×10	40.55	31.9	1 660	221	6.39	564	75.1	3.73	1.37	66.4	1.81	75×150×7×10	
	175×175×7.5×11	51.43	40.3	2 900	331	7.50	984	112	4.37	1.55	115	2.11	87.5×175×7.5×11	
	200×200×8×12	64.28	50.5	4 770	477	8.61	1 600	160	4.99	1.73	185	2.40	100×200×8×12	
	#200×204×12×12	72.28	56.7	5 030	503	8.35	1 700	167	4.85	2.09	256	2.66	#100×204×12×12	
	250×250×9×14	92.18	72.4	10 800	867	10.8	3 650	292	6.29	2.08	412	2.99	125×250×9×14	
	#250×255×14×14	104.7	82.2	11 500	919	10.5	3 880	304	6.09	2.58	589	3.36	#125×255×14×14	
	#294×302×12×12	108.3	85.0	17 000	1 160	12.5	5 520	365	7.14	2.83	858	3.98	#147×302×12×12	
	300×300×10×15	120.4	94.5	20 500	1 370	13.1	6 760	450	7.49	2.47	798	3.64	150×300×10×15	
	300×305×15×15	135.4	106	21 600	1 440	12.6	7 100	466	7.24	3.02	1 110	4.05	150×305×15×15	
	#344×348×10×16	146.0	115	33 300	1 940	15.1	11 200	646	8.78	2.67	1 230	4.11	#172×348×10×16	
	350×350×12×19	173.9	137	40 300	2 300	15.2	13 600	776	8.84	2.86	1 520	4.18	175×350×12×19	
	#388×402×15×15	179.2	141	49 200	2 540	16.6	16 300	809	9.52	3.69	2 480	5.26	#194×402×15×15	
	#394×398×11×18	187.6	147	56 400	2 860	17.3	18 900	951	10.0	3.01	2 050	4.67	#197×398×11×18	
	400×400×13×21	219.5	172	66 900	3 340	17.5	22 400	1 120	10.1	3.21	2 480	4.75	200×400×13×21	
	#400×408×21×21	251.5	197	71 100	3 560	16.8	23 800	1 170	9.73	4.07	3 650	5.39	#200×408×21×21	
	#414×405×18×28	296.2	233	93 000	4 490	17.7	31 000	1 530	10.2	3.68	3 620	4.95	#207×405×18×28	
	#428×407×20×35	361.4	284	119 000	5 580	18.2	39 400	1 930	10.4	3.90	4 380	4.92	#214×407×20×35	
HM	148×100×6×9	27.25	21.4	1 040	140	6.17	151	30.2	2.35	1.55	51.7	1.95	74×100×6×9	TM
	194×150×6×9	39.76	31.2	2 740	283	8.30	508	67.7	3.57	1.78	125	2.50	97×150×6×9	
	244×175×7×11	56.24	44.1	6 120	502	10.4	985	113	4.18	2.27	289	3.20	122×175×7×11	
	294×200×8×12	73.03	57.3	11 400	779	12.5	1 600	160	4.69	2.82	572	3.96	147×200×8×12	
	340×250×9×14	101.5	79.7	21 700	1 280	14.6	3 650	292	6.00	3.09	1 020	4.48	170×250×9×14	
	390×300×10×16	136.7	107	38 900	2 000	16.9	7 210	481	7.26	3.40	1 730	5.03	195×300×10×16	
	440×300×11×18	157.4	124	56 100	2 550	18.9	8 110	541	7.18	4.05	2 680	5.84	220×300×11×18	
	482×300×11×15	146.4	115	60 800	2 520	20.4	6 770	451	6.80	4.90	3 420	6.83	241×300×11×15	
	488×300×11×18	164.4	129	71 400	2 930	20.8	8 120	541	7.03	4.65	3 620	6.64	244×300×11×18	
	582×300×12×17	174.5	137	103 000	3 530	24.3	7 670	511	6.63	6.39	6 360	8.54	291×300×12×17	
	588×300×12×20	192.5	151	118 000	4 020	24.8	9 020	601	6.85	6.08	6 710	8.35	294×300×12×20	
	#594×302×14×23	222.4	175	137 000	4 620	24.9	10 600	701	6.90	6.33	7 920	8.44	#297×302×14×23	

续上表

类别	H形钢规格 ($h \times b \times t_1 \times t_2$)	截面积 A cm²	质量 q kg/m	I_x cm⁴	W_x cm³	i_x cm	I_y cm⁴	W_y cm³	i_y,i_{yT} cm	重心 C_x cm	I_{xT} cm⁴	i_{xT} cm	T形钢规格 ($h_T \times b \times t_1 \times t_2$)	类别
HN	$100 \times 50 \times 5 \times 7$	12.16	9.54	192	38.5	3.98	14.9	5.96	1.11	1.27	11.9	1.40	$50 \times 50 \times 5 \times 7$	TN
	$125 \times 60 \times 6 \times 8$	17.01	13.3	417	66.8	4.95	29.3	9.75	1.31	1.63	27.5	1.80	$62.5 \times 60 \times 6 \times 8$	
	$150 \times 75 \times 5 \times 7$	18.16	14.3	679	90.6	6.12	49.6	13.2	1.65	1.78	42.7	2.17	$75 \times 75 \times 5 \times 7$	
	$175 \times 90 \times 5 \times 8$	23.21	18.2	1 220	140	7.26	97.6	21.7	2.05	1.92	70.7	2.47	$87.5 \times 90 \times 5 \times 8$	
	$198 \times 99 \times 4.5 \times 7$	23.59	18.5	1 610	163	8.27	114	23.0	2.20	2.13	94.0	2.82	$99 \times 99 \times 4.5 \times 7$	
	$200 \times 100 \times 5.5 \times 8$	27.57	21.7	1 880	188	8.25	134	26.8	2.21	2.27	115	2.88	$100 \times 100 \times 5.5 \times 8$	
	$248 \times 124 \times 5 \times 8$	32.89	25.8	3 560	287	10.4	255	41.1	2.78	2.62	208	3.56	$124 \times 124 \times 5 \times 8$	
	$250 \times 125 \times 6 \times 9$	37.87	29.7	4 080	326	10.4	294	47.0	2.79	2.78	249	3.62	$125 \times 125 \times 6 \times 9$	
	$298 \times 149 \times 5.5 \times 8$	41.55	32.6	6 460	433	12.4	443	59.4	3.26	3.22	395	4.36	$149 \times 149 \times 5.5 \times 8$	
	$300 \times 150 \times 6.5 \times 9$	47.53	37.3	7 350	490	12.4	508	67.7	3.27	3.38	465	4.42	$150 \times 150 \times 6.5 \times 9$	
	$346 \times 174 \times 6 \times 9$	53.19	41.8	11 200	649	14.5	792	91.0	3.86	3.68	681	5.06	$173 \times 174 \times 6 \times 9$	
	$350 \times 175 \times 7 \times 11$	63.66	50.0	13 700	782	14.7	985	113	3.93	3.74	816	5.06	$175 \times 175 \times 7 \times 11$	
	#$400 \times 150 \times 8 \times 13$	71.12	55.8	18 800	942	16.3	734	97.9	3.21	—	—	—		
	$396 \times 199 \times 7 \times 11$	72.16	56.7	20 000	1 010	16.7	1 450	145	4.48	4.17	1 190	5.76	$198 \times 199 \times 7 \times 11$	
	$400 \times 200 \times 8 \times 13$	84.12	66.0	23 700	1 190	16.8	1 740	174	4.54	4.23	1 400	5.76	$200 \times 200 \times 8 \times 13$	
	#$450 \times 150 \times 9 \times 14$	83.41	65.5	27 100	1 200	18.0	793	106	3.08	—	—	—		
	$446 \times 199 \times 8 \times 12$	84.95	66.7	29 000	1 300	18.5	1 580	159	4.31	5.07	1 880	6.65	$223 \times 199 \times 8 \times 12$	
	$450 \times 200 \times 9 \times 14$	97.41	76.5	33 700	1 500	18.6	1 870	187	4.38	5.13	2 160	6.66	$225 \times 200 \times 9 \times 14$	
	#$500 \times 150 \times 10 \times 16$	98.23	77.1	38 500	1 540	19.8	907	121	3.04	—	—	—		
	$496 \times 199 \times 9 \times 14$	101.3	79.5	41 900	1 690	20.3	1 840	185	4.27	5.90	2 840	7.49	$248 \times 199 \times 9 \times 14$	
	$500 \times 200 \times 10 \times 16$	114.2	89.6	47 800	1 910	20.5	2 140	214	4.33	5.96	3 210	7.50	$250 \times 200 \times 10 \times 16$	
	#$506 \times 201 \times 11 \times 19$	131.3	103	56 500	2 230	20.8	2 580	257	4.43	5.95	3 670	7.48	#$253 \times 201 \times 11 \times 19$	
	$596 \times 199 \times 10 \times 15$	121.2	95.1	69 300	2 330	23.9	1 980	199	4.04	7.76	5 200	9.27	$298 \times 199 \times 10 \times 15$	
	$600 \times 200 \times 11 \times 17$	135.2	106	78 200	2 610	24.1	2 280	228	4.11	7.81	5 820	9.28	$300 \times 200 \times 11 \times 17$	
	#$606 \times 201 \times 12 \times 20$	153.3	120	91 000	3 000	24.4	2 720	271	4.21	7.76	6 580	9.26	#$303 \times 201 \times 12 \times 20$	
	#$692 \times 300 \times 13 \times 20$	211.5	166	172 000	4 980	28.6	9 020	602	6.53	—	—	—		
	$700 \times 300 \times 13 \times 24$	235.5	185	201 000	5 760	29.3	10 800	722	6.78	—	—	—		

注："#"表示的规格为非常用规格。

附表 7.3 普 通 槽 钢

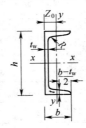

符号:同普通工字形钢,
但 W_y 为对应于翼缘肢尖的截面模量

长度:型号 5~8,长 5~12 m;
型号 10~18,长 5~19 m;
型号 20~40,长 6~19 m。

型号	尺寸					截面积	质量	x-x轴			y-y轴			y₁-y₁轴	Z₀
	h	b	t_w	t	R	cm²	kg/m	I_x	W_x	i_x	I_y	W_y	i_y	I_{y1}	
	mm							cm⁴	cm³	cm	cm⁴	cm³	cm	cm⁴	cm
5	50	37	4.5	7.0	7.0	6.92	5.44	26	10.4	1.94	8.3	3.5	1.10	20.9	1.35
6.3	63	40	4.8	7.5	7.5	8.45	6.63	51	16.3	2.46	11.9	4.6	1.19	28.3	1.39
8	80	43	5.0	8.0	8.0	10.24	8.04	101	25.3	3.14	16.6	5.8	1.27	37.4	1.42
10	100	48	5.3	8.5	8.5	12.74	10.00	198	39.7	3.94	25.6	7.8	1.42	54.9	1.52
12.6	126	53	5.5	9.0	9.0	15.69	12.31	389	61.7	4.98	38.0	10.3	1.56	77.8	1.59
14a	140	58	6.0	9.5	9.5	18.51	14.53	564	80.5	5.52	53.2	13.0	1.70	107.2	1.71
14b		60	8.0	9.5	9.5	21.31	16.73	609	87.1	5.35	61.2	14.1	1.69	120.6	1.67
16a	160	63	6.5	10.0	10.0	21.95	17.23	866	108.3	6.28	73.4	16.3	1.83	144.1	1.79
16b		65	8.5	10.0	10.0	25.15	19.75	935	116.8	6.10	83.4	17.6	1.82	160.8	1.75
18a	180	68	7.0	10.5	10.5	25.69	20.17	1 273	141.4	7.04	98.6	20.0	1.96	189.7	1.88
18b		70	9.0	10.5	10.5	29.29	22.99	1 370	152.2	6.84	111.0	21.5	1.95	210.1	1.84
20a	200	73	7.0	11.0	11.0	28.83	22.63	1 780	178.0	7.86	128.0	24.2	2.11	244.0	2.01
20b		75	9.0	11.0	11.0	32.83	25.77	1 914	191.4	7.64	143.6	25.9	2.09	268.4	1.95
22a	220	77	7.0	11.5	11.5	31.84	24.99	2 394	217.6	8.67	157.8	28.2	2.23	298.2	2.10
22b		79	9.0	11.5	11.5	36.24	28.45	2 571	233.8	8.42	176.5	30.1	2.21	326.3	2.03
25a	250	78	7.5	12.0	12.0	34.91	27.40	3 359	268.7	9.81	175.9	30.7	2.24	324.8	2.07
25b		80	9.0	12.0	12.0	39.91	31.33	3 619	289.6	9.52	196.4	32.7	2.22	355.1	1.99
25c		82	11.0	12.0	12.0	44.91	35.25	3 880	310.4	9.30	215.9	34.6	2.19	388.6	1.96
28a	280	82	7.5	12.5	12.5	40.02	31.42	4 753	339.5	10.90	217.9	35.7	2.33	393.3	2.09
28b		84	9.5	12.5	12.5	45.62	35.81	5 118	365.6	10.59	241.5	37.9	2.30	428.5	2.02
28c		86	11.5	12.5	12.5	51.22	40.21	5 484	391.7	10.35	264.1	40.0	2.27	467.3	1.99
32a	320	88	8.0	14.0	14.0	48.50	38.07	7 511	469.4	12.44	304.7	46.4	2.51	547.5	2.24
32b		90	10.0	14.0	14.0	54.90	43.10	8 057	503.5	12.11	335.6	49.1	2.47	592.9	2.16
32c		92	12.0	14.0	14.0	61.30	48.12	8 603	537.7	11.85	365.0	51.6	2.44	642.7	2.13
36a	360	96	9.0	16.0	16.0	60.89	47.80	11 874	659.7	13.96	455.0	63.6	2.73	818.5	2.44
36b		98	11.0	16.0	16.0	68.09	53.45	12 652	702.9	13.63	496.7	66.9	2.70	880.5	2.37
36c		100	13.0	16.0	16.0	75.29	59.10	13 429	746.1	13.36	536.6	70.0	2.67	948.0	2.34
40a	400	100	10.5	18.0	18.0	75.04	58.91	17 578	878.9	15.30	592.0	78.8	2.81	1 057.9	2.49
40b		102	12.5	18.0	18.0	83.04	65.19	18 644	932.2	14.98	640.6	82.6	2.78	1 135.8	2.44
40c		104	14.5	18.0	18.0	91.04	71.47	19 711	985.6	14.71	687.8	86.2	2.75	1 220.3	2.42

附表7.4　等 边 角 钢

单角钢 | 双角钢

角钢型号	厚度	圆角 R	重心矩 Z_0	截面积 A	质量	惯性矩 I_x	W_x^{max}	W_x^{min}	i_x	i_{x_0}	i_{y_0}	i_y，当 a 为下列数值				
												6 mm	8 mm	10 mm	12 mm	14 mm
		mm	mm	cm²	kg/m	cm⁴	cm³	cm³	cm	cm	cm	cm	cm	cm	cm	cm
L 20×	3	3.5	6.0	1.13	0.89	0.40	0.66	0.29	0.59	0.75	0.39	1.08	1.17	1.25	1.34	1.43
	4		6.4	1.46	1.15	0.50	0.78	0.36	0.58	0.73	0.38	1.11	1.19	1.28	1.37	1.46
L 25×	3	3.5	7.3	1.43	1.12	0.82	1.12	0.46	0.76	0.95	0.49	1.27	1.36	1.44	1.53	1.61
	4		7.6	1.86	1.46	1.03	1.34	0.59	0.74	0.93	0.48	1.30	1.38	1.47	1.55	1.64
L 30×	3	4.5	8.5	1.75	1.37	1.46	1.72	0.68	0.91	1.15	0.59	1.47	1.55	1.63	1.71	1.80
	4		8.9	2.28	1.79	1.84	2.08	0.87	0.90	1.13	0.58	1.49	1.57	1.65	1.74	1.82
L 36×	3	4.5	10.0	2.11	1.66	2.58	2.59	0.99	1.11	1.39	0.71	1.70	1.78	1.86	1.94	2.03
	4		10.4	2.76	2.16	3.29	3.18	1.28	1.09	1.38	0.70	1.73	1.80	1.89	1.97	2.05
	5		10.7	3.38	2.65	3.95	3.68	1.56	1.08	1.36	0.70	1.75	1.83	1.91	1.99	2.08
L 40×	3	5	10.9	2.36	1.85	3.59	3.28	1.23	1.23	1.55	0.79	1.86	1.94	2.01	2.09	2.18
	4		11.3	3.09	2.42	4.60	4.05	1.60	1.22	1.54	0.79	1.88	1.96	2.04	2.12	2.20
	5		11.7	3.79	2.98	5.53	4.72	1.96	1.21	1.52	0.78	1.90	1.98	2.06	2.14	2.23
L 45×	3	5	12.2	2.66	2.09	5.17	4.25	1.58	1.39	1.76	0.90	2.06	2.14	2.21	2.29	2.37
	4		12.6	3.49	2.74	6.65	5.29	2.05	1.38	1.74	0.89	2.08	2.16	2.24	2.32	2.40
	5		13.0	4.29	3.37	8.04	6.20	2.51	1.37	1.72	0.88	2.10	2.18	2.26	2.34	2.42
	6		13.3	5.08	3.99	9.33	6.99	2.95	1.36	1.71	0.88	2.12	2.20	2.28	2.36	2.44
L 50×	3	5.5	13.4	2.97	2.33	7.18	5.36	1.96	1.55	1.96	1.00	2.26	2.33	2.41	2.48	2.56
	4		13.8	3.90	3.06	9.26	6.70	2.56	1.54	1.94	0.99	2.28	2.36	2.43	2.51	2.59
	5		14.2	4.80	3.77	11.21	7.90	3.13	1.53	1.92	0.98	2.30	2.38	2.45	2.53	2.61
	6		14.6	5.69	4.46	13.05	8.95	3.68	1.51	1.91	0.98	2.32	2.40	2.48	2.56	2.64
L 56×	3	6	14.8	3.34	2.62	10.19	6.86	2.48	1.75	2.20	1.13	2.50	2.57	2.64	2.72	2.80
	4		15.3	4.39	3.45	13.18	8.63	3.24	1.73	2.18	1.11	2.52	2.59	2.67	2.74	2.82
	5		15.7	5.42	4.25	16.02	10.22	3.97	1.72	2.17	1.10	2.54	2.61	2.69	2.77	2.85
	8		16.8	8.37	6.57	23.63	14.06	6.03	1.68	2.11	1.09	2.60	2.67	2.75	2.83	2.91
L 63×	3	7	17.0	4.98	3.91	19.03	11.22	4.13	1.96	2.46	1.26	2.79	2.87	2.94	3.02	3.09
	5		17.4	6.14	4.82	23.17	13.33	5.08	1.94	2.45	1.25	2.82	2.89	2.96	3.04	3.12
	6		17.8	7.29	5.72	27.12	15.26	6.00	1.93	2.43	1.24	2.83	2.91	2.98	3.06	3.14
	8		18.5	9.51	7.47	34.45	18.59	7.75	1.90	2.39	1.23	2.87	2.95	3.03	3.10	3.18
	10		19.3	11.66	9.15	41.09	21.34	9.39	1.88	2.36	1.22	2.91	2.99	3.07	3.15	3.23
L 70×	4	8	18.6	5.57	4.37	26.39	14.16	5.14	2.18	2.74	1.40	3.07	3.14	3.21	3.29	3.36
	5		19.1	6.88	5.40	32.21	16.89	6.32	2.16	2.73	1.39	3.09	3.16	3.24	3.31	3.39
	6		19.5	8.16	6.41	37.77	19.39	7.48	2.15	2.71	1.38	3.11	3.18	3.26	3.33	3.41
	7		19.9	9.42	7.40	43.09	21.68	8.59	2.14	2.69	1.38	3.13	3.20	3.28	3.36	3.43
	8		20.3	10.67	8.37	48.17	23.79	9.68	2.13	2.68	1.37	3.15	3.22	3.30	3.38	3.46
L 75×	5	9	20.3	7.41	5.82	39.96	19.73	7.30	2.32	2.92	1.50	3.29	3.36	3.43	3.50	3.58
	6		20.7	8.80	6.91	46.91	22.69	8.63	2.31	2.91	1.49	3.31	3.38	3.45	3.53	3.60
	7		21.1	10.16	7.98	53.57	25.42	9.93	2.30	2.89	1.48	3.33	3.40	3.47	3.55	3.63
	8		21.5	11.50	9.03	59.96	27.93	11.20	2.28	2.87	1.47	3.35	3.42	3.50	3.57	3.65
	10		22.2	14.13	11.09	71.98	32.40	13.64	2.26	2.84	1.46	3.38	3.46	3.54	3.61	3.69
L 80×	5	9	21.5	7.91	6.21	48.79	22.70	8.34	2.48	3.13	1.60	3.49	3.56	3.63	3.71	3.78
	6		21.9	9.40	7.38	57.35	26.16	9.87	2.47	3.11	1.59	3.51	3.58	3.65	3.73	3.80
	7		22.3	10.86	8.53	65.58	29.38	11.37	2.46	3.10	1.58	3.53	3.60	3.67	3.75	3.83
	8		22.7	12.30	9.66	73.50	32.36	12.83	2.44	3.08	1.57	3.55	3.62	3.70	3.77	3.85
	10		23.5	15.13	11.87	88.43	37.68	15.64	2.42	3.04	1.56	3.58	3.66	3.74	3.81	3.89

续上表

单角钢　双角钢

角钢型号	圆角 R	重心矩 Z_0	截面积 A	质量	惯性矩 I_x	截面模量 W_x^{max}	截面模量 W_x^{min}	回转半径 i_x	回转半径 i_{x_0}	回转半径 i_{y_0}	i_y，当 a 为下列数值 6 mm	8 mm	10 mm	12 mm	14 mm
	mm	mm	cm²	kg/m	cm⁴	cm³	cm³	cm	cm	cm	cm	cm	cm	cm	cm
∟90× 6	10	24.4	10.64	8.35	82.77	33.99	12.61	2.79	3.51	1.80	3.91	3.98	4.05	4.12	4.20
7		24.8	12.30	9.66	94.83	38.28	14.54	2.78	3.50	1.78	3.93	4.00	4.07	4.14	4.22
8		25.2	13.94	10.95	106.5	42.30	16.42	2.76	3.48	1.78	3.95	4.02	4.09	4.17	4.24
10		25.9	17.17	13.48	128.6	49.57	20.07	2.74	3.45	1.76	3.98	4.06	4.13	4.21	4.28
12		26.7	20.31	15.94	149.2	55.93	23.57	2.71	3.41	1.75	4.02	4.09	4.17	4.25	4.32
∟100× 6	12	26.7	11.93	9.37	115.0	43.04	15.68	3.10	3.91	2.00	4.30	4.37	4.44	4.51	4.58
7		27.1	13.80	10.83	131.9	48.57	18.10	3.09	3.89	1.99	4.32	4.39	4.46	4.53	4.61
8		27.6	15.64	12.28	148.2	53.78	20.47	3.08	3.88	1.98	4.34	4.41	4.48	4.55	4.63
10		28.4	19.26	15.12	179.5	63.29	25.06	3.05	3.84	1.96	4.38	4.45	4.52	4.60	4.67
12		29.1	22.80	17.90	208.9	71.72	29.47	3.03	3.81	1.95	4.41	4.49	4.56	4.64	4.71
14		29.9	26.26	20.61	236.5	79.19	33.73	3.00	3.77	1.94	4.45	4.53	4.60	4.68	4.75
16		30.6	29.63	23.26	262.5	85.81	37.82	2.98	3.74	1.93	4.49	4.56	4.64	4.72	4.80
∟110× 7	12	29.6	15.20	11.93	177.2	59.78	22.05	3.41	4.30	2.20	4.72	4.79	4.86	4.94	5.01
8		30.1	17.24	13.53	199.5	66.36	24.95	3.40	4.28	2.19	4.74	4.81	4.88	4.96	5.03
10		30.9	21.26	16.69	242.2	78.48	30.60	3.38	4.25	2.17	4.78	4.85	4.92	5.00	5.07
12		31.6	25.20	19.78	282.6	89.34	36.05	3.35	4.22	2.15	4.82	4.89	4.96	5.04	5.11
14		32.4	29.06	22.81	320.7	99.07	41.31	3.32	4.18	2.14	4.85	4.93	5.00	5.08	5.15
∟125× 8	14	33.7	19.75	15.50	297.0	88.20	32.52	3.88	4.88	2.50	5.34	5.41	5.48	5.55	5.62
10		34.5	24.37	19.13	361.7	104.8	39.97	3.85	4.85	2.48	5.38	5.45	5.52	5.59	5.66
12		35.3	28.91	22.70	423.2	119.9	47.17	3.83	4.82	2.46	5.41	5.48	5.56	5.63	5.70
14		36.1	33.37	26.19	481.7	133.6	54.16	3.80	4.78	2.45	5.45	5.52	5.59	5.67	5.74
∟140× 10	14	38.2	27.37	21.49	514.7	134.6	50.58	4.34	5.46	2.78	5.98	6.05	6.12	6.20	6.27
12		39.0	32.51	25.52	603.7	154.6	59.80	4.31	5.43	2.77	6.02	6.09	6.16	6.23	6.31
14		39.8	37.57	29.49	688.8	173.0	68.75	4.28	5.40	2.75	6.06	6.13	6.20	6.27	6.34
16		40.6	42.54	33.39	770.2	189.9	77.46	4.26	5.36	2.74	6.09	6.16	6.23	6.31	6.38
∟160× 10	16	43.1	31.50	24.73	779.5	180.8	66.70	4.97	6.27	3.20	6.78	6.85	6.92	6.99	7.06
12		43.9	37.44	29.39	916.6	208.6	78.98	4.95	6.24	3.18	6.82	6.89	6.96	7.03	7.10
14		44.7	43.30	33.99	1 048	234.4	90.95	4.92	6.20	3.16	6.86	6.93	7.00	7.07	7.14
16		45.5	49.07	38.52	1 175	258.3	102.6	4.89	6.17	3.14	6.89	6.96	7.03	7.10	7.18
∟180× 12	16	48.9	42.24	33.16	1 321	270.0	100.8	5.59	7.05	3.58	7.63	7.70	7.77	7.84	7.91
14		49.7	48.90	38.38	1 514	304.6	116.3	5.57	7.02	3.57	7.67	7.74	7.81	7.88	7.95
16		50.5	55.47	43.54	1 701	336.9	131.4	5.54	6.98	3.55	7.70	7.77	7.84	7.91	7.98
18		51.3	61.95	48.63	1 881	367.1	146.1	5.51	6.94	3.53	7.73	7.80	7.87	7.95	8.02
∟200× 14	18	54.6	54.64	42.89	2 104	385.1	144.7	6.20	7.82	3.98	8.47	8.54	8.61	8.67	8.75
16		55.4	62.01	48.68	2 366	427.0	163.7	6.18	7.79	3.96	8.50	8.57	8.64	8.71	8.78
18		56.2	69.30	54.40	2 621	466.5	182.2	6.15	7.75	3.94	8.53	8.60	8.67	8.75	8.82
20		56.9	76.50	60.06	2 867	503.6	200.4	6.12	7.72	3.93	8.57	8.64	8.71	8.78	8.85
24		58.4	90.66	71.17	3 338	571.5	235.8	6.07	7.64	3.90	8.63	8.71	8.78	8.85	8.92

附表 7.5　不等边角钢

单角钢　双角钢

角钢型号 B×b×t	圆角 R	重心矩 Z_x	重心矩 Z_y	截面积 A	质量	i_x	i_y	i_{y_0}	i_{y_1},当 a 为下列数 6 mm	8 mm	10 mm	12 mm	i_{y_2},当 a 为下列数 6 mm	8 mm	10 mm	12 mm
	mm	mm	mm	cm²	kg/m	cm	cm	cm	cm				cm			
∟25×16× 3	3.5	4.2	8.6	1.16	0.91	0.44	0.78	0.34	0.84	0.93	1.02	1.11	1.40	1.48	1.57	1.66
4		4.6	9.0	1.50	1.18	0.43	0.77	0.34	0.87	0.96	1.05	1.14	1.42	1.51	1.60	1.68
∟32×20× 3	3.5	4.9	10.8	1.49	1.17	0.55	1.01	0.43	0.97	1.05	1.14	1.23	1.71	1.79	1.88	1.96
4		5.3	11.2	1.94	1.52	0.54	1.00	0.43	0.99	1.08	1.16	1.25	1.74	1.82	1.90	1.99
∟40×25× 3	4	5.9	13.2	1.89	1.48	0.70	1.28	0.54	1.13	1.21	1.30	1.38	2.07	2.14	2.23	2.31
4		6.3	13.7	2.47	1.94	0.69	1.26	0.54	1.16	1.24	1.32	1.41	2.09	2.17	2.25	2.34
∟45×28× 3	5	6.4	14.7	2.15	1.69	0.79	1.44	0.61	1.23	1.31	1.39	1.47	2.28	2.36	2.44	2.52
4		6.8	15.1	2.81	2.20	0.78	1.43	0.60	1.25	1.33	1.41	1.50	2.31	2.39	2.47	2.55
∟50×32× 3	5.5	7.3	16.0	2.43	1.91	0.91	1.60	0.70	1.37	1.45	1.53	1.61	2.49	2.56	2.64	2.72
4		7.7	16.5	3.18	2.49	0.90	1.59	0.69	1.40	1.47	1.55	1.64	2.51	2.59	2.67	2.75
∟56×36× 3	6	8.0	17.8	2.74	2.15	1.03	1.80	0.79	1.51	1.59	1.66	1.74	2.75	2.82	2.90	2.98
4		8.5	18.2	3.59	2.82	1.02	1.79	0.78	1.53	1.61	1.69	1.77	2.77	2.85	2.93	3.01
5		8.8	18.7	4.42	3.47	1.01	1.77	0.78	1.56	1.63	1.71	1.79	2.80	2.88	2.96	3.04
∟63×40× 4	7	9.2	20.4	4.06	3.19	1.14	2.02	0.88	1.66	1.74	1.81	1.89	3.09	3.16	3.24	3.32
5		9.5	20.8	4.99	3.92	1.12	2.00	0.87	1.68	1.76	1.84	1.92	3.11	3.19	3.27	3.35
6		9.9	21.2	5.91	4.64	1.11	1.99	0.86	1.71	1.78	1.86	1.94	3.13	3.21	3.29	3.37
7		10.3	21.6	6.80	5.34	1.10	1.97	0.86	1.73	1.81	1.89	1.97	3.16	3.24	3.32	3.40
∟70×45× 4	7.5	10.2	22.3	4.55	3.57	1.29	2.25	0.99	1.84	1.91	1.99	2.07	3.39	3.46	3.54	3.62
5		10.6	22.8	5.61	4.40	1.28	2.23	0.98	1.86	1.94	2.01	2.09	3.41	3.49	3.57	3.64
6		11.0	23.2	6.64	5.22	1.26	2.22	0.97	1.88	1.96	2.04	2.11	3.44	3.51	3.59	3.67
7		11.3	23.6	7.66	6.01	1.25	2.20	0.97	1.90	1.98	2.06	2.14	3.46	3.54	3.61	3.69
∟75×50× 5	8	11.7	24.0	6.13	4.81	1.43	2.39	1.09	2.06	2.13	2.20	2.28	3.60	3.68	3.76	3.83
6		12.1	24.4	7.26	5.70	1.42	2.38	1.08	2.08	2.15	2.23	2.30	3.63	3.70	3.78	3.86
8		12.9	25.2	9.47	7.43	1.40	2.35	1.07	2.12	2.19	2.27	2.35	3.67	3.75	3.83	3.91
10		13.6	26.0	11.6	9.10	1.38	2.33	1.06	2.16	2.24	2.31	2.40	3.71	3.79	3.87	3.95
∟80×50× 5	8	11.4	26.0	6.38	5.00	1.42	2.57	1.10	2.02	2.09	2.17	2.24	3.88	3.95	4.03	4.10
6		11.8	26.5	7.56	5.93	1.41	2.55	1.09	2.04	2.11	2.19	2.27	3.90	3.98	4.05	4.13
7		12.1	26.9	8.72	6.85	1.39	2.54	1.08	2.06	2.13	2.21	2.29	3.92	4.00	4.08	4.16
8		12.5	27.3	9.87	7.75	1.38	2.52	1.07	2.08	2.15	2.23	2.31	3.94	4.02	4.10	4.18
∟90×56× 5	9	12.5	29.1	7.21	5.66	1.59	2.90	1.23	2.22	2.29	2.36	2.44	4.32	4.39	4.47	4.55
6		12.9	29.5	8.56	6.72	1.58	2.88	1.22	2.24	2.31	2.39	2.46	4.34	4.42	4.50	4.57
7		13.3	30.0	9.88	7.76	1.57	2.87	1.22	2.26	2.33	2.41	2.49	4.37	4.44	4.52	4.60
8		13.6	30.4	11.2	8.78	1.56	2.85	1.21	2.28	2.35	2.43	2.51	4.39	4.47	4.54	4.62

角钢型号 $B \times b \times t$		圆角 R	重心矩 Z_x	重心矩 Z_y	截面积 A	质量	i_x	i_y	i_{y_0}	i_{y_1},当a为下列数 6 mm	8 mm	10 mm	12 mm	i_{y_2},当a为下列数 6 mm	8 mm	10 mm	12 mm
		mm	mm	mm	cm²	kg/m	cm	cm	cm	cm				cm			
∟100×63×	6		14.3	32.4	9.62	7.55	1.79	3.21	1.38	2.49	2.56	2.63	2.71	4.77	4.85	4.92	5.00
	7		14.7	32.8	11.1	8.72	1.78	3.20	1.37	2.51	2.58	2.65	2.73	4.80	4.87	4.95	5.03
	8		15.0	33.2	12.6	9.88	1.77	3.18	1.37	2.53	2.60	2.67	2.75	4.82	4.90	4.97	5.05
	10		15.8	34.0	15.5	12.1	1.75	3.15	1.35	2.57	2.64	2.72	2.79	4.86	4.94	5.02	5.10
∟100×80×	6	10	19.7	29.5	10.6	8.35	2.40	3.17	1.73	3.31	3.38	3.45	3.52	4.54	4.62	4.69	4.76
	7		20.1	30.0	12.3	9.66	2.39	3.17	1.71	3.32	3.39	3.47	3.54	4.57	4.64	4.71	4.79
	8		20.5	30.4	13.9	10.9	2.37	3.15	1.71	3.34	3.41	3.49	3.56	4.59	4.66	4.73	4.81
	10		21.3	31.2	17.2	13.5	2.35	3.12	1.69	3.38	3.45	3.53	3.60	4.63	4.70	4.78	4.85
∟110×70×	6		15.7	35.3	10.6	8.35	2.01	3.54	1.54	2.74	2.81	2.88	2.96	5.21	5.29	5.36	5.44
	7		16.1	35.7	12.3	9.66	2.00	3.53	1.53	2.76	2.83	2.90	2.98	5.24	5.31	5.39	5.46
	8		16.5	36.2	13.9	10.9	1.98	3.51	1.53	2.78	2.85	2.92	3.00	5.26	5.34	5.41	5.49
	10		17.2	37.0	17.2	13.5	1.96	3.48	1.51	2.82	2.89	2.96	3.04	5.30	5.38	5.46	5.53
∟125×80×	7	11	18.0	40.1	14.1	11.1	2.30	4.02	1.76	3.13	3.18	3.25	3.33	5.90	5.97	6.04	6.12
	8		18.4	40.6	16.0	12.6	2.29	4.01	1.75	3.13	3.20	3.27	3.35	5.92	5.99	6.07	6.14
	10		19.2	41.4	19.7	15.5	2.27	3.98	1.74	3.17	3.24	3.31	3.39	5.96	6.04	6.11	6.19
	12		20.0	42.2	23.4	18.3	2.24	3.95	1.72	3.20	3.28	3.35	3.43	6.00	6.08	6.16	6.23
∟140×90×	8	12	20.4	45.0	18.0	14.2	2.59	4.50	1.98	3.49	3.56	3.63	3.70	6.58	6.65	6.73	6.80
	10		21.2	45.8	22.3	17.5	2.56	4.47	1.96	3.52	3.59	3.66	3.73	6.62	6.70	6.77	6.85
	12		21.9	46.6	26.4	20.7	2.54	4.44	1.95	3.56	3.63	3.70	3.77	6.66	6.74	6.81	6.89
	14		22.7	47.4	30.5	23.9	2.51	4.42	1.94	3.59	3.66	3.74	3.81	6.70	6.78	6.86	6.93
∟160×100×	10	13	22.8	52.4	25.3	19.9	2.85	5.14	2.19	3.84	3.91	3.98	4.05	7.55	7.63	7.70	7.78
	12		23.6	53.2	30.1	23.6	2.82	5.11	2.18	3.87	3.94	4.01	4.09	7.60	7.67	7.75	7.82
	14		24.3	54.0	34.7	27.2	2.80	5.08	2.16	3.91	3.98	4.05	4.12	7.64	7.71	7.79	7.86
	16		25.1	54.8	39.3	30.8	2.77	5.05	2.15	3.94	4.02	4.09	4.16	7.68	7.75	7.83	7.90
∟180×110×	10	14	24.4	58.9	28.4	22.3	3.13	5.81	2.42	4.16	4.23	4.30	4.36	8.49	8.56	8.63	8.71
	12		25.2	59.8	33.7	26.5	3.10	5.78	2.40	4.19	4.26	4.33	4.40	8.53	8.60	8.68	8.75
	14		25.9	60.6	39.0	30.6	3.08	5.75	2.39	4.23	4.30	4.37	4.44	8.57	8.64	8.72	8.79
	16		26.7	61.4	44.1	34.6	3.05	5.72	2.37	4.26	4.33	4.40	4.47	8.61	8.68	8.76	8.84
∟200×125×	12	14	28.3	65.4	37.9	29.8	3.57	6.44	2.75	4.75	4.82	4.88	4.95	9.39	9.47	9.54	9.62
	14		29.1	66.2	43.9	34.4	3.54	6.41	2.73	4.78	4.85	4.92	4.99	9.43	9.51	9.58	9.66
	16		29.9	67.0	49.7	39.0	3.52	6.38	2.71	4.81	4.88	4.95	5.02	9.47	9.55	9.62	9.70
	18		30.6	67.8	55.5	43.6	3.49	6.35	2.70	4.85	4.92	4.99	5.06	9.51	9.59	9.66	9.74

注:一个角钢的惯性矩 $I_x = A i_x^2$, $I_y = A i_y^2$;一个角钢的截面模量 $W_{x,\max} = I_x / Z_x$, $W_{x,\min} = I_y / (b - Z_y)$;$W_{y,\max} = I_y / Z_y$, $W_{y,\min} = I_y / (B - Z_y)$。

附表 7.6　热轧无缝钢管

I—截面惯性矩；

W—截面模量；

i—截面回转半径。

尺寸(mm) d	t	截面面积A cm²	每米重量 kg/m	I cm⁴	W cm³	i cm
32	2.5	2.32	1.82	2.54	1.59	1.05
	3.0	2.73	2.15	2.90	1.82	1.03
	3.5	3.13	2.46	3.23	2.02	1.02
	4.0	3.52	2.76	3.52	2.20	1.00
38	2.5	2.79	2.19	4.41	2.32	1.26
	3.0	3.30	2.59	5.09	2.68	1.24
	3.5	3.79	2.98	5.70	3.00	1.23
	4.0	4.27	3.35	6.26	3.29	1.21
42	2.5	3.10	2.44	6.07	2.89	1.40
	3.0	3.68	2.89	7.03	3.35	1.38
	3.5	4.23	3.32	7.91	3.77	1.37
	4.0	4.78	3.75	8.71	4.15	1.35
45	2.5	3.34	2.62	7.56	3.36	1.51
	3.0	3.96	3.11	8.77	3.90	1.49
	3.5	4.56	3.58	9.89	4.40	1.47
	4.0	5.15	4.04	10.93	4.86	1.46
50	2.5	3.73	2.93	10.55	4.22	1.68
	3.0	4.43	3.48	12.28	4.91	1.67
	3.5	5.11	4.01	13.90	5.56	1.65
	4.0	5.78	4.54	15.41	6.16	1.63
	4.5	6.43	5.05	16.81	6.72	1.62
	5.0	7.07	5.55	18.11	7.25	1.60
54	3.0	4.81	3.77	15.68	5.81	1.81
	3.5	5.55	4.36	17.79	6.59	1.79
	4.0	6.28	4.93	19.76	7.32	1.77
	4.5	7.00	5.49	21.61	8.00	1.76
	5.0	7.70	6.04	23.34	8.64	1.74
	5.5	8.38	6.58	24.96	9.24	1.73
	6.0	9.05	7.10	26.46	9.80	1.71
57	3.0	5.09	4.00	18.61	6.53	1.91
	3.5	5.88	4.62	21.14	7.42	1.90
	4.0	6.66	5.23	23.52	8.25	1.88
	4.5	7.42	5.83	25.76	9.04	1.86
	5.0	8.17	6.41	27.86	9.78	1.85
	5.5	8.90	6.99	29.84	10.47	1.83
	6.0	9.61	7.55	31.69	11.12	1.82
60	3.0	5.37	4.22	21.88	7.29	2.02
	3.5	6.21	4.88	24.88	8.29	2.00
	4.0	7.04	5.52	27.73	9.24	1.98
	4.5	7.85	6.16	30.41	10.14	1.97
	5.0	8.64	6.78	32.94	10.98	1.95
	5.5	9.42	7.39	35.32	11.77	1.94
	6.0	10.18	7.99	37.56	12.52	1.92

尺寸(mm) d	t	截面面积A cm²	每米重量 kg/m	I cm⁴	W cm³	i cm
63.5	3.0	5.70	4.48	26.15	8.24	2.14
	3.5	6.60	5.18	29.79	9.38	2.12
	4.0	7.48	5.87	33.24	10.47	2.11
	4.5	8.34	6.55	36.50	11.50	2.09
	5.0	9.19	7.21	39.60	12.47	2.08
	5.5	10.02	7.87	42.52	13.39	2.06
	6.0	10.84	8.51	45.28	14.26	2.04
68	3.0	6.13	4.81	32.42	9.54	2.30
	3.5	7.09	5.57	36.99	10.88	2.28
	4.0	8.04	6.31	41.34	12.16	2.27
	4.5	8.98	7.05	45.47	13.37	2.25
	5.0	9.90	7.77	49.41	14.53	2.23
	5.5	10.80	8.48	53.14	15.63	2.22
	6.0	11.69	9.17	56.68	16.67	2.20
70	3.0	6.31	4.96	35.50	10.41	2.37
	3.5	7.31	5.74	40.53	11.58	2.35
	4.0	8.29	6.51	45.33	12.95	2.34
	4.5	9.26	7.27	49.89	14.26	2.32
	5.0	10.21	8.01	54.24	15.50	2.30
	5.5	11.14	8.75	58.38	16.68	2.29
	6.0	12.06	9.47	62.31	17.80	2.27
73	3.0	6.60	5.18	40.48	11.09	2.48
	3.5	7.64	6.00	46.26	12.67	2.46
	4.0	8.67	6.81	51.78	14.19	2.44
	4.5	9.68	7.60	57.04	15.63	2.43
	5.0	10.68	8.38	62.07	17.01	2.41
	5.5	11.66	9.16	66.87	18.32	2.39
	6.0	12.63	9.91	71.43	19.57	2.38
76	3.0	6.88	5.40	45.91	12.08	2.58
	3.5	7.97	6.26	52.50	13.82	2.57
	4.0	9.05	7.10	58.81	15.48	2.55
	4.5	10.11	7.93	64.85	17.07	2.53
	5.0	11.15	8.75	70.62	18.59	2.52
	5.5	12.18	9.56	76.14	20.04	2.50
	6.0	13.19	10.36	81.41	21.42	2.48
83	3.5	8.74	6.86	69.19	16.67	2.81
	4.0	9.93	7.79	77.64	18.71	2.80
	4.5	11.10	8.71	85.76	20.67	2.78
	5.0	12.25	9.62	93.56	22.54	2.76
	5.5	13.39	10.51	101.04	24.35	2.75
	6.0	14.51	11.39	108.22	26.08	2.73
	6.5	15.62	12.26	115.10	27.74	2.71
	7.0	16.71	13.12	121.69	29.32	2.70

I—截面惯性矩；

W—截面模量；

i—截面回转半径。

尺寸(mm)		截面面积A	每米重量	截面特性		
d	t			I	W	i
		cm²	kg/m	cm⁴	cm³	cm
89	3.5	9.40	7.38	86.05	19.34	3.03
	4.0	10.68	8.38	96.68	21.73	3.01
	4.5	11.95	9.38	106.92	24.03	2.99
	5.0	13.19	10.36	116.79	26.24	2.98
	5.5	14.43	11.33	126.29	28.38	2.96
	6.0	15.65	12.28	135.43	30.43	2.94
	6.5	16.85	13.22	144.22	32.41	2.93
	7.0	18.03	14.16	152.67	34.31	2.91
95	3.5	10.06	7.90	105.45	22.20	3.24
	4.0	11.44	8.98	118.60	24.97	3.22
	4.5	12.79	10.04	131.31	27.64	3.20
	5.0	14.14	11.10	143.58	30.23	3.19
	5.5	15.46	12.14	155.43	32.72	3.17
	6.0	16.78	13.17	166.86	35.13	3.15
	6.5	18.07	14.19	177.89	37.45	3.14
	7.0	19.35	15.19	188.51	39.69	3.12
102	3.5	10.83	8.50	131.52	25.79	3.48
	4.0	12.32	9.67	148.09	29.04	3.47
	4.5	13.78	10.82	164.14	32.18	3.45
	5.0	15.24	11.96	179.68	35.23	3.43
	5.5	16.67	13.09	194.72	38.18	3.42
	6.0	18.10	14.21	209.28	41.03	3.40
	6.5	19.50	15.31	223.35	43.79	3.38
	7.0	20.89	16.40	236.96	46.46	3.37
114	4.0	13.82	10.85	209.35	36.73	3.89
	4.5	15.48	12.15	232.41	40.77	3.87
	5.0	17.12	13.44	254.81	44.70	3.86
	5.5	18.75	14.72	276.58	48.52	3.84
	6.0	20.36	15.98	297.73	52.23	3.82
	6.5	21.95	17.23	318.26	55.84	3.81
	7.0	23.53	18.47	338.19	59.33	3.79
	7.5	25.09	19.70	357.58	62.73	3.77
	8.0	26.64	20.91	376.30	66.02	3.76
121	4.0	14.70	11.54	251.87	41.63	4.14
	4.5	16.47	12.93	279.83	46.25	4.12
	5.0	18.22	14.30	307.05	50.75	4.11
	5.5	19.96	15.67	333.54	55.13	4.09
	6.0	21.68	17.02	359.32	59.39	4.07
	6.5	23.38	18.35	384.40	63.54	4.05
	7.0	25.07	19.68	408.80	67.57	4.04
	7.5	26.74	20.99	432.51	71.49	4.02
	8.0	28.40	22.29	455.57	75.30	4.01
127	4.0	15.46	12.13	292.61	46.08	4.35
	4.5	17.32	13.59	325.29	51.23	4.33
	5.0	19.16	15.04	357.14	56.24	4.32
	5.5	20.99	16.48	388.19	61.13	4.30
	6.0	22.81	17.90	418.44	65.90	4.28
	6.5	24.61	19.32	447.92	70.54	4.27
	7.0	26.39	20.72	476.63	75.06	4.25
	7.5	28.16	22.10	504.58	79.46	4.23
	8.0	29.91	23.48	531.80	83.75	4.22

尺寸(mm)		截面面积A	每米重量	截面特性		
d	t			I	W	i
		cm²	kg/m	cm⁴	cm³	cm
133	4.0	16.21	12.73	337.53	50.76	4.56
	4.5	18.17	14.26	375.42	56.45	4.55
	5.0	20.11	15.78	412.40	62.02	4.53
	5.5	22.03	17.29	448.50	67.44	4.51
	6.0	23.94	18.79	483.72	72.74	4.50
	6.5	25.83	20.28	518.00	77.91	4.48
	7.0	27.71	21.75	551.58	82.94	4.46
	7.5	29.57	23.21	584.25	87.86	4.45
	8.0	31.42	24.66	616.11	92.65	4.43
140	4.5	19.16	15.04	440.12	62.87	4.79
	5.0	21.21	16.65	483.76	69.11	4.78
	5.5	23.24	18.24	526.40	75.20	4.76
	6.0	25.26	19.83	568.06	81.15	4.74
	6.5	27.27	21.40	608.76	86.97	4.73
	7.0	29.25	22.96	648.51	92.64	4.71
	7.5	31.22	24.51	687.32	98.19	4.69
	8.0	33.18	26.04	725.21	103.60	4.68
	9.0	37.04	29.08	798.29	114.04	4.64
	10	40.84	32.06	867.86	123.98	4.61
146	4.5	20.00	15.70	501.16	68.65	5.01
	5.0	22.15	17.39	551.10	69.11	4.99
	5.5	23.24	18.24	599.95	75.20	4.76
	6.0	26.39	20.72	647.73	88.73	4.95
	6.5	28.49	22.36	694.44	95.13	4.94
	7.0	30.57	24.00	740.12	101.39	4.92
	7.5	32.63	25.62	784.77	107.50	4.90
	8.0	34.68	27.23	828.41	113.48	4.89
	9.0	38.74	30.41	912.71	125.03	4.85
	10	42.73	33.54	993.16	136.05	4.82
152	4.5	20.85	16.37	567.61	74.69	5.22
	5.0	23.09	18.13	624.43	82.16	5.20
	5.5	25.31	19.87	680.06	89.48	5.18
	6.0	27.52	21.60	734.52	96.65	5.17
	6.5	29.71	23.32	787.82	103.66	5.15
	7.0	31.89	25.03	839.99	110.52	5.13
	7.5	34.05	26.73	891.03	117.24	5.12
	8.0	36.19	28.41	940.97	123.81	5.10
	9.0	40.43	31.74	1 037.59	136.53	5.07
	10	44.61	35.02	1 129.99	148.68	5.03
159	4.5	21.84	17.15	652.27	82.05	5.46
	5.0	24.19	18.99	717.88	90.30	5.45
	5.5	26.52	20.82	782.18	98.39	5.43
	6.0	28.84	22.64	845.19	106.31	5.41
	6.5	31.14	24.45	906.92	114.08	5.40
	7.0	33.43	26.24	967.41	121.69	5.38
	7.5	35.70	28.02	1 026.65	129.14	5.36
	8.0	37.95	29.79	1 084.67	136.44	5.35
	9.0	42.41	33.29	1 197.12	150.58	5.31
	10	46.81	36.75	1 304.88	164.14	5.28

续上表

I—截面惯性矩;
W—截面模量;
i—截面回转半径。

尺寸(mm) d	t	截面面积A cm²	每米重量 kg/m	I cm⁴	W cm³	i cm
168	4.5	23.11	18.14	772.96	92.02	5.78
	5.0	25.60	20.10	851.14	101.33	5.77
	5.5	28.08	22.04	927.85	110.46	5.75
	6.0	30.54	23.97	1 003.12	119.42	5.73
	6.5	32.98	25.89	1 076.95	128.21	5.71
	7.0	35.41	27.79	1 149.36	136.83	5.70
	7.5	37.82	29.69	1 220.38	145.28	5.68
	8.0	40.21	31.57	1290.01	153.57	5.66
	9.0	44.96	35.29	1 425.22	169.67	5.63
	10	49.64	38.97	1 555.13	185.13	5.60
180	5.0	27.49	21.58	1 053.17	117.02	6.19
	5.5	30.15	23.67	1 148.79	127.64	6.17
	6.0	32.80	25.75	1 242.72	138.08	6.16
	6.5	35.43	27.81	1 335.00	148.33	6.14
	7.0	38.06	29.87	1 425.63	158.40	6.12
	7.5	40.64	31.91	1 514.64	168.29	6.10
	8.0	43.23	33.93	1 602.04	178.00	6.09
	9.0	48.35	37.95	1 772.12	196.90	6.05
	10	53.41	41.92	1 936.01	215.11	6.02
	12	63.33	49.72	2 245.84	249.54	5.95
194	5.0	29.69	23.31	1 326.54	136.76	6.68
	5.5	32.57	25.57	1 447.86	149.26	6.67
	6.0	35.44	27.82	1 567.21	161.57	6.65
	6.5	38.29	30.06	1 684.61	173.67	6.63
	7.0	41.12	32.28	1 800.08	185.57	6.62
	7.5	43.94	34.50	1 913.64	197.28	6.60
	8.0	46.75	36.70	2 025.31	208.79	6.58
	9.0	52.31	41.06	2 243.08	231.25	6.55
	10	57.81	45.38	2 453.55	252.94	6.51
	12	68.61	53.86	2 853.25	294.15	6.45
203	6.0	37.13	29.15	1 803.07	177.64	6.97
	6.5	40.13	31.50	1 938.81	191.02	6.95
	7.0	43.10	33.84	2 072.43	204.18	6.93
	7.5	46.06	36.16	2 203.94	217.14	6.92
	8.0	49.01	38.47	2 333.37	229.89	6.90
	9.0	54.85	43.06	2 586.08	254.79	6.87
	10	60.63	47.60	2 830.72	278.89	6.83
	12	72.01	56.52	3 296.49	324.78	6.77
	14	83.13	65.25	3 732.07	367.69	6.70
	16	94.00	73.79	4 138.78	407.76	6.64
219	6.0	40.15	31.52	2 278.74	208.10	7.53
	6.5	43.39	34.06	2 451.64	223.89	7.52
	7.0	46.62	36.60	2 622.04	239.46	7.50
	7.5	49.83	39.12	2 789.96	254.79	7.48
	8.0	53.03	41.63	2 955.43	269.90	7.47
	9.0	59.38	46.61	3 279.12	299.46	7.43
	10	65.66	51.54	3 593.29	328.15	7.40
	12	78.04	61.26	4 193.81	383.00	7.33
	14	90.16	70.78	4 758.50	434.57	7.26
	16	102.04	80.10	5 288.81	483.00	7.20

尺寸(mm) d	t	截面面积A cm²	每米重量 kg/m	I cm⁴	W cm³	i cm
245	6.5	48.70	38.23	3 465.46	282.89	8.44
	7.0	52.34	41.08	3 709.06	302.78	8.42
	7.5	55.96	43.93	3 949.52	322.41	8.40
	8.0	59.56	46.76	4 186.87	341.79	8.38
	9.0	66.73	52.38	4 652.32	379.78	8.35
	10	73.83	57.95	5 105.63	416.79	8.32
	12	87.84	68.95	5 976.67	487.89	8.25
	14	101.60	79.76	6 801.68	555.24	8.18
	16	115.11	90.36	7 582.30	618.96	8.12
273	6.5	54.42	42.72	4 834.18	354.15	9.42
	7.0	58.50	45.92	5 177.30	379.29	9.41
	7.5	62.56	49.11	5 516.47	404.14	9.39
	8.0	66.60	52.28	5 851.71	428.70	9.37
	9.0	74.64	58.60	6 510.56	476.96	9.34
	10	82.62	64.86	7 154.09	524.11	9.31
	12	98.39	77.24	8 396.14	615.10	9.24
	14	113.91	89.42	9 579.75	701.81	9.17
	16	129.18	101.41	10 706.79	784.38	9.10
299	7.5	68.68	53.92	7 300.02	488.30	10.31
	8.0	73.14	57.41	7 747.42	518.22	10.29
	9.0	82.00	64.37	8 628.09	577.13	10.26
	10	90.79	71.27	9 490.15	634.79	10.22
	12	108.20	84.93	11 159.52	746.46	10.16
	14	125.35	98.40	12 757.61	853.35	10.09
	16	142.25	111.67	14 286.48	955.62	10.02
325	7.5	74.81	58.73	9 431.80	580.42	11.23
	8.0	79.67	62.54	10 013.92	616.24	11.21
	9.0	89.35	70.14	11 161.33	686.85	11.18
	10	98.96	77.68	12 286.52	756.09	11.14
	12	118.00	92.63	14 471.45	890.55	11.07
	14	136.78	107.38	16 570.98	1 019.75	11.01
	16	155.32	121.93	18 587.38	1 143.84	10.94
351	8.0	86.21	67.67	12 684.36	722.76	12.13
	9.0	96.70	75.91	14 147.55	806.13	12.10
	10	107.13	84.10	15 584.62	888.01	12.06
	12	127.80	100.32	18 381.63	1 047.39	11.99
	14	148.22	116.35	21 077.86	1 201.02	11.93
	16	168.39	132.19	23 675.75	1 349.05	11.86

附表 7.7 电焊钢管

I—截面惯性矩；

W—截面模量；

i—截面回转半径

尺寸(mm) d	t	截面面积A cm²	每米重量 kg/m	截面特性 I cm⁴	W cm³	i cm	尺寸(mm) d	t	截面面积A cm²	每米重量 kg/m	截面特性 I cm⁴	W cm³	i cm
32	2.0	1.88	1.48	2.13	1.33	1.06		2.0	5.47	4.29	51.75	11.63	3.08
	2.5	2.32	1.82	2.54	1.59	1.05		2.5	6.79	5.33	63.59	14.29	3.06
38	2.0	2.26	1.78	3.68	1.93	1.27	89	3.0	8.11	6.36	75.02	16.86	3.04
	2.5	2.79	2.19	4.41	2.32	1.26		3.5	9.40	7.38	86.05	19.34	3.03
40	2.0	2.39	1.87	4.32	2.16	1.35		4.0	10.68	8.38	96.68	21.73	3.01
	2.5	2.95	2.31	5.20	2.60	1.33		4.5	11.95	9.38	106.92	24.03	2.99
42	2.0	2.51	1.97	5.04	2.40	1.42		2.0	5.84	4.59	63.20	13.31	3.29
	2.5	3.10	2.44	6.07	2.89	1.40		2.5	7.26	5.70	77.76	16.37	3.27
45	2.0	2.70	2.12	6.26	2.78	1.52	95	3.0	8.67	6.81	91.83	19.33	3.25
	2.5	3.34	2.62	7.56	3.36	1.51		3.5	10.06	7.90	105.45	22.20	3.24
	3.0	3.96	3.11	8.77	3.90	1.49		2.0	6.28	4.93	78.57	15.41	3.54
51	2.0	3.08	2.42	9.26	3.63	1.73		2.5	7.81	6.13	96.77	18.97	3.52
	2.5	3.81	2.99	11.23	4.40	1.72		3.0	9.33	7.32	114.42	22.43	3.50
	3.0	4.52	3.55	13.08	5.13	1.70	102	3.5	10.83	8.50	131.52	25.79	3.48
	3.5	5.22	4.10	14.81	5.81	1.68		4.0	12.32	9.67	148.09	29.04	3.47
53	2.0	3.20	2.52	10.43	3.94	1.80		4.5	13.78	10.82	164.14	32.18	3.45
	2.5	3.97	3.11	12.67	4.78	1.79		5.0	15.24	11.96	179.68	35.23	3.43
	3.0	4.71	3.70	14.78	5.58	1.77		3.0	9.90	7.77	136.49	25.28	3.71
	3.5	5.44	4.27	16.75	6.32	1.75	108	3.5	11.49	9.02	157.02	29.08	3.70
57	2.0	3.46	2.71	13.08	4.59	1.95		4.0	13.07	10.26	176.95	32.77	3.68
	2.5	4.28	3.36	15.93	5.59	1.93		3.0	10.46	8.21	161.24	28.29	3.93
	3.0	5.09	4.00	18.61	6.53	1.91		3.5	12.15	9.54	185.63	32.57	3.91
	3.5	5.88	4.62	21.14	7.42	1.90	114	4.0	13.82	10.85	209.35	36.73	3.89
60	2.0	3.64	2.86	15.34	5.11	2.05		4.5	15.48	12.15	232.41	40.77	3.87
	2.5	4.52	3.55	18.70	6.23	2.03		5.0	17.12	13.44	254.81	44.70	3.86
	3.0	5.37	4.22	21.88	7.29	2.02		3.0	11.12	8.73	193.69	32.01	4.17
	3.5	6.21	4.88	24.88	8.29	2.00	121	3.5	12.92	10.14	223.17	36.89	4.16
63.5	2.0	3.86	3.03	18.29	5.76	2.18		4.0	14.70	11.54	251.87	41.63	4.14
	2.5	4.79	3.76	22.32	7.03	2.16		3.0	11.69	9.17	224.75	35.39	4.39
	3.0	5.70	4.48	26.15	8.24	2.14		3.5	13.58	10.66	259.11	40.80	4.37
	3.5	6.60	5.18	29.79	9.38	2.12	127	4.0	15.46	12.13	292.61	46.08	4.35
70	2.0	4.27	3.35	24.72	7.06	2.41		4.5	17.32	13.59	325.29	51.23	4.33
	2.5	5.30	4.16	30.23	8.64	2.39		5.0	19.16	15.04	357.14	56.24	4.32
	3.0	6.31	4.96	35.50	10.14	2.37		3.5	14.24	11.18	298.71	44.92	4.58
	3.5	7.31	5.74	40.53	11.58	2.35	133	4.0	16.21	12.73	337.53	50.76	4.56
	4.5	9.26	7.27	49.89	14.26	2.32		4.5	18.17	14.26	375.42	56.45	4.55
76	2.0	4.65	3.65	31.85	8.38	2.62		5.0	20.11	15.78	412.40	62.02	4.53
	2.5	5.77	4.53	39.03	10.27	2.60		3.5	15.01	11.78	349.79	49.97	4.83
	3.0	6.88	5.40	45.91	12.08	2.58		4.0	17.09	13.42	395.47	56.50	4.81
	3.5	7.97	6.26	52.50	13.82	2.57	140	4.5	19.16	15.04	440.12	62.87	4.79
	4.0	9.05	7.10	58.81	15.48	2.55		5.0	21.21	16.65	483.76	69.11	4.78
	4.5	10.11	7.93	64.85	17.07	2.53		5.5	23.24	18.24	526.40	75.20	4.76
83	2.0	5.09	4.00	41.76	10.06	2.86		3.5	16.33	12.82	450.35	59.26	5.25
	2.5	6.32	4.96	51.26	12.35	2.85		4.0	18.60	14.60	509.59	67.05	5.23
	3.0	7.54	5.92	60.40	14.56	2.83	152	4.5	20.85	16.37	567.61	74.69	5.22
	3.5	8.74	6.86	69.19	16.67	2.81		5.0	23.09	18.13	624.43	82.39	5.20
	4.0	9.93	7.79	77.64	18.71	2.80		5.5	25.31	19.87	680.06	89.48	5.18
	4.5	11.10	8.71	85.76	20.67	2.78							

附录 8　螺栓和锚栓规格

附表 8.1　螺栓螺纹处的有效截面面积

公称直径(mm)	12	14	16	18	20	22	24	27	30
螺栓有效截面面积 A_e(cm²)	0.84	1.15	1.57	1.92	2.45	3.03	3.53	4.59	5.61
公称直径(mm)	33	36	39	42	45	48	52	56	60
螺栓有效截面面积 A_e(cm²)	6.94	8.17	9.76	11.2	13.1	14.7	17.6	20.3	23.6
公称直径(mm)	64	68	72	76	80	85	90	95	100
螺栓有效截面面积 A_e(cm²)	26.8	30.6	34.6	38.9	43.4	49.5	55.9	62.7	70.0

附表 8.2　锚栓规格

形　式	Ⅰ				Ⅱ				Ⅲ		
锚栓直径 d(mm)	20	24	30	36	42	48	56	64	72	80	90
锚栓有效截面面积(cm²)	2.45	3.53	5.61	8.17	11.2	14.7	20.3	26.8	34.6	43.4	55.9
锚栓设计拉力(kN)(Q235 钢)	34.3	49.4	78.5	114.1	156.9	206.2	284.2	375.2	484.4	608.2	782.7
Ⅲ型锚栓　锚板宽度 c(mm)					140	200	200	240	280	350	400
Ⅲ型锚栓　锚板厚度 t(mm)					20	20	20	25	30	40	40

参 考 文 献

[1] 中华人民共和国建设部．建筑结构可靠度设计统一标准(GB 50068—2001)．北京：中国建筑工业出版社,2001.

[2] 中华人民共和国建设部．钢结构设计规范(GB 50017—2002)．北京：中国建筑工业出版社,2002.

[3] 中华人民共和国建设部．钢结构工程施工质量验收规范 (GB 50205—2001)．北京：中国建筑工业出版社,2001.

[4] 中华人民共和国建设部．建筑结构荷载规范(GB 50009—2001)．北京：中国建筑工业出版社,2001.

[5] 陈骥.钢结构稳定理论与设计.2 版.北京：科学出版社,2003.

[6] 魏明钟.钢结构.2 版.武汉：武汉理工大学出版社,2000.

[7] 夏志斌,姚谏.钢结构.杭州：浙江大学出版社,1996.

[8] 秦效启．钢结构技术规范、规程概论．上海：同济大学出版社,1999.

[9] 宗听聪.钢结构构件和结构体系概论.上海：同济大学出版社,1999.

[10] 陈建平．钢结构工程施工质量控制.上海：同济大学出版社,1999.

[11] 高效良．高层钢结构质量控制．北京：中国计划出版社,1995.

[12] 王仕统．结构稳定．广州：华南理工大学出版社,1997.

[13] 陈绍藩．钢结构稳定设计指南．北京：中国建筑工业出版社,1996.

[14] 中国建筑金属结构协会,1998 中国建筑钢结构工程暨学术会议论文集．北京：企业管理出版社,1998.

[15] 赵熙元．建筑钢结构设计手册．北京：冶金工业出版社,1995.

[16] 中华人民共和国铁道部．铁路桥梁钢结构设计规范（TB 10002.2—2005）．北京：中国铁道出版社,2000.

[17] 中华人民共和国交通部．公路桥涵钢结构及木结构设计规范（JTJ 025—86）．北京：人民交通出版社,1988.

[18] 黄棠,王效通．结构设计原理(下).北京：中国铁道出版社,1993.